Markus Lohrey

Verhalten der Aluminiumoxidschicht beim Aufheizen und deren Einfluss auf die Lötbarkeit

TUDpress

Dresdner Fügetechnische Berichte

Herausgeber: Prof. Dr.-Ing. habil. U. Füssel

Herausgeber: Prof. Dr.-Ing. habil. U. Füssel
Technische Universität Dresden
Professur Fügetechnik und Montage
01062 Dresden

Tel.: 0351 / 4633 4347
Fax: 0351 / 4633 7249

Markus Lohrey

Verhalten der Aluminiumoxidschicht beim Aufheizen und deren Einfluss auf die Lötbarkeit

TUD*press*

2014

Bibliografische Information der Deutschen Bibliothek
Die Deutsche Bibliothek verzeichnet diese Publikation in der Deutschen Nationalbibliografie; detaillierte bibliografische Daten sind im Internet unter <http://dnb.ddb.de> abrufbar.

Bibliographic information published by Die Deutsche Bibliothek
Die Deutsche Bibliothek lists this publication in the Deutsche Nationalbibliografie; detailed bibliographic data is available in the Internet at <http://dnb.ddb.de>

ISBN 978-3-944331-43-0

Zugl.: Dresden, Techn. Univ., Diss., 2013

Verlag der Wissenschaften GmbH
Bergstr. 70 | 01069 Dresden
Tel.: 0351/47 96 97 20 | Fax: 0351/47 96 08 19

Satz und Redaktion: Markus Lohrey

Printed in EU.

Verhalten der Aluminiumoxidschicht beim Aufheizen und deren Einfluss auf die Lötbarkeit

Von der Fakultät Maschinenwesen
der technischen Universität Dresden

zur Erlangung des akademischen Grades
Doktoringenieur (Dr.-Ing.)
genehmigte Dissertation

vorgelegt von

M.Sc. Markus Lohrey
geboren am 25. Februar 1979 in Pforzheim

Vorsitzender der Promotionskommission:
Prof. Dr.-Ing. Christoph Leyens

Gutachter:
Prof. Dr.-Ing. habil. Uwe Füssel
Prof. Dr.-Ing. Roland Wahl

Tag der Einreichung: 19.07.2013
Tag der Verteidigung: 11.12.2013

Inhaltsverzeichnis

Verzeichnis verwendeter Formelzeichen und Abkürzungen

Verzeichnis verwendeter Formelzeichen

Zeichen	Bezeichnung	Einheit
ΔG_R	freie Reaktionsenthalpie	$\left(\frac{J}{mol}\right)$
$\Delta G_R°$	freie Standardreaktionsenthalpie	$\left(\frac{J}{mol}\right)$
ΔH_R	Reaktionsenthalpie	$\left(\frac{J}{mol}\right)$
ΔS_R	Reaktionsentropie	$\frac{J}{K}$
G	Gibbs-Energie	$\left(\frac{J}{mol}\right)$
T	Temperatur	K
P	Druck	N/m^2
α	Aktivität	-
K	Gleichgewichtskonstante	-
J_i	Flussdichte des Teilchens i	-
μ_i	chemisches Potential des Teilchens i	-
$\partial\phi$	elektrisches Potential	-
F	Faraday-Konstante	$\frac{C}{mol}$
Z_i	Ladungszahl des Teilchens i	-
σ_i	spezifische Leitfähigkeit des Teilchens i	$S \cdot m^{-1}$
K_p	parabolische Wachstumskonstante	-
R	allgemeine Gaskonstante	$\left(\frac{J}{mol\,K}\right)$
T	Temperatur	K
D	Diffusionskoeffizient	$m^2 s^{-1}$
H_{ox}	Schichtdicke der Oxidschicht	Nm
T_{ox}	Oxidationszeit	Min
A	Fläche	mm^2

E_A	Aktivierungsenergie	$\left(\frac{J}{mol}\right)$
M	Masse	Kg
U	Potential der Oxidschicht	V

Verzeichnis der verwendeten Abkürzungen

Abkürzung	**Bezeichnung**
bzw.	Beziehungsweise
d.h.	das heißt
DRIFTS	Diffuse reflectance infrared spectroscopy
FTIR	Fourier Transform Infrared
FTIRRAS	Fourier Transform Infrared Reflection Absorption Spectroscopy
gem.	gemäß
IR	Infrarot
i.A.	im Allgemeinen
n.b.	nicht bekannt
n.a.	nicht anwendbar
PBF	Pilling-Bedworth-Faktor
pH	pH-Wert
Ppm	Parts per million
TOF SIMS	Time of Flight Secondary Ion Mass Spectrometry
u.a.	unter anderem
XPS	X-Ray Photoelectron Spectroscopy
z.B.	zum Beispiel

Verzeichnis der verwendeten chemischen Elemente und Verbindungen

Symbol	Element bzw. Verbindung
Al	Aluminium
Al_2O_3	Aluminiumoxid
$Al(OH)_3$	Aluminium(III)-Hydroxid (Aluminiumtrihydroxid)
AlOOH	Aluminiumoxid-Hydroxid
C	Kohlenstoff
Cr	Chrom
Cr_2O_3	Chrom(III)-Oxid
Cu	Kupfer
Fe	Eisen
H	Wasserstoff
H_2O	Wasser
Mg	Magnesium
K	Kalium
K_2O	Kaliumoxid
MgO	Magnesiumoxid
Mn	Mangan
N	Stickstoff
Ni	Nickel
O_2	Sauerstoff
Pb	Blei
Pd	Palladium
Si	Silicium
Ti	Titan
Zn	Zink

1 Einleitung

Das Leichtmetall Aluminium spielt in der Automobilbranche eine immer bedeutendere Rolle, was auf seine positiven Eigenschaften wie beispielsweise geringe Dichte, gute Korrosionsbeständigkeit und Wärmeleitfähigkeit zurückzuführen ist.

Im Fokus steht zunehmend die Einsparung von Energieressourcen und der damit verbundene Umwelt- und Klimaschutz. Diese Zielsetzung drängt die Automobilhersteller zur Entwicklung von Fahrzeugen mit geringem Verbrauch. Hierbei beschreiten die Unternehmen der Automobilbranche unterschiedliche Wege, angefangen von Maßnahmen zur Effizienzsteigerung durch automatische Motorabschaltung im Fahrzeugstillstand, bis hin zu völlig neuen Antriebskonzepten wie der Hybridtechnologie. Die Notwendigkeit der Gewichtsreduzierung steht bei sämtlichen Neuerungen im Vordergrund [1] [2] [3].

Dies zeigt sich zum einen durch den steigenden Einsatz neuer Leichtbauwerkstoffe, wie zum Beispiel Faserverbundwerkstoffe, und zum anderen in einem vermehrten Einsatz von Leichtmetallen. Hierbei kommt dem Aluminiumwerkstoff aufgrund seiner geringen Dichte und guten Wärmeleiteigenschaften besondere Bedeutung zu, da hier insbesondere thermisch beanspruchte Teile besonders leicht und somit in Bezug auf die Wärmeleitfähigkeit besonders effizient ausgelegt werden können [1] [2] [3] [4] [5].

Dabei basiert die Gewichtsreduzierung nicht nur auf der Verwendung leichterer Materialien. Vielmehr erfolgt eine bedarfsgerechte Leichtbaukonstruktion in Verbindung mit Leichtbauwerkstoffen. Hieraus resultiert ein Spannungsfeld zwischen einem geringen Bauteilgewicht und einer bedarfsgerechten Bauteilfestigkeit. Dabei wird die Bauteilfestigkeit u.a. wesentlich von Prozessschwankungen im Material, sowie des eingesetzten Fertigungsprozesses beeinflusst [1] [2] [3] [4].

Immer dünner werdende fehlerfreie Bauteile halten den Belastungen im Einsatz zwar stand, reagieren jedoch auf Fertigungsfehler und fertigungsbedingte Prozessstreuung deutlich sensibler. Im Extremfall können die Bauteile vorzeitig ausfallen. Zur Reduzierung dieses Risikos werden Sicherheitszuschläge eingerechnet, welche in der Regel wiederum zu einer Gewichtserhöhung führen. Diese Vorgehensweise verdeutlicht nochmals das genannte Spannungsfeld zwischen Bauteilgewicht und fertigungsbedingter Prozessstreuung. Somit gilt der Grundsatz, je geringer die Prozessstreuung eines Fertigungsprozesses ist, desto geringer können die Sicherheitszuschläge an den Bauteilen ausfallen. Dadurch besteht die Möglichkeit, Bauteile mit geringem Gewicht bei gleichzeitig geringem Ausfallrisiko zu produzieren.

Die steigenden Anforderungen hinsichtlich Prozessstreuung, Stabilität und Robustheit führen zur Notwendigkeit neuer Fertigungsverfahren oder zur Weiterentwicklung bereits bekannter Fertigungsprozesse, die zuvor als hinreichend eingeschätzt wurden [6].

Somit galten Herstellprozesse, wie zum Beispiel das Schutzgaslöten von Aluminiumwerkstoffen lange Zeit als ausreichend erforscht, was die geringe Anzahl an Forschungsarbeiten auf diesem Gebiet in den vergangenen 20 Jahren belegt. Im Zuge der Gewichtsreduzierung zeigt sich auch auf diesem Gebiet großer Bedarf, gelötete Aluminiumbauteile immer leichter zu konstruieren und somit stetig dünnere Materialiendicken einzusetzen [6].

Diese Anforderungen erzeugen auf dem Gebiet des Schutzgaslötens von Aluminiumwerkstoffen nun erneuten Forschungsbedarf. Dieser wird im Rahmen der vorliegenden Arbeit aufgezeigt und untersucht. Die hierbei gewonnenen Erkenntnisse sollen dazu dienen, der Nachfrage aus dem Markt, bezüglich der Weiterentwicklung des Schutzgaslötprozesses hinsichtlich höherer Prozessstabilität und Reproduzierbarkeit und damit höherer Lötsicherheit, Rechnung zu tragen (siehe hierzu auch Kapitel 2). Hierbei steht die Wechselwirkung zwischen dem Aluminiumwerkstoff und dem Fertigungsprozess des Schutzgaslötens im Vordergrund [6] [7] [8] [9] [10].

Nach DIN 8505-1 (1983-01) [11] ist das Löten ein thermisches Verfahren zur stoffschlüssigen Fügung und Beschichtung von Werkstoffen, welches durch Schmelzen eines Lotes oder durch Grenzflächendiffusion entsteht. Ein Aufschmelzen der Grundwerkstoffe erfolgt hierbei nicht. Im Falle des Schmelzlötens ist ein Benetzen des Grundwerkstoffes erforderlich, wobei eine metallisch reine Oberfläche bzw. eine oxidschichtfreie Oberfläche erforderlich ist [12].

Insbesondere bei den Werkstoffen mit fest anhaftenden Oxidschichten, wie z.B. Titan, Aluminium, Zink, Magnesium oder auch hochlegierten Stählen, kommt der Oxidschicht besondere Bedeutung zu. Diese kann beispielsweise beim Korrosionsschutz eine wichtige Funktion darstellen (siehe hierzu auch Kapitel 3). Die festhaftende Oxidschicht ist auch bei einer zu erzeugenden Klebverbindung hilfreich, da diese dem Klebstoff als Haftgrund dient [13] [14] [15].

Für den Lötprozess und dem hieraus resultierenden Bedarf nach metallisch reinen Oberflächen stellt die Beseitigung dieser festhaftenden Schichten jedoch eine besondere Herausforderung dar. Dies gilt besonders für die Aluminiumlötung, da hierbei die große Affinität des Aluminiums zu Sauerstoff eine extrem schnelle Oxidation mit sich bringt, was die Erfordernisse an einen Aluminiumlötprozess zusätzlich erhöht [16] [17].

Im Rahmen dieser Arbeit soll jedoch nicht der Prozess des Schutzgaslötens detailiert beschrieben werden, da dieser umfangreich in Lehrbüchern und Forschungsberichten aus der Vergangenheit erläutert ist. Vielmehr sollen zunächst einige aktuelle Aspekte zur Aluminiumlötung aufgezeigt und in Bezug zur Lötbarkeit betrachtet werden [12] [16] [17] [18] [19].

Im Anschluss daran werden der Oxidationsprozess von Aluminiumwerkstoffen und deren Wirkungszusammenhänge beschrieben. Diese sind für die Zusammenhänge der später vorgestellten Forschungsziele wichtig (siehe Kapitel 3). In Kapitel 4 wird der Forschungsbedarf auf dem Gebiet des Aluminiumlötens ausführlich beschrieben. In Kapitel 5 werden anschließend grundlegende Informationen aufgezeigt, die für die weiteren Betrachtungen der Arbeit wichtig sind. Das Kapitel 6 beschreibt die durchgeführten Experimente und zeigt zusammen mit Kapitel 7 die Einflüsse und die Wechselwirkung eines Schutzgaslötprozesses auf der Aluminiumoberfläche. Hierbei ist insbesondere der Einfluss von Feuchtigkeit und Sauerstoff und deren Auswirkung auf die Lötbarkeit von Aluminiumwerkstoffen hervorzuheben.

2 Grundlegende Aspekte zur Lötbarkeit

Das Löten ist, wie bereits erwähnt, ein thermisches Verfahren zum stoffschlüssigen Fügen und Beschichten von Werkstoffen [11] [20]. Dabei kommt ein geschmolzenes Lot zum Einsatz dessen Liquidustemperatur niedriger ist als die Solidustemperatur der Grundwerkstoffe. Zur Lötung erfolgt das Benetzen der Werkstoffoberflächen mit dem geschmolzenen Lot [20].

Hierbei erfolgen intensive Wechselwirkungen an allen Kontaktflächen zwischen geschmolzenem Lot und Bauteiloberfläche. Diese Kontaktflächen liegen initial als rein mechanische oder physikalisch erzeugte Kontaktflächen vor. Durch die intensive Wechselwirkung des geschmolzenen Lotes mit den zu fügenden Werkstoffoberflächen entsteht ein chemischer Kontakt. Beim Löten von Aluminiumwerkstoffen erfordert dies die Beseitigung der Oxidschicht, da diese das Annähern der Atome aus Grundwerkstoff und flüssigem Lot verhindern würde [20]. Je stärker die Oxidschichtdicke ausgeprägt ist, desto größer ist deren Einfluss auf die Lötbarkeit [21]. Somit kommt in Hinblick auf das Lötergebnis der Aluminiumoxidschicht im Aluminiumlötprozess eine zentrale Bedeutung zu.

Diese Aluminiumoxidschicht ist besonders dicht und fest haftend [13] [22] [23]. Eine Entfernung ist daher mit entsprechend großem Aufwand und Kosten verbunden. Daher zielen die nachfolgenden Betrachtungen und Untersuchungen nicht auf die effiziente Beseitigung der Aluminiumoxidschicht ab, sondern vielmehr darauf, das Wachstum der Aluminiumoxidschicht während des Lötprozesses bzw. Aufheizprozesses zu verhindern oder zu minimieren. Daher nimmt das Verhalten der Aluminiumoxidschicht für die nachfolgenden Untersuchungen eine zentrale Stellung ein.

2.1 Das Modell der Lötbarkeit

In der Wissenschaft sowie in der industriellen Anwendung sind ganzheitliche Betrachtungen erforderlich, um Wechselwirkungen zwischen Werkstoff, Herstellverfahren und Bauteilgeometrie aufzuzeigen [18].

Für das Löten wird nach DIN 8514 [24] der Begriff der Lötbarkeit verwendet, welcher durch die Faktoren Löteignung, Lötmöglichkeit und Lötsicherkeit beeinflusst wird (siehe Abbildung 1). Dabei bezieht sich die **Löteignung** auf den verwendeten Werkstoff und somit primär auf dessen chemische, physikalische und metallurgische Eigenschaften. Die **Lötmöglichkeit** bezieht sich auf den Fertigungsprozess und damit auf das verwendete Lötverfahren mit den spezifischen Prozessparametern, sowie auf das zu lötende Bauteil selbst. Betrachtet wird hierbei die gesamte Prozesskette einschließlich aller benötigten Bearbeitungsschritte, die auch die Lötvorbereitung und Lötnachbearbeitung einbeziehen. Die **Lötsicherheit** bezieht sich auf die konstruktive Gestaltung des

Bauteils, und schließt somit die Geometrie der Fügestellen und auch die Bauteiltoleranzen mit ein, wodurch oftmals auch der zu füllende Lötspalt beeinflusst wird [17] [19] [25].

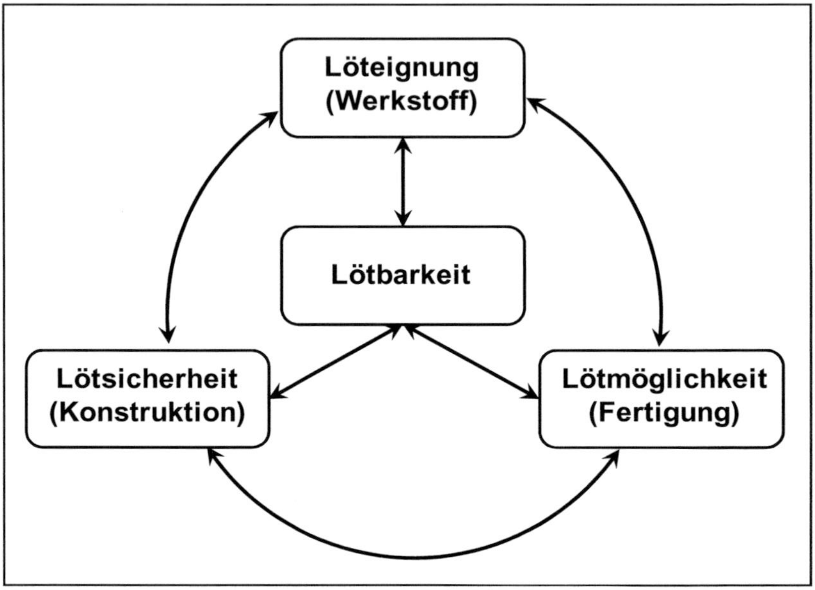

Abbildung 1: Begriff der Lötbarkeit [24]

Im Rahmen dieser Arbeit wird die Wechselwirkung zwischen einem grundsätzlich lötgeeigneten Aluminiumwerkstoff (siehe Abschnitt 5.1) und einem Schutzgaslötprozess betrachtet. Um Einflüsse der Lötsicherheit (Konstruktion) weitestgehend zu reduzieren, wird die Bewertung der Lötbarkeit an standardisierten Proben vorgenommen (siehe Abschnitt 5.2). Daher wird im Rahmen dieser Arbeit fortan von der Lötbarkeit bzw. dem Einfluss auf die Lötbarkeit gesprochen.

2.2 Aktuelle Aspekte zur Lötbarkeit von Aluminium

2.2.1 Einfluss der Lagerung auf die Lötbarkeit

Aus den Erfahrungen der Lötpraxis ist zu vermuten, dass auch die Vorgeschichte des zu verarbeitenden Werkstoffes die Lötbarkeit beeinflussen kann.

Die Autorin Zähr [22] zeigt in ihrer Arbeit die Auswirkung der Lagerung von Aluminiumwerkstoffen an unterschiedlichen atmosphärischen Bedingungen auf die Aluminiumoberfläche, sowie der hieraus resultierenden Löteignung für einen Schutzgaslötprozess. Hierbei untersucht sie Lagerungszustände, welche während der Transportprozesse oder Lagerzeiten, z.B. Überseetransporte oder Lagerhäuser, entstehen können. Bei Auslagerung an der Normalatmosphäre entstehen nur geringe Änderungen der Oxidschicht und die Lötbarkeit wird hierdurch nicht beeinflusst [22]. Ebenfalls untersucht sie die Auslagerung im Feuchtklimat und zeigt auf, dass hierbei die Oxidschicht geringfügig wächst und Wasser in der Deckschicht eingelagert wird. Nach Aussage der Autorin könne dies den Verlötgrad negativ beeinflussen. Eine weitere Versuchsreihe von Zähr [22] zeigt, dass die Lagerung im Kondensationsklimat bereits nach 3 Tagen zu einem Anwachsen der hydratisierten Schicht und gleichzeitig zu einer Abnahme der Löteignung führt, welche mit zunehmender Lagerdauer weiter abnimmt, und bereits nach 9 Tagen zu einer vollständigen Unterbindung der Lötbarkeit führt.

Interessant ist die Beobachtung Zährs im Hinblick auf die steigende Lötbarkeit, insbesondere bei Lagerung der Proben im Feuchtklimat und anschließender Lagerung im Normalklimat. Hierbei steigt die Lötbarkeit der zuvor als unlötbar bewerteten Proben stark an.

Aus den Beobachtungen folgert sie, dass die primäre Ursache für einen abnehmenden Verlötungsgrad in den Versuchsreihen nicht die zunehmende Oxid- bzw. Hydroxidschicht ist, sondern vielmehr das physikalisch eingelagerte Wasser in der Deckschicht, welches bei Temperaturen oberhalb von 373 K verdampft. Dieser Verdampfungsvorgang erfolgt nach Zähr [22] zeitgleich mit der Umwandlung von Hydroxid in Oxid. Sie schlussfolgert hieraus, dass nicht allein die Dicke der Oxidschicht bzw. der Hydroxidschicht für die Verlötung maßgebend ist, sondern vielmehr das physikalisch eingelagerte Wasser in der Deckschicht und vermutet, dass es beim Verdampfen des eingelagerten Wassers zu einer lokalen Erhöhung der Luftfeuchtigkeit in der Lötatmosphäre kommt, in unmittelbarer Nähe zur potentiellen Lötverbindung. Dies, so vermutet Zähr [22], störe den Lötprozess.

Sie folgert, dass die Feuchtigkeit in der Atmosphäre der ausschlaggebende Aspekt sein müsse, untersucht hierbei jedoch nicht weiter den Einfluss von Feuchtigkeit in der Atmosphäre, bzw. im Umfeld der zu verlötenden Stelle. Auch geben die Untersuchungen keine Aussagen über die Größenordnungen der Feuchtigkeitswerte, die zu einer Reduzierung der Lötbarkeit führen. Daher setzt diese Arbeit auf den Forschungsergebnissen der Autorin Zähr [22] auf und vertieft die bereits vorhandenen Erkenntnisse.

2.2.2 Materialdickenreduzierung bei der Ofenlötung

Dem bereits in der Einleitung dargelegten Trend zum Leichtbau kommt in der Fahrzeugtechnik besondere Bedeutung zu. Hierbei findet das Leichtmetall Aluminium verbreitet Anwendung. Aufgrund der guten Wärmeleitfähigkeit von Aluminium werden Wärmeüberträger hauptsächlich aus diesem Werkstoff gefertigt.

Bei der Herstellung dieser Wärmeüberträger können verschiedene Fügeverfahren zum Einsatz kommen, wie beispielsweise das Schweißen, Kleben und Löten, um nur einige zu nennen. Für alle Verfahren gilt, dass bei kleiner werdenden Fügestellen die Anforderungen an die Fügequalität und Wiederholgenauigkeit und damit allgemein die Anforderung an die Prozessstabilität steigt [6].

Für das Löten von Aluminiumbauteilen bedeutet dies genauere Kenntnisse über die Wechselwirkungen zwischen der Aluminiumoberfläche und dem Fertigungsprozess gewinnen zu müssen. Somit sind die im Prinzip bekannten Einflussfaktoren auf die Aluminiumoberfläche, Sauerstoff und Wasser (siehe hierzu Kapitel 3), besonders unter den lötprozesstechnischen Parametern (Wasser in Form von Feuchtigkeit) weiter zu untersuchen und genauer zu verstehen (siehe Abbildung 2) [6].

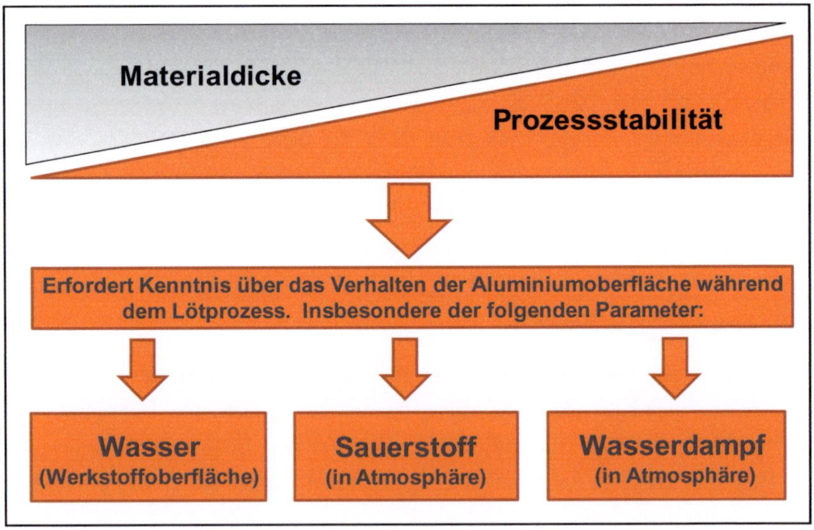

Abbildung 2: Prozessstabilität bei Materialdickenreduzierung [6][1]

[1] Originalsprache in Englisch

3 Grundlagen und Entstehung der Oxidation

Aufgrund der besonderen Bedeutung der Oxidschichten beim Löten, wird im folgenden Kapitel ein Überblick über die phänomenologische Einteilung von Oxidschichten gegeben, sowie die Entstehungsprozesse und Zusammenhänge von Oxid- und Hydroxidschichten auf Aluminiumwerkstoffen aufgezeigt.

3.1 Einteilung der Oxidschichten

Die Oxidschichten werden nach ihren Erscheinungsformen und Eigenschaften in die folgenden vier Arten unterteilt:

- eine dünne, passivierende Oxidschicht
- eine poröse, nicht passivierende Oxidschicht
- eine flüssige Oxidschicht
- eine gasförmige Oxidschicht

Aluminiumoxid ist eine **dünne, passivierende Oxidschicht**. Sie ist nur wenige Nanometer dick und verhindert eine weitere Oxidation des Basismetalls. Dagegen ist beispielsweise das Eisenoxid eine **poröse, nicht passivierende Oxidschicht**. Eine weitere Oxidation wird insbesondere durch den stetigen Kontakt des Basismetalls mit Luft (Gasphase) erzeugt, was durch Poren und Risse in der Oxidschicht ermöglicht wird. Siliziumdioxid besitzt bei höheren Temperaturen eine **flüssige Oxidschicht**, Wolframtrioxid ist ein **gasförmiges Oxid** [26].

Die thermodynamische Stabilität der Oxide ist für das Oxidationsverhalten von Metallen und Metalllegierungen von entscheidender Bedeutung. Auf Metalllegierungen bildet sich in der Regel das thermodynamisch stabilere Oxid, wenn die Bildung unterschiedlicher Oxide gegeben ist. Dies wird bei vielen Anwendungen bewusst genutzt. Beispielsweise bilden Chromoxide auf Eisen-Chrom-Legierungen eine dichte, passivierende Oxidschicht und verhindern somit die Bildung von Eisenoxid. Dieser Effekt wird als **intrinsischer Oxidationsschutz** bezeichnet [26].

Entsteht auf einer Metalllegierung eine äußere Oxidschicht, bestehend aus nur einer Legierungskomponente, so wird dies als **selektive Oxidation** bezeichnet. Das gebildete Oxid besitzt im Vergleich zu den anderen möglichen Oxiden der Legierung die thermodynamisch größte Stabilität. Dieser Effekt findet unter anderem in der Entwicklung von Hochtemperaturwerkstoffen Anwendung und erfordert eine Mindestkonzentration der entsprechenden Legierungskomponente [27].

3.2 Thermodynamik

Anhand der **freien Reaktionsenthalpie** lässt sich erkennen, ob eine Reaktion zwischen zwei Reaktanten stattfindet und in welcher Richtung die chemische Reaktion abläuft. Die nachfolgende Gleichung 3.1 beschreibt hierbei den Oxidationsprozess von Metallen. Bei der Reaktion von reinen Metallen mit Luftsauerstoff ist die freie Reaktionsenthalpie (ΔG_R) negativ [28] [29].

$$xM + y/2\ O_2 \dashrightarrow M_xO_y \qquad \Delta G_R < 0$$ *Gleichung 3.1*

Dies erklärt die Instabilität der reinen Metalle gegenüber einer Reaktion mit Luftsauerstoff unter Normalbedingungen. Daher bildet sich eine meist dünne Oxidschicht auf reinen Metallen bei Raumtemperatur und entsprechenden atmosphärischen Bedingungen. Eine Ausnahme hierzu bilden die bekannten Edelmetalle [29].

Die **Reaktionsenthalpie** (ΔH_R) beschreibt die Änderung der Enthalpie während des Verlaufs einer Reaktion. Somit definiert diese den Energieumsatz einer unter konstantem Druck erfolgten Reaktion und entspricht somit der Energiedifferenz eines oder mehrerer Produkte zu zwei unterschiedlichen Zeitpunkten [28] [29] [30].

Die Gibbs-Helmholz-Gleichung (Gleichung 3.2) verknüpft unter Annahme von konstantem Druck und konstanter Temperatur die freie Reaktionsenthalpie mit der Reaktionsenthalpie (ΔH_R) und der Reaktionsentropie (ΔS_R) [28] [29] [31].

Die Gleichung ermöglicht eine Aussage, ob eine Reaktion in der gegebenen Richtung freiwillig ablaufen kann. Aussagen über die Reaktionsgeschwindigkeit sind hiermit nicht möglich [27] [28] [29].

$$\Delta G_R = \Delta H_R - T\ \Delta S_R$$ *Gleichung 3.2*

In Abhängigkeit von der freien Reaktionsenthalpie finden die nachfolgenden Ereignisse statt.

$\Delta G_R < 0$ Exergone Reaktion (Die Reaktion läuft spontan und freiwillig ab)

$\Delta G_R = 0$ Keine Reaktion (Das System ist im Gleichgewicht)

$\Delta G_R > 0$ Endergone Reaktion (Die Reaktion läuft nicht freiwillig ab)

Aus Gleichung 3.2 ist weiterhin zu erkennen, dass mit zunehmender Temperatur die freie Reaktionsenthalpie kleiner wird. Wird diese Null, so ist die Zersetzungstemperatur des Metalloxides erreicht.

Die Änderung der freien Reaktionsenthalpie, auch Gibbs-Energie genannt, wird nach folgender Formel dargestellt [27] [29] [31].

$$\Delta G_R = \Delta G_R^\circ + R * T * \ln * K \qquad \textit{Gleichung 3.3}$$

Im Gleichgewichtszustand ist die Gibbs-Energie minimal, $\Delta G = 0$. Somit kann die freie Standardreaktionsenthalpie[2] (ΔG_R°) wie folgt beschrieben werden [27] [29] [31].

$$\Delta G_R^\circ = -R * T * \ln * K \qquad \textit{Gleichung 3.4}$$

Wird die Gleichung 3.1 mit den einzelnen Aktivitäten (α) dargestellt, so ergibt sich [27]:

$$M_xO_y \rightarrow \frac{\alpha(M_xO_y)}{\alpha^x(M) * \alpha^{\frac{1}{2}}(O_2)} \qquad \textit{Gleichung 3.5}$$

Wird in der Gleichung 3.3 die Gleichgewichtskonstante (K) durch die Gleichung 3.5 ersetzt, so entsteht folgende Gleichung [27] [31]:

$$\Delta G_R = \Delta G_R^\circ + R * T * \ln \frac{\alpha(M_xO_y)}{\alpha^x(M) * \alpha^{\frac{1}{2}}(O_2)} \qquad \textit{Gleichung 3.6}$$

Bei der Oxidationsreaktion entspricht die Summe der Enthalpien aller teilnehmenden Phasen der freien Reaktionsenthalpie (ΔG_R). Da die freien Enthalpien der Elemente Null sind, entspricht die freie Standardreaktionsenthalpie der Metalle derjenigen der freien Standardenthalpie des Oxids [28] [29] [31].

$$\Delta G_R^\circ = \Delta G^\circ(M_xO_Y) - X\Delta G^\circ(M) - \frac{y}{2}\Delta G^\circ(O_2) = \Delta G^\circ(M_xO_y) \qquad \textit{Gleichung 3.7}$$

Die **Reaktionsentropie** stellt ein Maß für die Änderung des Ordnungszustandes dar. Bei der Bildung von Metalloxid werden freie Gasmoleküle in der Oxidschicht gebunden. Daher ist die Oxidationsreaktion mit einer Abnahme der freien Gasmoleküle und somit einer Abnahme der Entropie verbunden [28] [29].

Im sogenannten Ellingham-Diagramm (Abbildung 3) ist die freie Enthalpie in Abhängigkeit von der Temperatur dargestellt. Dem Diagramm kann die thermodynamische Stabilität der jeweiligen Oxide, bei unterschiedlichen Temperaturen, entnommen werden. Somit können Aussagen über die thermodynamische Stabilität von Oxidverbindungen getroffen werden sowie Aussagen über die Reaktionsfreudigkeit von Metallverbindungen [26]. Je tiefer eine Linie liegt, desto stabiler ist das Oxid. Seinen Ursprung hat das Ellingham-Diagramm in der Metallurgie, es beschreibt hierbei die Bedingungen unter denen ein Metallerz zu Metall reduziert werden kann. Die hierfür zu Grunde liegende Analyse ist thermodynamischer Natur und betrachtet keine kinetischen Aspekte der Oxidation. Das bedeutet, dass die gezeigten Zusammenhänge sehr

[2] Freie Standardreaktionsenthalpie ΔG_R°, gem. Standardbedingungen T = 298 K, P = 1 bar [41]

schnell, oder besonders langsam ablaufen können. Dem Diagramm ist zu entnehmen, dass Aluminiumoxid eine thermodynamisch sehr stabile Verbindung darstellt, was die selektive Oxidation dieses Metalls in Legierungen sehr wahrscheinlich macht [26] [27] [29].

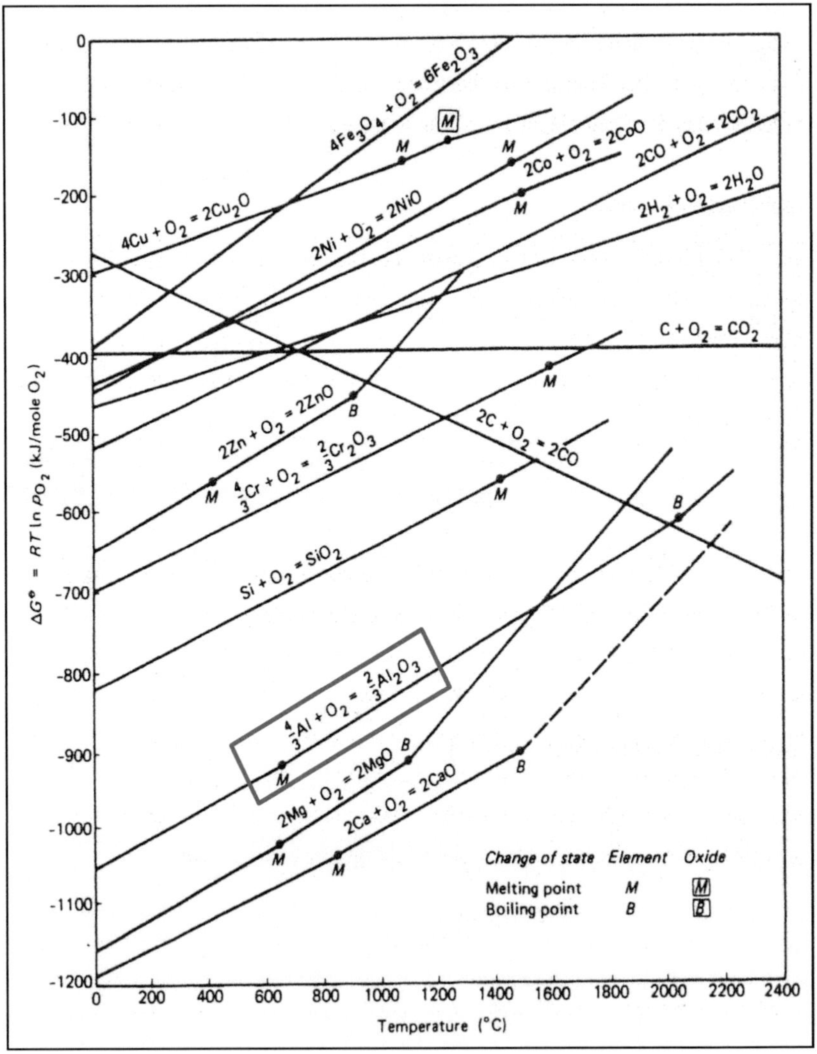

Abbildung 3: Ellingham Diagramm [29] [3]

[3] Darstellung erweitert (Aluminium hervorgehoben)

3.3 Kinetik

Um die Reaktionsgeschwindigkeit einer Oxidation zu bestimmen, gibt es mehrere Möglichkeiten. Ist die technische Machbarkeit, die Oxidschichtdicke direkt zu messen, gegeben, so ist dies die komfortabelste Variante, Rückschlüsse auf die Oxidationsgeschwindigkeit zu ziehen. Ist dies nicht der Fall, so sind indirekte Indikatoren, wie zum Beispiel der Verbrauch an Sauerstoff, oder die Gewichtszunahme Möglichkeiten zur Bewertung.

Bei der Oxidation von Metallen bilden die teilweise sehr dichten Oxidschichten eine Trennung zwischen dem Substrat und dem oxidierenden Gas. Die Geschwindigkeit der Oxidationsreaktion wird bestimmt durch die Geschwindigkeit der Diffusion der teilnehmenden Phasen durch die Oxidschicht. Die Art der Diffusion, somit auch das Wachstumsgesetz, werden im Wesentlichen von der Beschaffenheit der jeweiligen Oxidschicht bestimmt [29] [32].

Die Reaktionen lassen sich anhand ihrer Geschwindigkeitsverläufe einteilen in:

- ein parabolisches Zeitgesetz
- ein lineares Zeitgesetz
- ein paralineares Zeitgesetz

Das **parabolische Zeitgesetz** gilt für porenfreie und rissfreie Oxidschichten. Hierbei stellt die Oxidschicht eine Barriere zwischen den jeweiligen Reaktanten dar. Je dicker diese Barriere ausfällt, desto größer ist die Diffusionsstrecke. Die Wachstumsgeschwindigkeit der Oxidschicht verhält sich daher umgekehrt proportional zur Dicke der Oxidschicht und nimmt daher mit zunehmender Schichtdicke ab [29].

Das **lineare Zeitgesetz** gilt für Oxidationsreaktionen, bei denen ein direkter Kontakt zwischen der Gasphase und dem Substrat vorliegt. Dies ist bei beginnender Oxidation der Fall, bis eine geschlossene Oxidschicht vorliegt, oder wenn die vorhandene Oxidschicht Poren und Risse enthält, die einen weiteren Kontakt der beiden Reaktanten über die Gasphase ermöglichen [29].

Das **paralineare Zeitgesetz** stellt eine Kombination des parabolischen und linearen Zeitgesetzes dar. Bei hohen Temperaturen können manche Bestandteile der Oxidschicht verdampfen und die Oxidschicht wird hierdurch reduziert. Durch den weiteren parabolischen Oxidationsprozess wächst die Oxidschicht nach. Sind beide Prozesse im Gleichgewicht, bleibt die Oxidschichtdicke konstant [29].

3.4 Oxidationsmodell nach Carl Wagner

Befindet sich ein Metall oder eine Metalllegierung im unmittelbaren Kontakt mit Sauerstoff, so bildet sich eine Oxidschicht, welche die beiden Reaktionspartner voneinander trennt. Eine weitere Oxidation ist fortan nur möglich, wenn die hierfür erforderlichen Ionen durch die bereits vorhandene Oxidschicht gelangen. Bei nicht passivierenden Oxidschichten ist dies durch Poren und Risse der Oxidschicht möglich. Diese ermöglichen weiterhin den direkten Kontakt beider Reaktionspartner. Bei passivierenden Oxidschichten ist durch Fehlen der Risse und Poren ein direkter Kontakt der Reaktionspartner ausgeschlossen. Der erforderliche Ionentransport kann somit nur durch Diffusionsmechanismen erfolgen. Die für diese Diffusionsmechanismen bestimmende Größe ist die Zunderkonstante (k_p) welche durch die Anzahl der Fehlstellen in der Oxidschicht definiert wird [29]. Für die Bestimmung der parabolischen Wachstumskonstante erstellte Carl Wagner ein Modell aus den Transportgleichungen für Kationen, Anionen und Elektronen und legte diesem Modell einige Annahmen zu Grunde, welche im Folgenden aufgezählt werden [27] [28] [29] [32]:

- Die Oxidschicht wird als dichte, kompakte und gut haftende Schicht betrachtet.
- Der Transport von Anionen, Kationen und Elektronen durch die Oxidschicht, bildet die geschwindigkeitsbestimmende Größe für die Oxidation.
- Thermodynamisches Gleichgewicht besteht an jeder lokalen Stelle der Oxidschicht, sowie an den Grenzflächen zur Metall- und Gasphase.
- Der Aufbau der Oxidschicht weicht nur gering von der Stöchiometrie ab.
- Die zu betrachtende Oxidschichtdicke ist größer als die Entfernung, innerhalb derer Raumladungseffekte auftreten können.
- Eine Löslichkeit von Sauerstoff im Metall wird vernachlässigt.

Aufgrund der Annahme, dass an allen Stellen im Oxid, sowie an den Grenzflächen zum Metall und zur Gasphase thermodynamisches Gleichgewicht vorliegt, stellen sich die Gradienten der Aktivität und des chemischen Potentials ein, welche als Triebkraft der Ionendiffusion wirken. Die Diffusion der Kationen erfolgt auswärts, in Richtung der Werkstoffoberfläche. Die Diffusion der Anionen erfolgt einwärts, in Richtung des Werkstoffinneren (siehe Abschnitt 3.6). Um die Elektroneutralität zu gewährleisten, erfolgt parallel ein Elektronenfluss [27] [29] [32].

Die treibenden Kräfte der Ionendiffusion bilden die Gradienten des chemischen Potentials und des elektrischen Potentials [27] [29] [32].

$$j_i = -\frac{\sigma_i}{Z_i^2 F^2}\left(\frac{\partial \mu_i}{\partial x} + Z_i F \frac{\partial \phi}{\partial x}\right)$$ *Gleichung 3.8*

Mit:

j_i: Flussdichte des Teilchens i

F: Faraday-Konstante

Z_i: Ladungszahl des Teilchens i

σ_i : spezifische Leitfähigkeit des Teilchens i

μ_i : chemisches Potential des Teilchens i

$\partial \phi$: elektrisches Potential

k_p: parabolische Wachstumskonstante

R: allgemeine Gaskonstante

T: Temperatur

D: Diffusionskoeffizient

Da häufig die Beweglichkeit einer Ionenart überwiegt, kann bei der Berechnung die langsamere Ionenart vernachlässigt werden. Durch diese Vereinfachung kann anhand der Stromdichten die parabolische Wachstumskonstante bestimmt werden. Hieraus ergibt sich die Gleichung 3.9 [27] [29] [32].

$$k_p = \frac{1}{RT}\int_{\mu_j'}^{\mu_j''} D_j d\mu_j$$ *Gleichung 3.9*

Mit Hilfe von Gleichung 3.9 kann die parabolische Wachstumskonstante durch Integration des Diffusionskoeffizienten von Metall oder Sauerstoff, abhängig von der geschwindigkeitsbestimmenden Ionenart errechnet werden. Jedoch sind häufig die chemischen Potentiale der Grenzflächen zwischen Metall und Oxid, sowie zwischen Oxid und Sauerstoff nicht bekannt. Die direkte experimentelle Bestimmung der Wachstumskonstante ist daher oft einfacher [27]. Auf die ausführliche Herleitung der Gleichungen wird an dieser Stelle verzichtet, es sei verwiesen auf die Arbeit von Wehner [29].

3.5 Die Abhängigkeit der Wachstumskonstante von der Temperatur

Bei passivierenden Oxidschichten wird das Schichtwachstum durch Diffusionsmechanismen bestimmt. Somit gilt bei diesen Oxidschichten das parabolische Wachstumsgesetz (siehe Abschnitt 3.3).

Für die Zunahme der Schichtdicke gilt [27]:

$$\frac{dh_{ox}}{dt_{ox}} = \frac{k_p}{h_{ox}}$$ *Gleichung 3.10*

Wird die Gleichung 3.10 integriert und setzt hierbei die Schichtdicke, sowie die Oxidationszeit gleich Null, so ergibt sich folgende Gleichung [27]:

$$h_{ox} = \sqrt{2k_p t_{ox}}$$ *Gleichung 3.11*

k_p: parabolische Wachstumskonstante

h_{ox}: Schichtdicke der Oxidschicht

t_{ox}: Oxidationszeit

Wird in Gleichung 3.11 die Schichtdicke durch die Massenzunahme ersetzt, so entsteht folgende Gleichung [27] [33]:

$$\frac{\Delta \mathrm{m}}{A} = \sqrt{2k_p t_{ox}}$$ *Gleichung 3.12*

A: Fläche

m: Masse der Oxidschicht

Mit Gleichung 3.12 lässt sich die parabolische Wachstumskonstante (k_p) anhand experimentell ermittelter Massenzunahmen pro Flächeneinheit errechnen [33] [29].

Die Arrhenius-Gleichung (Gleichung 3.13) beschreibt die quantitative Abhängigkeit der Reaktionsgeschwindigkeitskonstante von der Temperatur in der chemischen Kinetik [27] [29].

$$k = B * \exp\left(\frac{-\mathrm{E_A}}{\mathrm{RT}}\right)$$ *Gleichung 3.13*

B: Faktor

E_A: Aktivierungsenergie

k: Reaktionsgeschwindigkeit

In der Oxidationsreaktion entspricht k der Wachstumskonstante und somit gilt [27]:

$$k_p(T) = k_p^0 exp\left(\frac{Q_A}{RT}\right)$$ *Gleichung 3.14*

Q_A: Aktivierungsenergie

Aus Gleichung 3.14 ist zu erkennen, dass die Wachstumskonstante temperaturabhängig ist und mit steigender Temperatur zunimmt. Weiter gilt, je niedriger die Defektkonzentration ist, desto langsamer wächst die Oxidschicht. Somit ergeben sich unterschiedliche Niveaus für die Wachstumskonstante [27] [29].

3.6 Schichtwachstum

Trennt eine dichte Oxidschicht die Reaktionspartner voneinander ab, so läuft die Oxidationsreaktion an zwei unterschiedlichen Stellen ab.

1. An der Grenzfläche zwischen Metall und Oxid
2. An der Grenzfläche zwischen Oxid und Gas

Die Oxidationsreaktion erfordert in diesem Fall die Diffusion von Kationen (auswärts) oder von Anionen (einwärts). Der Ionentransport findet hierbei primär über Fehlstellen in der Metalloberfläche und in der Oxidschicht statt. Gleichzeitig erfolgt ein Elektronenstrom [27] [29].

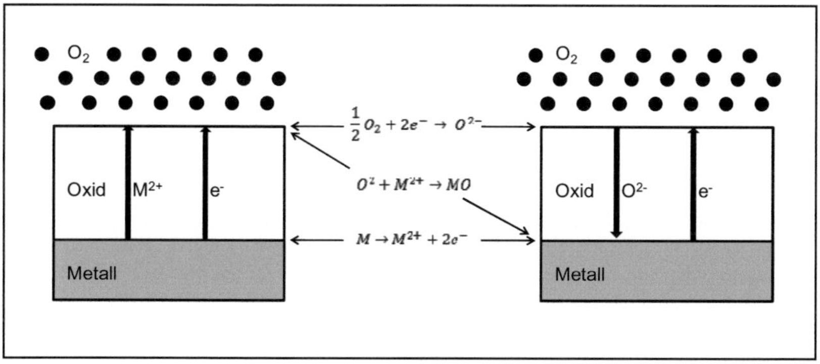

Abbildung 4: Schichtwachstum durch Ionendiffusion [29]

Verläuft das Schichtwachstum über die Auswärtsdiffusion der Kationen, so entsteht die Neubildung der Oxidschicht an der Grenzfläche zwischen Oxid und Gas (Oberfläche). Verläuft das Schichtwachstum über die Einwärtsdiffusion der Anionen, so entsteht die Neubildung der Oxidschicht an der Grenzfläche zwischen Metall und Oxid (siehe Abbildung 5) [29].

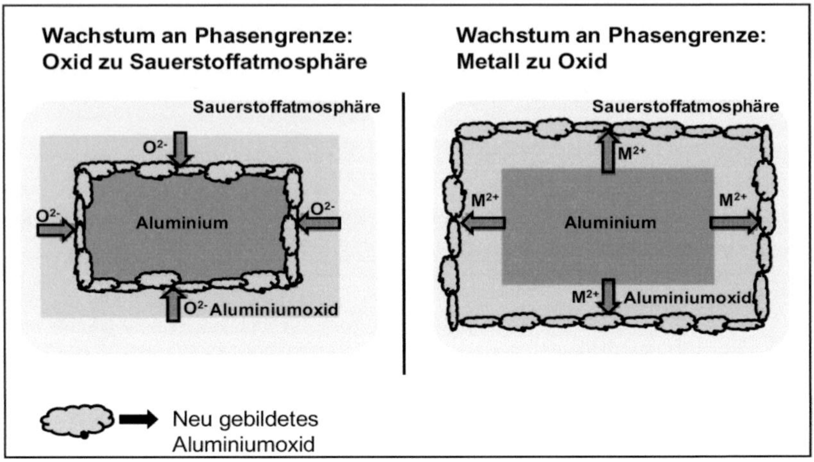

Abbildung 5: Oxidwachstum in Abhängigkeit der Diffusionsrichtung

Für die Neubildung des Oxids ist sowohl die Ionendiffusion, als auch der Elektronentransport erforderlich. Ist die Oxidschicht ein guter Stromleiter, so ist in der Regel der Ionentransport geschwindigkeitsbestimmend. Bei schlecht leitenden Oxidschichten ist der Elektronentransport geschwindigkeitsbestimmend. Der Ionentransport erfolgt durch Diffusion über Leerstellen und über Zwischengitterplätze [29] [31].

3.7 Fehlstellen und Gitterfehler

Allgemein werden Unregelmäßigkeiten im Kristallgitter als Gitterfehler oder auch Gitterdefekte bezeichnet. Sie kommen in unterschiedlichen Formen in allen Kristallgittern vor und prägen unter anderem die Eigenschaften eines Kristalls hinsichtlich der Diffusion maßgeblich. Aus diesem Grund soll in den folgenden Abschnitten ein Überblick über die möglichen Gitterfehler gegeben werden [31] [34].

Anhand ihrer räumlichen Ausdehnung können Gitterfehler in unterschiedliche Kategorien klassifiziert werden [23] [31] [34].

Die **Punktdefekte** stellen die kleinsten Defekte im Kristallgitter dar. In Ihrer Ausdehnung beziehen sich diese Fehler auf einzelne Atome. Hierzu zählen [23] [29]:

- Leerstellen im Kristallgitter
- Zwischengitteratome
- Fremdatome (auf Gitterplätzen)

Punktdefekte können im thermodynamischen Gleichgewicht vorkommen und sind u.a. die Grundlage für den Stofftransport innerhalb eines Kristalls. Das Auftreten unterschiedlicher Punktdefekte ist aufgrund von Ladungs- oder Strukturbedingungen häufig aneinander gekoppelt. Zwei für die Diffusion wichtige Erscheinungsformen sind die Frenkel- und die Schottky-Fehlordnung [32].

Die **Frenkel-Fehlordnung** bezeichnet das Austreten eines Atoms aus dem Kristallgitter auf einen Zwischengitterplatz. Hierbei entstehen eine Leerstelle und ein Zwischengitteratom paarweise [34]. Bei steigender Temperatur nimmt die Anzahl der Frenkel-Fehlordnung zu. Aufgrund der Atomgröße werden Frenkel-Fehlanordnungen häufiger bei den kleineren Kationen beobachtet. Fehlordnungen dieser Art mit den größeren Anionen werden auch als Anti-Frenkel-Fehlordnung bezeichnet [29] [32].

Die **Schottky-Fehlordnung** bezeichnet das paarweise Auftreten von Fehlstellen im Ionengitter. Hierbei verlassen oberflächennahe Ionen ihren Gitterplatz und wandern an die Oberfläche des Kristalls (Phasengrenze). Die vorhandenen Leerstellen können im Kristall durch weitere Platzwechselvorgänge wandern. Die „wandernden" Ionen befinden sich hierbei nicht auf Zwischengitterplätzen, was unter anderem auf dem Fehlen passender Zwischengitterplätze beruht. Aufgrund der notwendigen Ladungsneutralität können keine Einzelleerstellen entstehen. Ein Leerstellenpaar besteht somit immer aus einer Anionen- und einer Kationenleerstelle [29] [32] [34].

Die nächste Kategorie stellen die **eindimensionalen Gitterfehler** dar. Diese linienförmigen Fehlordnungen im Kristallgitter haben zum einen Einfluss auf die mechanischen Eigenschaften des Materials, können aber zum anderen auch den Stofftransport durch das Material, aufgrund erhöhter Atombeweglichkeit entlang der Versetzung, fördern. Es wird hierbei zwischen Stufenversetzungen und Schraubenversetzungen unterschieden. Linienfehler kommen im thermodynamischen Gleichgewicht nicht vor [31] [32].

Eine weitere Kategorie stellen die **zweidimensionalen Gitterfehler** dar. Diese flächenförmigen Fehler bezeichnen zum einen die Grenzflächen zwischen unterschiedlichen Phasen und zum anderen alle flächenförmigen Gitterfehler innerhalb der Kristalle, die nachfolgend aufgezählt werden [31] [32]:

- Korngrenzen
- Zwillingsgrenzen
- Stapelfehler
- Antiphasenfehler

Die **dreidimensionalen Fehler** bezeichnen volumenförmige Gitterfehler. Zu ihnen zählen vorwiegend Poren und Einschlüsse fremder Phasen, wobei Einschlüsse fremder Phasen im thermodynamischen Gleichgewicht vorkommen können. Die eigentlichen Fehler stellen die Phasengrenzflächen dar, welche unter den zweidimensionalen Fehlern subsumiert werden [31] [32] [34].

3.8 Aluminiumoxid

Die Oxidschicht der Aluminiumwerkstoffe ist sehr dünn, dafür im Vergleich zu anderen Oxidschichten sehr dicht und widerstandsfähig [35]. Nach Beseitigung der Oxidschicht bildet sich diese unter Einfluss von Sauerstoff innerhalb weniger Millisekunden neu und wächst innerhalb eines Tages auf ca. 2-3 nm Dicke an [36]. Bei längerer Lagerung an feuchter Atmosphäre oder durch Einwirkung höherer Temperaturen wächst diese Schicht weiter an. Die Schmelztemperatur des Aluminiumoxids liegt bei ca. 2313 K - 2328 K und somit weit über dem Schmelzpunkt von Aluminium (933 K) [37] [38]. Die elektrische Leitfähigkeit ist äußert gering. Bei Temperaturen unterhalb von 673 K wächst das Aluminiumoxid durch Diffusion von Aluminium- und Sauerstoffionen. Je dicker die Schicht wird, desto langsamer wächst diese, da ein Selbsthemmungseffekt eintritt (siehe hierzu auch Abschnitt 3.1) [36]. Die natürliche Aluminiumoxidschicht besteht aus zwei übereinander liegenden Schichten auf der Oberfläche des Aluminiums.

Auf dem Aluminiumgrundwerkstoff befindet sich eine 1-2 nm dicke Sperrschicht. Darüber befindet sich eine 5-10 nm dicke Deckschicht [23]. Abbildung 6 zeigt den Aufbau der Aluminiumoxidschichten schematisch [23] [35] [36] [37] [38].

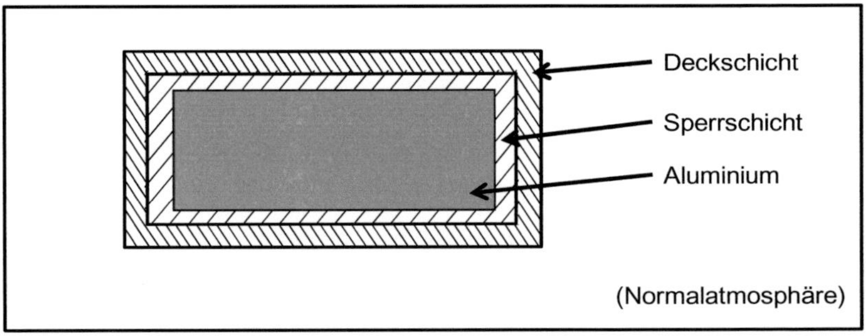

Abbildung 6: Darstellung des Oxidschichtaufbaus auf Aluminium

Die **Sperrschicht** ist eine kompakte, dichte und fest haftende Schicht. Das Molekularvolumen dieser Schicht liegt bei circa dem 1,5fachen von Aluminium [36]. Daher steht diese Schicht permanent unter Druckspannungen, weshalb sie auch bei gewissen Deformationen nicht reißt [36]. Die Sperrschicht wird in der Literatur häufig als amorph bezeichnet. Dies trifft für Oxidschichten zu, welche unter Raumtemperatur entstanden sind. Die in der Literatur beschriebenen Kristallisationsvorgänge treten bei ca. 723 K ein. Hierbei entsteht kristallines Gamma – Al_2O_3. Somit ist die Sperrschicht temperaturabhängig amorph oder kristallin. Die Schichtdicke ist abhängig von der Temperatur [39]. Der erfolgte Kristallisationsprozess ist irreversibel [36] [39].

Die **Deckschicht** ist eine poröse, wasserhaltige Schicht [40], welche in der Literatur als 5-10 nm dick beschrieben wird [23]. Bei Lagerung unter erhöhter Luftfeuchtigkeit und höheren Temperaturen kann die Schicht weiter anwachsen. In der nachfolgenden Tabelle 1 sind verschiedene Eigenschaften und Entstehungsmodi unterschiedlicher Aluminiumoxide dargestellt [23] [36] [39] [40].

Tabelle 1: Bildung und Eigenschaften von Oxidschichten auf Aluminium [36]

Art der Oxidschicht	Erzeugung durch	Schichtdicke [µm]	Eigenschaften der Oxidschicht
Natürliche Oxidschicht	Reaktion mit Sauerstoff an der Luft	0,001 – 0,01	farblos, durchsichtig, korrosionsschützend
	Reaktion unter Einfluss der Witterung	0,03 – 0,1	grauweiß, wenig reflektierend
Chemische Schutzschicht	Chemische Reaktion in sauerstoffabgebenden Lösungen	0,1 – 5	opak, grün, grau, oder gelblich, chemisch erhöht beständig
Anodisch erzeugte Oxidschichten	Anodische Oxidation in Schwefelsäure oder nach speziellen Verfahren	5 – 30 20 – 100	farblos, durchsichtig, braun, grau oder schwarz, besonders abriebfest, chemisch sehr beständig

3.9 Bildung der Aluminiumoxidschicht - Oxidationsvorgang von Aluminium

Aluminium verdankt seinen kommerziellen Einsatz nicht zuletzt den Eigenschaften der Aluminiumoberfläche, welche sich durch Kontakt mit der umgebenden Atmosphäre ausbildet. Hinsichtlich der hierbei entstehenden Oxid- und Hydroxidschichten ist Aluminium thermodynamisch nicht stabil. Die ablaufenden Reaktionen sind exotherm, erzeugen Wärme, was Gleichung 3.15 zu entnehmen ist [28].

$$2\,Al + 3/2\,O_2 \rightarrow Al_2O_3 \qquad \textit{Gleichung 3.15}$$

$$\Delta H^{\circ}_{298} = -1.675{,}7\ \text{kJ} * \text{mol}^{-1}\ [41]$$

Die Bildung der Oxid- und Hydroxidschichten findet nach einer oder mehreren der folgenden Gleichungen statt:

$$2\,Al + 3/2\,O_2 \rightarrow Al_2O_3 \qquad \textit{Gleichung 3.16}$$

$$2\,Al + 3\,H_2O \rightarrow Al_2O_3 + 3\,H_2 \qquad \textit{Gleichung 3.17}$$

$$Al + 2\,H_2O \rightarrow AlOOH + 3/2\,H_2 \qquad \textit{Gleichung 3.18}$$

$$Al + 3\,H_2O \rightarrow Al(OH)_3 + 3/2H_2 \qquad \textit{Gleichung 3.19}$$

Vorhandene Oxide und Hydroxide reagieren durch Dehydratisierung nach folgenden Reaktionsgleichungen:

$$2\,AlOOH \rightarrow Al_2O_3 + H_2O \qquad \textit{Gleichung 3.20}$$

$$2\,Al(OH)_3 \rightarrow Al_2O_3 + 3\,H_2O \qquad \textit{Gleichung 3.21}$$

$$Al(OH)_3 \rightarrow AlOOH + 2\,H_2O \qquad \textit{Gleichung 3.22}$$

Aus Gleichung 3.23 ist zu erkennen, dass aufgrund des negativen Potentials der Elektrodenreaktion Wasser durch Aluminium leicht reduziert werden kann.

$$Al^{3+} + 3e^- \rightarrow Al^0 \qquad \textit{Gleichung 3.23}$$

$$E^0 = -1{,}692\,V \quad [41]$$

Der Oxidationsprozess wird durch die Redoxreaktion beschrieben, bei welcher ein Reaktant Elektronen auf mindestens einen weiteren Reaktanten überträgt. Die Elektronenabgabe stellt die Oxidation dar, die Elektronenaufnahme hingegen die Reduktion. Ein Reaktant mit einer großen negativen Ladung hat ein großes negatives Potential, was auch als großer Elektronendruck bezeichnet werden kann. Je höher dieser Elektronendruck, desto leichter lassen sich Elektronen abgeben. D.h., desto leichter kann ein Reaktant oxidieren, beziehungsweise sein Umfeld reduziert werden.

Die Oxidation verläuft nach folgender Oxidationsgleichung:

$$A \rightarrow A^{+} + e^{-} \qquad \textit{Gleichung 3.24}$$

Die Reduktion verläuft nach folgender Reduktionsgleichung:

$$B + e^{-} \rightarrow B^{-} \qquad \textit{Gleichung 3.25}$$

Die Redoxreaktion hierzu ergibt:

$$A + B \rightarrow A^{+} + B^{-} \qquad \textit{Gleichung 3.26}$$

Redoxreaktion Aluminium und Sauerstoff:

Die Metalloxidbildung durch Reaktion von Metall mit Sauerstoff erfolgt hiernach gemäß folgender Gleichung:

Annahme: M hat die Ordnungszahl 2

$$2M + O_2 \rightarrow 2M^{2+} + 2O^{2-} \qquad \textit{Gleichung 3.27}$$

Für die Aluminiumoxidbildung mit Sauerstoff gilt:

$$2Al \rightarrow 2Al^{3+} + 6e^{-} \qquad \textit{Gleichung 3.28}$$

$$3O_2 + 6e^{-} \rightarrow 3O^{2-} \qquad \textit{Gleichung 3.29}$$

$$2Al^{3+} + 3O^{2-} \rightarrow Al_2O_3 \qquad \textit{Gleichung 3.30}$$

Redoxreaktion Aluminium und Wasser:

Die Reaktion zwischen Metall und Wasser erfolgt nach folgender Gleichung:

Annahme: M hat die Ordnungszahl 2

$$M + 2H_2O \rightarrow M^{2+} + H_2 + 2OH^{-} \qquad \textit{Gleichung 3.31}$$

Für die Reaktion zwischen Aluminium und Wasser gilt somit:

$$Al + 3H_2O \rightarrow Al^{3+} + \frac{3}{2}H_2 + 3OH^{-} \qquad \textit{Gleichung 3.32}$$

Potentiale:

$E^0_{Wasser} = -0{,}83\,V$ [41]

$E^0_{Aluminium} = -1{,}66\,V$ [42]

Erfolgt die Oxidationsreaktion bei Raumtemperatur mit Sauerstoff an trockener Luft, so entsteht eine maximale Oxidschicht mit einer Stärke von 2-3 nm [43], innerhalb weniger Stunden. Die Dichte der hierbei entstehenden Oxidschicht beträgt 3,94 g/cm³

[22]. Das Volumen wächst hierbei um das ca. 1,5fache[4] von Aluminium. Die Erstoxidation erfolgt besonders schnell und gemäß dem linearen Zeitgesetz. Das weitere Oxidschichtwachstum bis zu einer Temperatur von ca. 650 K - 700 K ist nicht linear und entspricht dem parabolischen Zeitgesetz (siehe hierzu auch Abbildung 7). Die Oxidschichtstruktur ist bis zu dieser Temperatur amorph. Bei Temperaturen oberhalb von 700 K erfolgt das Oxidschichtwachstum wiederum gemäß dem linearen Zeitgesetz (siehe hierzu auch Kapitel 3.3). Der Wechsel des Wachstumsgesetzes von parabolisch zu linear bei ca. 700 K deckt sich mit dem Einsetzen des Kristallisationsvorganges zu Gamma - Al_2O_3 [22] [43] [44].

Das Wachstum kristalliner Oxide entsteht durch weitere Oxidation und nicht durch Rekristallisation amorpher Oxide. Hierzu muss Sauerstoff an die Phasengrenze von Metall und Oxid gelangen. Gitter-Diffusionsprozesse erfolgen mit zunehmender Oxidschichtdicke langsamer. Daher spricht das lineare Oxidschichtwachstum (siehe hierzu Abbildung 7) zwischen Temperatur von 700 K und 900 K nicht für einen diffusionsgesteuerten Wachstumsprozess der Oxidschicht [44].

Weiter weist die vergleichbare Wachstumsrate dieses Temperaturbereichs mit der direkten Grenzflächenreaktion von Aluminium und Sauerstoff (Erstoxidation) auf einen direkten Kontakt von Sauerstoff und Aluminium hin, auch für den Temperaturbereich von 650 K - 900 K. Der direkte Kontakt von Sauerstoff und Aluminium wird durch eine poröse und rissige Oxidschicht in diesem Temperaturbereich erklärt (siehe Abbildung 7) [44]. Ungeklärt ist die Frage, ob die vorhandenen Risse in der amorphen Oxidschicht eine lokale Kristallisation erzeugen, oder ob diese durch andere Mechanismen entstehen [44]. Das weitere Tiefenwachstum der Aluminiumoxidkristalle erzeugt nach weiterem Wachstum kristalliner Bereiche eine letztlich dicke, geschlossene, kristalline Schicht (siehe hierzu auch Abbildung 7). Diese Schicht stellt bei Temperaturen oberhalb von 650 K eine dichte Barriere dar, weshalb ein weiteres Oxidschichtwachstum wiederum nur durch Diffusionsprozesse stattfinden kann, welches bevorzugt an den Korngrenzen stattfindet. Somit entspricht das Oxidschichtwachstum mit voranschreitender Entstehung einer geschlossenen kristallinen Oxidschicht wiederum dem parabolischen Zeitgesetz. Nach Ausführungen von Wefers und Misra [44] ist dies bei Temperaturen oberhalb von 900 K der Fall [44].

[4] im Vergleich zur Dichte von Aluminium mit 2,7 g/cm³ [22]

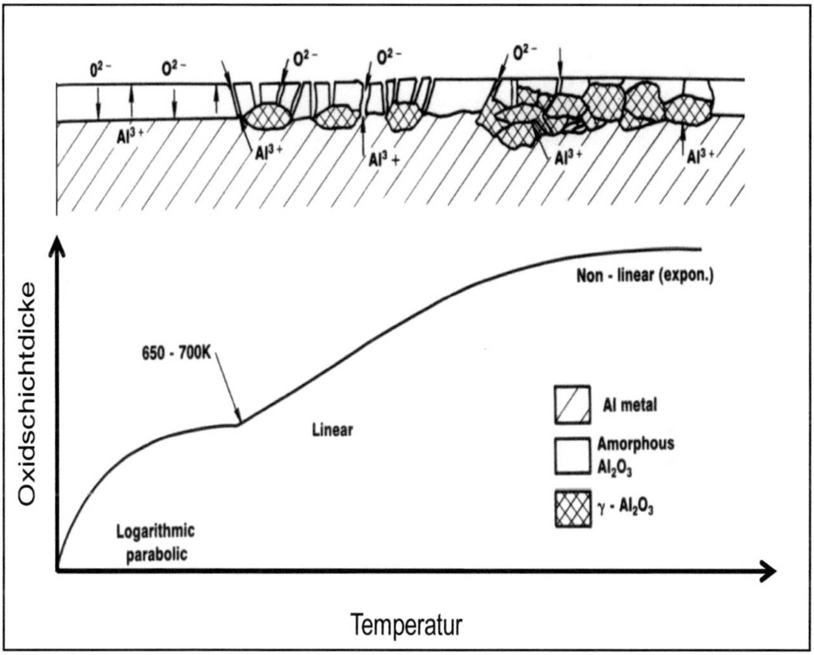

Abbildung 7: Wachstumsgeschwindigkeit und Oxidstruktur [44][5]

3.10 Einfluss von Wasser auf die Oberfläche

Der Einfluss von Wasser auf die Oberfläche von Aluminium und dessen Aluminiumlegierungen ist seit der industriellen Erzeugung und Verarbeitung von Aluminium ein interessantes und bis heute immer wieder untersuchtes Wissensgebiet. Hierbei steht zum einen die gezielte Herstellung einer widerstandsfähigen Oberfläche im Mittelpunkt, und zum anderen das Verhalten der natürlichen Aluminiumoxidschicht bei Kontakt mit Wasser oder Feuchtigkeit [36]. Die Autorin Zähr [22] widmete sich dabei unter anderem dem Verhalten natürlicher Aluminiumdeckschichten, bei unterschiedlichen Lagerungsbedingungen [22] [36].

Die Aluminiumoxidschicht passiviert das Aluminium bzw. die Aluminiumlegierung und schützt somit das Grundmaterial. Während die Oxidschicht einen teilweisen Schutz in z.B. kochendem Wasser bietet, kann eine feuchte Atmosphäre oder Lagerung unter Wasser bei Temperaturen unterhalb 400 K bei bestimmten Voraussetzungen die Schutzwirkung der Oxidschicht sogar erhöhen. Im Temperaturbereich von 293 K bis 373 K erhöht sich die Masse der Oxidschicht gemäß dem parabolischen Zeitgesetz. In diesem Temperaturbereich bildet sich eine amorphe Oxidschicht. Auf dieser Schicht

[5] Darstellung um Achsenbeschriftungen erweitert

entsteht eine weitere Schicht aus gelatinösem Böhmit. Die äußere Schicht besteht nach Wefers und Misra [44] aus Bayerit oder kristallinem Böhmit [20].

Bayerit entsteht bei Temperaturen bis ca. 360 K unter Normaldruck. Wird der Umgebungsdruck erhöht, so entsteht Bayerit auch bei höheren Temperaturen. Dachille [45][6] führte Versuche bei 425 K und 675 bar Druck durch und beobachtete bis zu dieser Temperatur keine Umwandlung oder Entstehung von kristallinem Böhmit. AlOOH hat unter diesen Umgebungsbedingungen seine stabile Phase. Die Umwandlung von AlOOH zu $Al(OH)_3$ ist mit einer Erhöhung des Molekularvolumens verbunden, was nach Meinung von Wefers und Misra [44] eine möglicher Grund für das Ausbleiben der Umwandlung bei Erhöhung des Umgebungsdrucks sein könnte, insbesondere bei noch nicht vorhandenen Kristallisationskeimen [44] [45].

Bei Temperaturen oberhalb von 450 K beginnt das Hydroxid zu kristallisieren und verändert die gleichmäßige Hydroxidschicht zu lokalen Kristallisationsbereichen, welche sich im Verlauf der Oxidation bis zu einer geschlossenen Schicht ausweiten. Die Entstehung von Diaspor und Korund (siehe Abschnitt 3.11) erfolgt bei höheren Temperaturen und Drücken. Der Abbildung 11 ist zu entnehmen, dass die unter Luftsauerstoff entstandene Oxidschicht bei Temperaturen unter 635 K, bei Vorhandensein von Wasser nicht stabil ist. Unterhalb von ca. 360 K reagiert die vorhandene Oxidschicht mit Wasser zu einer porösen Hydroxidschicht. Die Ausdünnung der Oxidschicht ist eine Begleiterscheinung dieser Reaktion und ermöglicht somit weitere Diffusion von Aluminiumionen, welche bei Erreichen der hydratisierten Schicht ebenfalls hydratisieren [44]. An der Phasengrenze zwischen Gel und Flüssigkeit bildet sich kristallines Hydroxid als Folge der weiteren Reaktion zwischen gelatinöser Schicht und Flüssigkeit [44]. Welche Phase hierdurch entsteht, wird durch Temperatur und Druck definiert [22] [44].

[6] zitiert in [44]

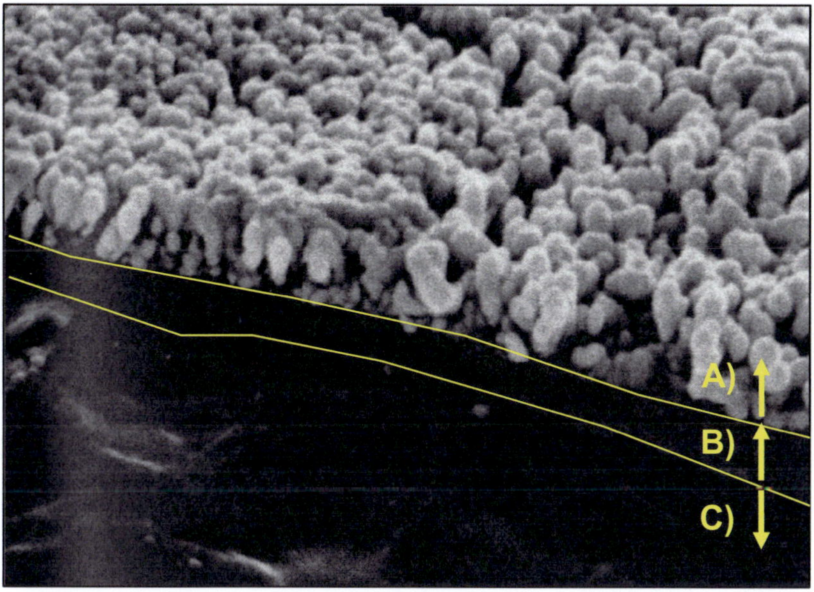

Abbildung 8: Böhmitkristalle auf einer Probe 8h in kochendem Wasser [44][7]

Abbildung 8 zeigt auf dem Aluminiumgrundmaterial einen zweischichtigen Aufbau der Oxidschicht. Die obere Schicht, gekennzeichnet mit A), besteht aus einem kristallinen Aufbau, welcher in der linken Bildhälfte bereits in eine annähernd geschlossene Schicht übergeht. Darunter befindet sich eine ebene, gelatinöse Oxidschicht, welche mit B) gekennzeichnet ist. Das Grundmaterial ist gekennzeichnet mit C) und liegt unterhalb der beiden Oxidschichten.

Um eine optimale Schutzwirkung durch die Oxidschicht zu erlangen, ist es vorteilhaft, zwei unterschiedliche Oxidschichten zu erzeugen, welche beide dicht und kompakt sind. Der weitere Wachstumsprozess ist dadurch diffusionsgesteuert und somit langsam. Die vollständige Umwandlung der gelatinösen Schicht ist hierbei zu unterbinden. Um dies gezielt herzustellen, sind Wasserdampf bei Temperaturen von 380 K bis 400 K, sowie Expositionszeiten von weniger als einer Stunde erforderlich. [44]

Nach Stucki [43] ist die Bildung der Oxidschicht durch Diffusionsvorgänge entweder durch hohe elektrische Felder innerhalb des Oxidfilms oder durch thermische Aktivierung gesteuert [43]. Bei niederen Temperaturen wird das Oxidschichtwachstum durch hohe elektrische Felder bestimmt, welche durch negativ geladene O-Atome an der Oberfläche und positive Al-Ionen unter der Oberfläche erzeugt werden. Bei wachsen-

[7] Darstellung erweitert (Visualisierung der Oxidschichten)

der Oxidschichtdicke nimmt die Austrittsarbeit zu, daher muss der Sauerstoff auch bereits in geringen Mengen zu Reaktionen führen. Oberflächennahe Al-Ionen werden zu dieser Oberfläche beschleunigt und reagieren dort mit dem vorhandenen Sauerstoff. Dies führt nach Stucki [43] zu einem logarithmischen Wachstumsgesetz der Oxidschicht. Ist die Löslichkeit der Metallionen in der Oxidschicht vernachlässigbar, so kann nach Stucki [43] eine kritische Schichtdicke anhand folgender Formel angegeben werden [43] [44]:

$$Xl = \frac{(6 * 10^{-18}) * U}{1 - \frac{T}{530}} \text{ [cm]} \qquad \textit{Gleichung 3.33}$$

U: Potential der Oxidschicht (2 V bei Raumtemperatur)

T: Temperatur in Kelvin

Stucki [43] grenzt die Anwendung dieser Gleichung auf Temperaturen unterhalb von 530 K ein. Bei Temperaturen oberhalb von 530 K ist das Oxidschichtwachstum durch thermisch aktivierte Diffusion getrieben. Erst nach erfolgter Erstkristallisation der Sperrschicht entspricht es dem parabolischen Schichtwachstumsgesetz [43].

Im Temperaturbereich von 723 - 848 K, unter Vakuum mit niederem Sauerstoffpartialdruck, ergaben Messungen von Beck und Mitarbeitern [46][8] einen zweistufigen Oxidationsprozess. Zu Beginn bildet sich durch Herausdiffundieren von Al-Ionen eine Schicht amorphes Al_2O_3. Gemessen wurde hierbei die Gewichtszunahme über die Zeit. Die Ergebnisse entsprechen dem parabolischen Wachstumsgesetz. Anschließend wurde weiteres Wachstum der Oxidschicht gemessen. Durch Einwärtsdiffusion von O-Ionen bildet sich an der Phasengrenze von Metall und Oxid kristallines Gamma - Al_2O_3 unterhalb der bereits vorhandenen Oxidschicht [43]. Stucki [43] hält die Einwärtsdiffusion von O-Ionen aufgrund der erforderlichen Aktivierungsenergie für den Diffusionsvorgang für unwahrscheinlich, sieht aber die Bildung von amorphem Al_2O_3 als erwiesen. Die Bildung von kristallinem Gamma - Al_2O_3 bei Temperaturen oberhalb von 673 K führt Stucki [43] auf Epitaxie zurück. Dabei wachsen Kristalle auf bereits vorhandenen Kristallen. Er hält es somit für erwiesen, dass die Entstehung des kristallinen Gamma - Al_2O_3 nicht durch Einwärtsdiffusion von O-Ionen, sondern durch Kristallisation von amorphen Al_2O_3 erfolgt [43]. Aufgrund dieser Erklärung kann nach Umwandlung in kristallines Aluminiumoxid keine amorphe Sperrschicht mehr vorhanden sein, da andernfalls der mit Epitaxie begründete Kristallisationsprozess nicht erklärbar ist, weil eine amorphe Trennschicht vorliegen würde. Bei genügend großem Kristallwachstum erfolgt an den Grenzflächen ein verstärkter Diffusionsvorgang von Al-Ionen,

[8] zitiert in [43]

welcher zum Anstieg der Oxidationsrate führen kann. Dies führt Stucki [43] auf die Entstehung von Rissen an den Grenzflächen der Kristalle zurück [43].

Reichel [47] berichtet, dass amorphe Oxidschichten auf Aluminium bis zu einer Temperatur von 450 K wachsen und bei Temperaturen über 475 K kristalline Oxidschichten durch epitaktisch wachsende Kristalle entstehen. Reichel [47] berichtet, dass die bei niedrigen Temperaturen entstandenen amorphen Oxidschichten sich auch bei anschließender Auslagerung bei 700 K nicht in kristallines Oxid umwandeln. Die hierbei untersuchte Schichtdicke lag bei ca. 0,7 nm. Er berechnet eine kritische Schichtdicke für Al_2O_3 von 0,7 nm – 0,1 nm. Bis zu dieser Schichtdicke ist die amorphe Oxidschicht die thermodynamisch bevorzugte Variante. Sie stellt die Vermutung auf, dass die (während der Auslagerung bei 700 K) benötigte Aktivierungsenergie für die erforderliche Keimbildung zur Phasenumwandlung in kristallines Oxid durch die Energiebarriere nicht ausreicht [47]. Reichel [47] berichtet, dass bei Temperaturen oberhalb von 475 K das kristalline Aluminiumoxid nicht durch schichtweises Wachstum entsteht, sondern durch Wachstum von kleinen Inseln. Durch entsprechendes Wachstum der Oxidinseln entstehen geschlossene Oxidschichten. Als alternatives oder unterstützendes Element berichtet Reichel [47], dass der Einbau von Sauerstoff in der Metalloberfläche gegenüber der Chemisorption von Sauerstoff in der Oberfläche, bei Temperaturen oberhalb von 475 K, bevorzugt ist. Dies verringert die Aktivierungsenergie für die Keimbildung der Kristalle, wodurch das kristalline Oxid die bevorzugte Oxidvariante wird [47].

3.11 Modifikationen von Aluminiumoxid

Aluminiumoxid besitzt mehrere Modifikationen, welche mit Ausnahme des Alpha-Al_2O_3 metastabil vorliegen. Eine Übersicht über die verschiedenen Aluminiumoxide ist in Tabelle 2 dargestellt. Das Wachstum der Oxidschicht ist durch den Selbsthemmungseffekt begrenzt, da die für das Wachstum erforderliche Diffusion von Ionen mit zunehmender Dicke der Diffusionsstrecke abnimmt. Mit steigender Temperatur steigt auch die Diffusionsgeschwindigkeit, was in einer größeren Diffusionsstrecke resultiert. Die mögliche Oxidschichtdicke ist somit temperaturabhängig, was die vom Autor Makolkin [48] durchgeführten Oxidationsversuche zeigen. Hierbei wurden Aluminiumproben der Luftatmosphäre bei unterschiedlichen Temperaturen ausgesetzt [29] [48].

Tabelle 2: Übersicht der natürlichen Oxidarten von Aluminium [44]

Benennung	Chemische Benennung	Chemische Formel
Gibbsit/Hydrargillit	Aluminium(III)-Hydroxid	γ-$Al(OH)_3$
Bayerit	Aluminium(III)-Hydroxid	α-$Al(OH)_3$
Nordstrandit	Aluminium(III)-Hydroxid	$Al(OH)_3$
Böhmit	Aluminiumoxid-Hydroxid	γ-$AlOOH$
Diaspor	Aluminiumoxid-Hydroxid	α-$AlOOH$
Korund	Aluminiumoxid	α-Al_2O_3

Die Abbildung 9 zeigt deutlich die zunehmenden Oxidationsraten bei zunehmender Temperatur. Bei 733 K wird nach ca. 4 Stunden ein Maximalwert erreicht, was auf eine für dieses Temperaturniveau nicht zu überwindende Diffusionsstrecke schließen lässt. Die Darstellung verdeutlicht ebenfalls die Abhängigkeit der Oxidschichtdicke von der Temperatur [49].

Versuche über den Einfluss von Wasserdampf und Ozon auf die Aluminiumoxidschicht wurden von Cabrera [50][9] durchgeführt (Abbildung 10). Er untersuchte die Einflüsse unter Temperaturen von 283 K – 723 K und stellte besonders bei niedrigen Temperaturen eine wesentlich reaktionsbeschleunigende Wirkung dieser Stoffe fest. Cabrera [50][10] beschreibt eine Verdopplung der Oxidationsgeschwindigkeit durch Wasserdampf bei niedrigeren Temperaturen. Der Einfluss von Ozon wird als noch stärker bewertet [49] [50].

Auch Pinhero [51] berichtet von verstärktem Wachstum der Oxidschichten unter Einfluss von Feuchtigkeit. Pinhero [51] untersuchte den Einfluss von Feuchtigkeit in der Atmosphäre auf AlPdMn Legierungen bei Zimmertemperatur und berichtet von zunehmender Oxidation mit zunehmender Feuchtigkeit in der Atmosphäre. Bei niedriger Feuchtigkeit entsteht eine rein selektive Oxidation des Aluminiums. Bei höherer Feuchtigkeit oxidieren auch weitere Metalle [51].

Bei der Dehydratisierung von Aluminiumhydroxidschichten entstehen metastabile Modifikationen von α-Al_2O_3 sowie Rest-OH. Die Umwandlungsfolge von Aluminiumhydroxid zu α-Al_2O_3 ist hierbei abhängig vom vorliegenden Aluminiumhydroxid [29].

[9] zitiert in [49]
[10] zitiert in [49]

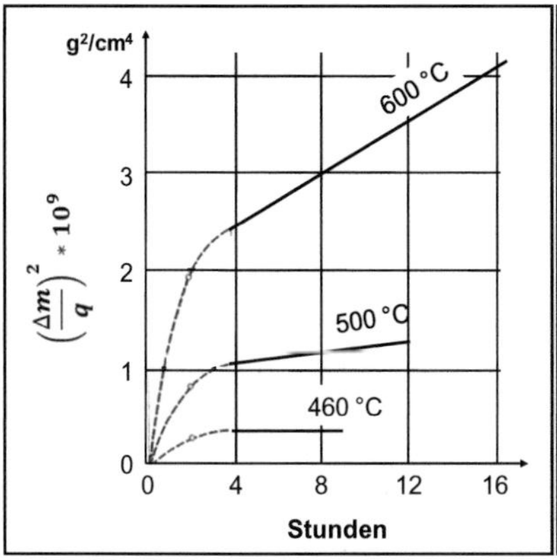

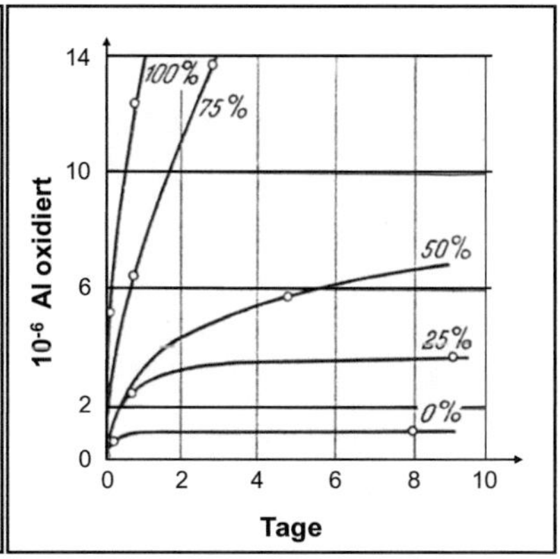

Abbildung 9: Zeitlicher Verlauf der Oxidation bei 460 °C, 500 °C und 600 °C an Luftatmosphäre (links) [48][11]

Abbildung 10: Einfluss verschiedener Feuchtigkeitswerte in einer Ozonatmosphäre bei 25 °C (rechts) [50][12]

3.12 Umwandlungsreihenfolge von Aluminiumoxid

Bilden die Hydroxylionen im Ausgangsmaterial eine kubisch dichteste Kugelpackung, das sogenannte Hydrargillit, so entsteht folgende Umwandlungsreihe [29]:

Hydrargillit: γ-Al $(OH)_3$ → γ- Al_2O_3 → δ-Al_2O_3 → θ-Al_2O_3 → α-Al_2O_3

Bilden die Hydroxylionen im Ausgangsmaterial eine hexagonal dichteste Kugelpackung, das sogenannte Bayerit, so entsteht folgende Umwandlungsreihe [29]:

Bayerit: α- Al $(OH)_3$ → χ- Al_2O_3 → κ-Al_2O_3 → α-Al_2O_3

Aluminiumhaltige Legierungen bilden im Anfangsstadium der Oxidation ebenfalls metastabile Oxidschichten. Diese wandeln sich im fortgeschrittenen Oxidationsstadium auch wiederum in α-Al_2O_3 um. Die Umwandlungsabfolge hierbei ist identisch der Umwandlungsfolge bei der Dehydratisierung von Hydrargillit [29].

Im Folgenden werden daher die jeweiligen Modifikationen der Hydrargillit-Umwandlungsreihe näher erläutert.

γ- Al_2O_3

Bei der γ-Al_2O_3 Modifikation bilden die Sauerstoffionen eine kubisch dichteste Kugelpackung. Die Aluminiumkationen befinden sich auf den Oktaederlücken sowie den

[11] zitiert in [49]
[12] zitiert in [49]

Tetraederlücken. In der Literatur finden sich unterschiedliche Aussagen bezüglich der Anordnung der Kationen [29]. Zum einen wird die Ableitung der kubischen γ- Al_2O_3 Struktur von der MgO Struktur beschrieben. Hierbei befinden sich Aluminiumkationen auf 2/3 der Magnesiumkationenplätze. Das restliche Drittel der Kationenplätze bleibt unbesetzt [29]. Zum anderen wird eine Defektspinellstruktur beschrieben, bei der eine kubisch dichteste Kugelpackung vorliegt und lediglich die Hälfte aller vorhandenen Oktaederlücken von Kationen besetzt ist. Die vorhandenen Tetraederplätze sind hierbei nur teilweise von Aluminiumkationen besetzt. Die vorhandenen freien Tetraederplätze sind entsprechend der Tetraederlücken relational verteilt. Der Zusatz „Defekt"- Spinell entsteht durch das zusätzliche Besetzen von Lückenplätzen, die in der eigentlichen Spinellstruktur unbesetzt sind. Die Anordnung der Kationen im Kationengitter erleichtert eine Kationendiffusion gegenüber der Anionendiffusion. Daher wachsen die γ- Al_2O_3 Schichten primär an der Grenzfläche zwischen Gasphase und Oxidphase, durch Auswärtsdiffusion der Metallkationen [29]. Gamma - Al_2O_3 bildet sich bei Temperaturen über 723 K und besitzt eine amorphe Struktur. Bei Kontakt mit Normalatmosphäre befindet sich auf der Luftseite eine hydratisierte Schicht [29] [36].

δ- Al_2O_3

Bei der δ-Al_2O_3 Modifikation bilden die Sauerstoffionen eine kubisch dichteste Kugelpackung. Die Gitterstruktur ist aus der Gitterstruktur des **γ-Al_2O_3** ableitbar. Die Metallkationen sind hierbei gleichmäßig auf die vorhandenen Oktaeder- und Tetraederlücken verteilt. Diese Struktur wächst wie das γ- Al_2O_3 primär an der Grenzfläche zwischen Gasphase und Oxidphase, durch Auswärtsdiffusion der Metallkationen [29].

Θ- Al_2O_3

Bei dieser Struktur liegt eine monoklin verzerrte, kubisch dichteste Kugelpackung vor, welche durch die Anordnung der Sauerstoffionen erzeugt wird. Die Metallkationen sind gleichmäßig auf die vorhandenen Tetraeder- und Oktaederlücken verteilt [29].

α- Al_2O_3 (Korund)

Die α-Al_2O_3 Struktur ist die thermodynamisch stabilste Modifikation von Aluminiumoxid, da die besondere räumliche Anordnung der Anionen und Kationen eine energetisch günstige Gesamtstruktur darstellen. Die Anordnung erfolgt in einer hexagonal dichtesten Kugelpackung, wobei jedes Metallkation von sechs Sauerstoffanionen, und jedes Sauerstoffanion von vier Metallkationen umgeben ist. Die Struktur besitzt keine stöchiometrische Fehlordnung, es kann lediglich eine thermische Fehlordnung vorliegen. Dadurch bedingt ist eine niedrige elektrische Leitfähigkeit dieser Struktur, wodurch der für die Wachstumsgeschwindigkeit bestimmende Prozess die Elektronendiffusion ist.

Das Schichtwachstum erfolgt primär durch Einwärtsdiffusion von Sauerstoffionen, an der Phasengrenze zwischen Metall und Oxid, kann aber auch zusätzlich durch Auswärtsdiffusion von Metallkationen an der Phasengrenze zwischen Oxid und Gas eintreten. Die geringe Fehlordnung in der Gitterstruktur lässt die Diffusionsvorgänge primär an den Korngrenzen erfolgen, wodurch das Oxidwachstum primär auch in diesen Bereichen besteht [29]. Im Vergleich zu anderen Oxidschichten besitzt α-Al_2O_3 eine generell geringere Defektkonzentration und somit eine nur geringe Wachstumsrate, was es zu einem der am besten geeigneten Oxide zum Schutz von Metallen und Metalllegierungen in sauerstoffhaltiger Atmosphäre macht [27]. Die Entstehung der metastabilen Aluminiumoxidphasen ist vor allem bei Temperaturen unterhalb von 1173 K zu beobachten, bei Temperaturen oberhalb von 1173 K treten diese nur im Anfangsstadium der Oxidation auf. Die Umwandlung in das stabile α-Al_2O_3 läuft mit zunehmender Temperatur schneller ab. Bei einer Temperatur von beispielsweise 1473 K und einer Auslagerungszeit von zwei Stunden liegt ausschließlich α-Al_2O_3 vor. Die Umwandlung in α-Al_2O_3 ist mit einer Volumenreduktion von 13 % verbunden, wodurch Risse und Poren in der Oxidschicht entstehen können [27] [29].

3.13 Hydratisiertes Aluminiumoxid

Der nachfolgenden Abschnitte zum hydratisierten Aluminiumoxid wurden folgende Quellen verwendet [23] [27] [44] [52] [53] [54] [55] [56].

Es erfolgt eine Unterscheidung des hydratisierten Aluminiumoxids in die folgenden Varianten:

a) Aluminiumtrihydroxid, $Al(OH)_3$
b) Aluminiumoxid-Hydroxid, AlOOH

Die weitere Unterteilung der Aluminiumtrihydroxide erfolgt in drei Untergruppen:

- Bayerit (auch unter Hydragillit bekannt)
- Gibbsit
- Nordstrandit

Die weitere Unterteilung der Aluminiumoxid-Hydroxide erfolgt in zwei Untergruppen:

- Böhmit
- Diaspor

Bayerit bildet eine stabile Phase bei 298 K und ist das einzige Trioxidhydroxid, das künstlich hergestellt werden kann [27]. AlOOH entsteht aus $Al(OH)_3$ durch eine hydrothermale Reaktion bei ca. 375 K [44].

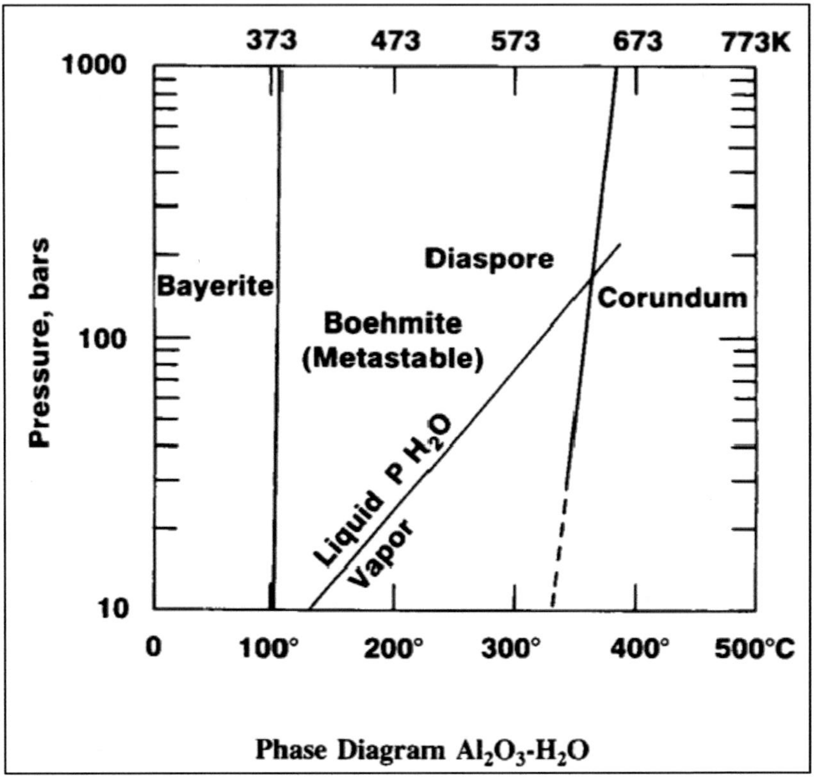

Abbildung 11: Hydroxidphasen in Abhängigkeit von Temperatur und Druck [44] [13]

Die Umwandlungsgeschwindigkeit ist hierbei, da nahe der Gleichgewichtstemperatur, sehr langsam. Die exakte Temperatur kann durch experimentelle Vorgehensweise nicht bestimmt werden, jedoch durch Extrapolation und thermodynamische Berechnungen. Nach Ginsberg und Köster [57] ist die Umwandlungsgeschwindigkeit bei höheren pH-Werten wesentlich schneller. Gelöstes Salz in Wasser senkt die Umwandlungstemperatur durch Reduzierung der Aktivität des Wassers [44] [57].

Die Summe des Molekularvolumens von AlOOH + H_2O ist größer als das Molekularvolumen von $Al(OH)_3$. Daher steigt die Umwandlungstemperatur mit Zunahme des Drucks. Aus dem gleichen Grund sinkt die Umwandlungstemperatur von Böhmit zu Diaspor bei steigendem Druck, da das Molekularvolumen von 19,87 cm^3 auf 17,44 cm^3 sinkt [44]. Die Dichte von Diaspor liegt bei 3,44g/cm3, diejenige von Böhmit liegt bei 3,01g/cm3 [44]. Unterhalb von 575 K ist das spontan entstehende kristalline Hydroxid immer Böhmit.

[13] (Darstellung direkt übernommen)

Spontanes Wachstum von Diaspor wurde bisher nur oberhalb von 575 K und 200 bar Druck beobachtet. In Experimenten wuchs kristallines Diaspor schon bei 450 K. Ermöglicht wurde dies durch Verwendung von Diaspor Kristallkeimen. Das Wachstum von Diaspor ging hierbei zu Lasten des Böhmits. Diese Beobachtungen führen zu dem Schluss, dass Böhmit im System Al_2O3-H_2O metastabil ist. Dennoch ist die Entstehung von Böhmit die kinetisch bevorzugte Variante bei niedrigen Temperaturen und niedrigen Drücken, aufgrund der geringen Dichte. Durch die Gitterstruktur von $Al(OH)_3$ und Böhmit ist epitaktisches Wachstum von Böhmit auf dem Trihydroxid zu beobachten. Die Autoren Fyfe und Hollander [55][14] bestimmten die Entstehungstemperatur für die Transformation von Oxid-Hydroxide zu Oxid (Gleichung 3.34). Diese liegt bei ca. 640 K und einem Druck von 200 bar [44] [55] .

$$\alpha - \mathrm{AlOOH} \rightleftarrows \alpha - \mathrm{Al_2O_3} + \mathrm{H_2 0} \qquad \textit{Gleichung 3.34}$$

Haas [56][15] bestimmte die Entstehungstemperatur von Daspor-Korund auf Temperaturen oberhalb von 660 K während eines Umgebungsdruckes von 1500 bar und beobachtete hierbei epitaktisches Kristallwachstum. Die thermodynamische Betrachtung dieser Prozesse ergab einen Anstieg der Transformationstemperatur mit steigendem Druck. Die Reduzierung der Aktivität des Wassers senkt die Gleichgewichttemperatur von Diaspor-Korund hin zu niedrigeren Temperaturen [44]. Die Transformation von Böhmit zu Korund entsteht bei Temperaturen von 675 K, bei Drücken unterhalb von 200 bar. Die Transformationsrate von Böhmit und Diaspor zu Korund wird durch Anstieg der Löslichkeit erhöht. Dies kommt durch die Erhöhung des pH-Wertes zustande [44] [56].

3.14 Löslichkeit von Al_2O_3 in Wasser

Die Löslichkeit ist im Wesentlichen eine Funktion von Temperatur und pH-Wert. Die Löslichkeit von Al_2O_3 ist zwischen den pH-Werten von 4,5 und 8,5 sehr gering. Im H_20 - Al_2O_3 System sind die festen Phasen im Gleichgewicht. Bei Raumtemperatur existieren einzelne Al^{3+} Ionen in sauren Lösungen unterhalb eines pH-Wertes von 4,0. Wird der pH-Wert erhöht, so bildet sich eine Reihe von Hydroxyl – Aluminium Komplexe. Oberhalb eines pH-Wertes von 8,5 nimmt die Löslichkeit von Aluminium durch Bildung von $AL(OH)_4^-$ Ionen stark zu, was Abbildung 12 zu entnehmen ist [44].

[14] zitiert in [44]
[15] zitiert in [44]

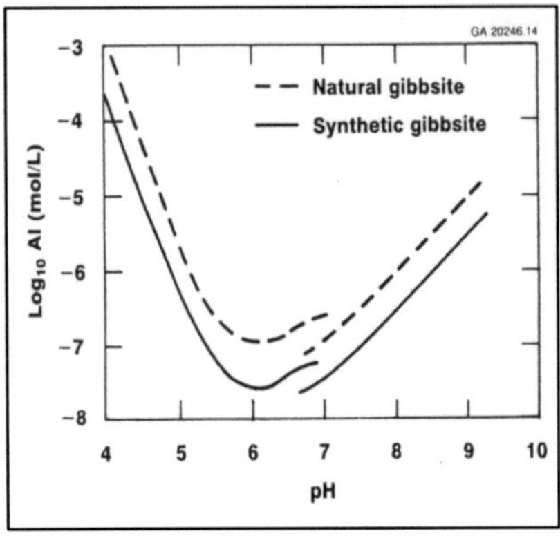

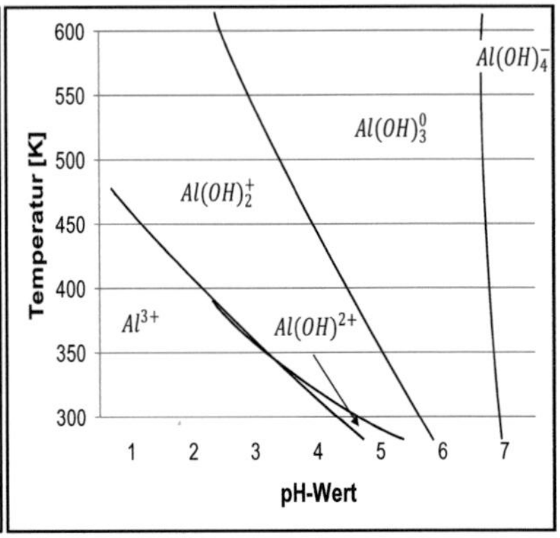

Abbildung 12: (links) Löslichkeit von Aluminium in Wasser [44]

Abbildung 13: (rechts) Temperaturbeständigkeit der Aluminiumhydroxide [44]

Die Löslichkeit von Aluminium-Hydroxiden und Korund in sauren Lösungen sinkt bei steigender Temperatur (Abbildung 13). Abbildung 14 weist auf das amphotere Verhalten von Aluminiumhydroxid hin. Dies bedeutet, eine Reaktion ist mit starken Säuren, wie auch mit starken Basen möglich. In wässrigen Lösungen mit mittleren pH-Werten ist deren Löslichkeit gering. Der Übergang von guter Löslichkeit zu geringer Löslichkeit ist sehr klein, was zur Folge hat, dass im Übergangsbereich eine geringe Änderung des pH-Wertes eine große Änderung der Löslichkeit zur Folge hat.

Tabelle 3: Gleichgewicht in Wasser [44]

Temperaturen	Benennung	Chemische Benennung	Chemische Formel
<375K	Gibbsite und Bayerit	Aluminium(III)-Hydroxid	$Al(OH)_3$
375K - 640K	Diaspor	Aluminiumoxid-Hydroxid	α-AlOOH
>640K	Korund	Aluminiumoxid	α- Al_2O_3

Das erste Reaktionsprodukt ist generell gallertartig und von geringer kristalliner Ordnung. Weiter ist es hydrophil und kann als gelierfreudig bezeichnet werden. Der Grad der kristallinen Ordnung sowie die chemische Zusammensetzung und die Partikelgröße hängen von folgenden Faktoren ab:

- Temperatur
- pH-Wert
- Anordnung der Ionen
- Zeit

Besteht Kontakt zwischen bereits oxidiertem Aluminium und Feuchtigkeit, bei Temperaturen unterhalb von 375 K, so bildet sich gelatinöses Aluminiumoxid-Hydroxid auf der bereits vorhandenen Oxidschicht. Dieses gelatinöse Aluminiumoxid-Hydroxid wird als Böhmit bezeichnet (siehe auch Tabelle 3). Durch weitere Reaktion wandelt sich das Aluminiumoxid-Hydroxid innerhalb weniger Stunden in das Endprodukt Aluminiumtrioxid-Hydroxid um. Bei Temperaturen unterhalb von 350 K hängt das Endprodukt der Umwandlungsreihe (Gibbsit oder Bayerit) vom pH-Wert der als Reaktionspartner eingesetzten Lösung ab. Eine Darstellung hierzu befindet sich in Abbildung 15 [44].

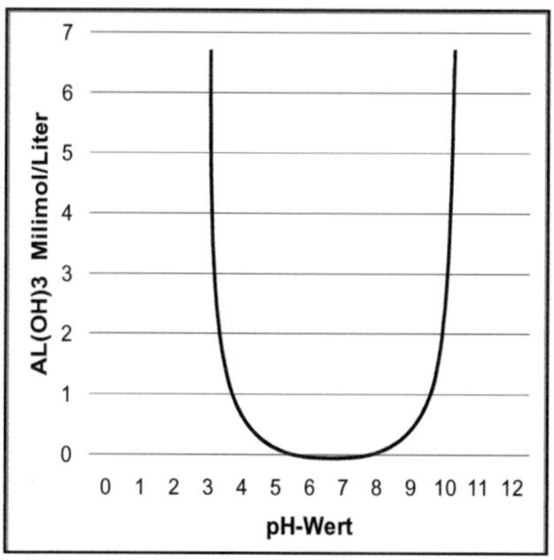

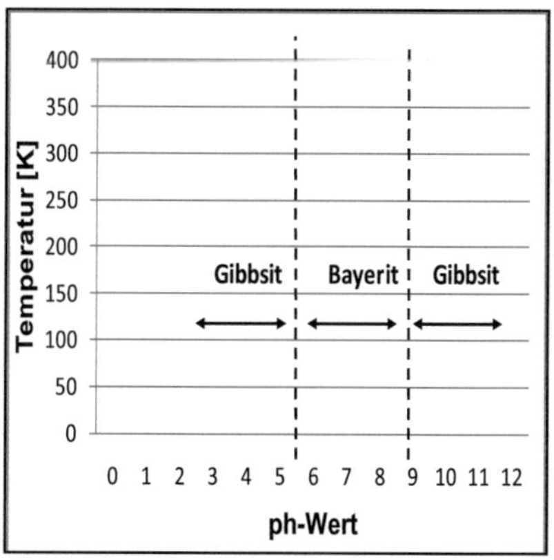

Abbildung 14: (links) Löslichkeit von $Al(OH)_3$ in Abhängigkeit des pH-Wertes [44]

Abbildung 15: (rechts) Reaktionsprodukt in Abhängigkeit des pH-Wertes [44]

3.15 Gelatinöses Böhmit

Gelatinöses Böhmit ist in der Literatur auch unter den Bezeichnungen Pseudoböhmit und gering kristallines Böhmit bekannt. Gelatinöses Böhmit enthält häufig mehr als 15 % Wasser und kann bis zu 30 % Wasseranteile besitzen. Bei Auslagerung von Pseudoböhmit während Temperaturen unterhalb von 350 K wandelt sich gelatinöses Böhmit in Bayerit (kristallines $Al(OH)_3$) um. In Abbildung 11 ist zu erkennen, dass unterhalb dieser Temperatur die stabile Phase für Bayerit liegt. Dieser Sachverhalt gibt Grund zur Annahme, dass Pseudoböhmit ein Zwischenprodukt darstellt und in seiner Struktur dem Böhmit ähnlich ist. Der Unterschied zwischen Böhmit und gelatinösem Böhmit wird in der Literatur kontrovers diskutiert, soll aber an dieser Stelle nicht weiter erläutert werden [22] [44].

3.16 Aluminiumoxid Trihydroxid

3.16.1 Gibbsit, γ-$Al(OH)_3$

Gibbsit ist ein Hauptbestandteil des natürlichen Bauxits und ist auch unter der Bezeichnung Hydragillit bekannt. Die Kristallstruktur ist meist pseudohexagonal, mit flachen oder prismatischen Kristallen. Künstlich erzeugte Gibbsit-Körner, durch Ausscheidung aus dem Bayerprozess, sind flache und prismatische Kristalle. Weiter entsteht Gibbsit aus Gelschichten auf Aluminiumoberflächen bei pH-Werten unterhalb von 5,8 und oberhalb von 9,0 (siehe Abbildung 15) [44].

3.16.2 Bayerit, α-$Al(OH)_3$

Bayerit kommt in der Natur nur in geringen Mengen als Bestandteil des Bauxits vor. Die künstliche Erzeugung geschieht durch Ausfällung von Aluminiumhydroxid unter Verwendung von Ammoniak in wässriger Aluminiumsalzlösung mit anschließender Auslagerung bei Raumtemperatur [44]. In poröser Form entsteht Bayerit durch die Reaktion von Aluminium mit Wasser, bei Temperaturen unterhalb von ca. 340 K.

3.16.3 Nordstrandite, Al-$(OH)_3$

Nordstrandite ist ein Aluminiumoxid-Trihydroxid und nach dem Entdecker van Nordstrand benannt. Nordstrandite kommt in der Natur als Bestandteil des Bauxits vor. Die künstliche Herstellung erfolgt durch Ausfällung eines Gels aus Aluminiumchlorit mit Amoniumhydroxid. Bei anschließender Auslagerung während eines pH-Wertes von 7,5 bis 9,0 kristallisiert das Gel zu Nordstrandite aus [44].

3.17 Aluminiumoxid Hydroxid

3.17.1 Böhmit, γ-$Al(OH)_3$

Böhmit ist ein Aluminiumoxid-Hydroxid (AlOOH) und einer der Hauptbestandteile des Bauxits. Diese Form der Oxid-Hydroxide ist die thermodynamisch stabilste Form. Die künstliche Herstellung erfolgt durch Neutralisierung von Aluminiumsalzen bei einer Temperatur von ca. 373 K.

Böhmit entsteht durch die Reaktion von Aluminium mit Wasser, bei Temperaturen oberhalb von 375 K. Das auf der Oberfläche entstandene Reaktionsprodukt besteht teilweise aus gelatinösem Böhmit. Kristallines Böhmit wächst vor allem oberhalb von

375 K in messbaren Größen. Eine Erhöhung des pH-Wertes senkt die erforderliche Temperatur für die Reaktion von Aluminium zu Aluminiumoxid-Hydroxid. Die Umwandlung von Gibbsit zu Böhmit wurde bei Temperaturen zwischen 380 K und 575 K unter Luftatmosphäre beobachtet. Hierzu ist eine schnelle Aufheizung und grobe Kornstruktur erforderlich. Wird Aluminiumoxid-Trihydroxid auf Temperaturen über 375 K unter Wasser erwärmt, so entsteht Böhmit [23] [44].

3.17.2 Diaspor

Diaspor kommt in der Natur in bestimmten Regionen als Hauptbestandteil des Bauxits vor. Die Entstehungstemperatur liegt bei Temperaturen über 675 K. Das epitaktische Wachstum von Diaspor-Kristallen auf natürlichem Korund entsteht durch Verwitterungsprozesse des Aluminiumoxids. Wefers [44] erzeugt Diaspor bei Temperaturen unterhalb von 370 K durch Einsatz eines entsprechenden Substrates. Er verwendete Alpha-FeOOH, welches bereits unter 370 K kristallisiert, und erzeugte somit die Grundlage für epitaktisches Aufwachsen von isostrukturellem Aluminiumoxid-Hydroxid. Beide Komponenten besitzen somit dieselbe kristalline Struktur. Dieser Effekt tritt durch die Reduzierung der Keimbildungsenergie von Diaspor aufgrund der Keimbildung von kristallinem Alpha-FeOOH ein [44]. Dies lässt den Schluss zu, dass kristallines Wachstum von Diaspor nach erfolgter Erstkristallisation auch bei Temperaturen unter-halb von 675 K möglich ist [44].

Die benötigte Energie zur Erstkristallisation kann durch Wärmeeintrag erreicht werden. Die hierfür erforderliche Temperatur liegt bei 675 K. Bei vorhandenen fremden oder eigenen Kristallisationskeimen reduziert sich diese Temperatur [44].

3.18 Spannungen in der Oxidschicht

In der Arbeit von Mennicke [27] wurden die Entstehungsmechanismen von Spannungen in der Oxidschicht von Aluminiumlegierungen untersucht. Dabei entstehen thermische Spannungen vor allem beim Abkühlen von Oxidationstemperatur auf Raumtemperatur.

Wachstumsspannungen hingegen können durch zwei Prozesse entstehen. Zum einen während des Entstehungsprozesses von neuem Oxid an der Phasengrenze von Metall und Oxidschicht durch Einwärtsdiffusion von Sauerstoffionen und „Verbrauch“ von Metallkationen unter der Phasengrenze des Metalls, zum anderen durch gleichzeitige Einwärtsdiffusion von Sauerstoffionen und Auswärtsdiffusion von Metallkationen. Da die Metallkationen zum Beispiel bei der α- Al_2O_3 Struktur bevorzugt an den Korngrenzen diffundieren, entsteht auch an diesen Stellen neues Oxid und somit auch Wachstumsspannungen [27] [29].

Der Pilling-Bedworth-Faktor beschreibt hierbei die Volumenänderung.

$$PBF = \frac{Volumen\ pro\ Metallion\ im\ Oxid}{Volumen\ pro\ Matallatom\ im\ Metall}$$ *Gleichung 3.35*

PBF < 1 (vorliegen von Zugspannungen)

PBF > 1 (vorliegen von Druckspannungen)

Die passivierende Wirkung einer Oxidschicht (siehe hierzu Abschnitt 3.1) kann nur für PBF > 1 vorliegen. Liegt der PBF < 1, so können geringe Zugspannungen zu Rissen und somit zu weiterer Oxidation führen [27]. Eine Übersicht über die Pilling-Bedworth-Faktoren einiger wichtiger Oxide ist in Tabelle 4 gegeben. Je größer die Werte oberhalb des Wertes 1 liegen, desto größer ist die Schutzwirkung der Oxidschicht. Diese Aussage gilt zumindest näherungsweise [27] [33].

Tabelle 4: Pilling-Bedworth-Faktoren [27] [16]

Metall/Oxid	K/K_2O	Mg/MgO	Al/Al_2O_3	Cr/Cr_2O_3
Pilling–Bedworth-Faktor	0,45	0,81	1,28	2,07

Da Oxide im Allgemeinen einen sehr geringen temperaturbedingten Ausdehnungskoeffizienten besitzen, liegt der Schluss nahe, dass Oxidschichten mit hohen PBW-Werten bei Raumtemperatur unter höheren Druckspannungen stehen als bei niedrigeren PBW-Werten. Diese bauen sich während des Aufheizvorganges durch die Längenausdehnung des Grundmaterials ab. Ab einer Grenztemperatur, bei welcher die Zugspannungen in der Oxidschicht abgebaut sind, könnten Risse in der Oxidschicht entstehen, oder einzelne Bereiche abplatzen und weitere Oxidation ermöglichen [58]. Aus dieser Logik folgt, dass je niedriger der Pilling-Beworth-Faktor ist, die Wahrscheinlichkeit für diesen Effekt größer wird. Interessant ist dieser Aspekt möglicherweise für die Aluminiumlötung. Hierbei werden Magnesiumanteile in den Aluminiumlegierungen verwendet, um die Lötbarkeit zu verbessern. In der Literatur sind über die Wirkungszusammenhänge zwischen dem Einsatz von Magnesium und der Steigerung der Lötbarkeit von Aluminiumwerkstoffen unterschiedliche Aussagen zu lesen [12] [16] [22] [58] [59] [60].

Eine mögliche Ursache hierfür könnten die bereits bei Normaltemperatur vorliegenden Zugspannungen (PBW < 1) im Magnesiumoxid sein, welche sich beim Aufheizprozess

[16] zitiert in [27] (Ursprung: Kopfstand, P. ;1988)

bis zur Schmelztemperatur, durch Längenausdehnung des Grundmaterials, weiter steigern sollten, bis vereinzelt Risse in der Oxidschicht entstehen und somit die Benetzung des Lotes auf dem Grundmaterial ermöglichen. Dieser Aspekt untermauert die Thesen von Zähr [22] für ihre Betrachtungen im Bereich möglicher Lötverfahren. Diese werden jedoch im Rahmen der vorliegenden Arbeit zum Temperaturbereich von der Raumtemperatur bis 878 K, nicht weiter untersucht.

4 Präzisierung der Aufgabenstellung zum Ofenlöten

4.1 Herleitung des Forschungsbedarfes

Ziel der vorliegenden Arbeit ist es, eine Korrelation zwischen dem Verhalten der Aluminiumoberfläche bei prozesstypischen atmosphärischen Zuständen und Temperaturprofilen eines Schutzgaslötprozesses und der Lötbarkeit von Aluminiumwerkstoffen zu ermitteln. Der Schwerpunkt der Arbeit liegt hierbei auf der Untersuchung der Einflüsse von Feuchtigkeit und Sauerstoff im Schutzgaslötprozess auf die Lötbarkeit.

<u>Leichtbau erfordert eine höhere Prozessstabilität bei Schutzgaslötprozessen von Aluminiumwerkstoffen.</u>

Wie bereits in Kapitel 1 und 2 dargestellt, galt das Schutzgaslöten von Aluminiumwerkstoffen lange Zeit als ausreichend erforscht. Aufgrund der aktuellen Bemühungen, Fahrzeuge möglichst leicht zu gestalten, besteht ebenso der Bedarf, die im Fahrzeug verwendeten Komponenten möglichst leicht zu halten. Für die gelöteten Aluminiumbauteile, wie z.B. Motorkühler, bedeutet dies zum einen immer kleiner werdende Bauteile und zum anderen auch immer dünner werdende Materialwandstärken. Die Folge hiervon sind steigende Anforderungen an die Prozessstabilität des Schutzgaslötens, da mit kleiner werdenden Fügestellen die Anforderung an die Wiederholgenauigkeit und Fügestellenqualität steigt (siehe hierzu Kapitel 2).

<u>Diese Steigerung der Prozessstabilität bzw. Lötbarkeit setzt tiefere Kenntnisse über die Wechselwirkung von Schutzgaslötprozess und Aluminiumoberfläche voraus.</u>

Damit die Prozessstabilität hinsichtlich der Lötbarkeit gesteigert werden kann, müssen die Haupteinflussfaktoren auf die Lötbarkeit näher untersucht werden (siehe Kapitel 2 und 3). In Bezug auf das Aluminiumlöten bedeutet dies für die **Löteignung** in erster Linie die Betrachtung der Aluminiumoxidschicht. Da diese zur Erzeugung einer Lötverbindung beseitigt werden muss, sind hierbei die Entstehungs- und Wachstumsmechanismen von grundlegender Bedeutung (siehe Kapitel 3). In Bezug auf die **Lötmöglichkeit** bedeutet dies u.a., die prozesstechnischen Parameter des verwendeten Verfahrens detailliert zu kennen. Liegt bei Betrachtung der **Lötsicherheit,** eine für das Lötverfahren grundsätzlich geeignete Konstruktion bzw. Geometrie vor, so stellt sich die Frage, welche Einflüsse auf die Lötbarkeit durch die Wechselwirkung von Aluminiumwerkstoff und Fertigungsprozess während der Prozessschritte des Lötens entstehen. Die Abbildung 16 verdeutlicht die zu untersuchenden Wechselwirkungen.

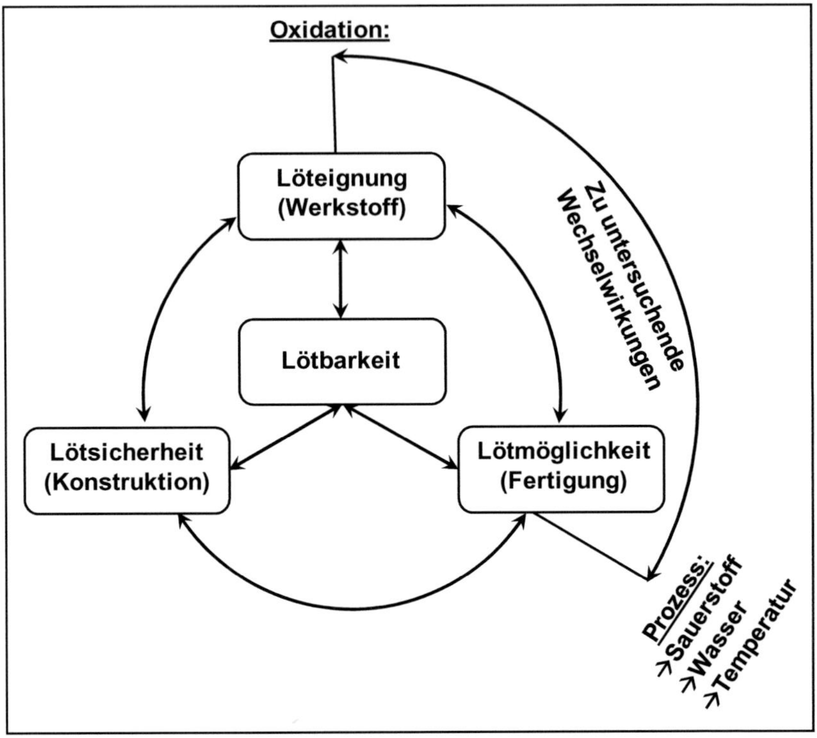

Abbildung 16: Untersuchte Wechselwirkungen auf die Lötbarkeit

Die Wechselwirkungen zwischen Aluminiumwerkstoff und Fertigungsprozess sind in Bezug auf Wasser und Sauerstoff nicht ausreichend erforscht.

Im Kapitel 3 wurde aufgezeigt, welche Wirkungszusammenhänge im Oxidationsprozess von Aluminiumwerkstoffen vorliegen. Hierbei wurde ausführlich der Vorgang der Oxidation, sowie die Abhängigkeit der Aluminiumoxidschichtdicke von der Temperatur beschrieben. Ebenso wurden die Reaktionen der beiden weiteren Haupteinflussfaktoren für den Oxidationsprozess, Sauerstoff und Wasser, detailliert aufgezeigt und die naturwissenschaftlichen Zusammenhänge hinsichtlich der Entstehung von Aluminiumoxid sowie von Aluminiumhydroxid ausführlich dargestellt. Auch wurden die Zusammenhänge des Schutzgaslötens und der Erfordernisse der metallisch reinen Oberflächen bzw. oxidfreien Oberflächen hierfür aufgezeigt.

Um die Prozessstabilität eines Schutzgaslötprozesses zu steigern, ist es erforderlich, die genannten Haupteinflussfaktoren für den Oxidationsvorgang während eines Schutzgaslötprozesses weiter zu untersuchen und deren Auswirkung auf die Oxidschicht zu bestimmen. Hierbei ist eine singuläre Betrachtung einzelner Einflussfaktoren nicht zielführend. Vielmehr ist eine ganzheitliche Betrachtung der Haupteinflussfaktoren, einschließlich der entstehenden Wechselwirkung zwischen Atmosphäre, Werkstoff und Temperatur, durchzuführen. Im Mittelpunkt der nachfolgenden Untersuchung steht daher das Verhalten der Aluminiumoxidschicht beim Aufheizen und deren Einfluss auf die Lötbarkeit. Dabei liegt der Schwerpunkt der Untersuchungen im Bereich der genannten Haupteinflussfaktoren Feuchtigkeit und Sauerstoff. Hierzu sollen im Rahmen dieser Arbeit detaillierte Untersuchungen erfolgen, um den aktuellen Wissensstand des Aluminiumlötens im Schutzgasofen zu erweitern.

4.2 Vorgehensweise und Inhalt der Experimente

Im nachfolgenden Kapitel 5 werden grundlegende Informationen ausführlich dargestellt, welche zum näheren Verständnis der Experimente erforderlich sind. Hierzu zählen die Materialauswahl, die eingesetzte Analysetechnik sowie die verwendete und hierfür entwickelte Analysemethode. Im Kapitel 6 werden die jeweiligen Experimente beschrieben und deren Ergebnisse dargestellt. Hierbei bilden die Untersuchungen bezüglich der nachfolgenden Punkte den Schwerpunkt.

- <u>Datenerfassung in einem Schutzgaslötprozess</u>

  Hierbei werden Daten in einem Schutzgaslötprozess der industriellen Massenfertigung hinsichtlich der atmosphärischen Bedingungen und der zugehörigen Temperaturverläufe erfasst. Bei der Bestimmung der atmosphärischen Bedingungen werden insbesondere die Anteile von Feuchtigkeit und Sauerstoff gemessen. Ziel dieses Versuches ist die Erfassung der vorliegenden atmosphärischen Bedingungen während eines Schutzgaslötprozesses, um die Auswahl der Parameter der später durchgeführten Laborversuche in Relation zu einem Prozess der industriellen Massenfertigung betrachten zu können. Ebenfalls werden hierbei die entstehenden Oxidschichten analysiert und gemessen.

- <u>Einfluss von Feuchtigkeit und Sauerstoff in der Atmosphäre auf das Oxidschichtwachstum und deren Auswirkung auf die Lötbarkeit</u>

  Aus Kapitel 3 ist bekannt, welche Reaktionen bei Kontakt zwischen der Aluminiumoberfläche und Sauerstoff sowie Wasser erfolgen (siehe hierzu Gleichung 2.15 bis Gleichung 2.22 in Kapitel 3). Da in einer Schutzgasatmosphäre häufig Sauerstoffanteile sowie Wasseranteile gleichzeitig vorliegen, soll anhand dieses Experiments der Einfluss unterschiedlicher atmosphärischer Zusammensetzungen aus Stickstoff, Sauerstoff und Wasser auf die Aluminiumoberfläche bestimmt werden. Hierzu werden die einzelnen Elemente sowie die Wechselwirkung beider Elemente zusammen bewertet. Die Bewertung erfolgt zum einen anhand von Oxidschichtdickenmessungen nach erfolgtem Aufheizvorgang und zum anderen anhand der Bewertung von Hohlkehlen an Lötproben.

- Einfluss von Feuchtigkeit und Sauerstoff während des Aufheizvorgangs auf die Oxidschicht

  Mit diesem Experiment soll der Einfluss von Feuchtigkeit und Sauerstoff in der Schutzgasatmosphäre untersucht werden, der während des Aufheizvorganges auf die Aluminiumoberfläche entsteht. Hierbei wird untersucht, ob Einflüsse auf die Oxidschichtdicke bzw. auf die Oxidationsgeschwindigkeit bei unterschiedlichen Temperaruten, bis hin zur Löttemperatur von ca. 605 °C, vorliegen. Ebenso soll hiermit geklärt werden, ab welcher Temperatur gegebenenfalls Reaktionen erfolgen. Anhand dieses Experiments kann somit bestimmt werden, ab welcher Temperatur bei der Aluminiumlötung gegebenenfalls negative Einflüsse auf die Oxidschicht vorliegen, und in welchem Ausmaß.

- Einfluss einer Wasserbehandlung auf das Oxidschichtwachstum während des Aufheizprozesses und der hieraus resultierenden Lötbarkeit.

  Bei den vorher beschriebenen Experimenten wurde der Einfluss der atmosphärischen Elemente untersucht. In der Arbeit von Zähr [22] wird das verdampfende Wasser beim Aufheizen in der Deckschicht der Aluminiumoberfläche als Primärursache vermutet. Daher werden bei diesem Experiment Proben für unterschiedliche Zeiten einer Wasserbehandlung ausgesetzt, und hinsichtlich der Auswirkung auf die Oxidschichtdicke nach dem Aufheizen untersucht, sowie die hieraus resultierende Lötbarkeit bestimmt. Die Dauer der Wasserbehandlung orientiert sich hierbei an Durchlaufzeiten eines üblichen Serienprozesses unter Einbeziehung der vorbereitenden Prozessschritte. Der Schwerpunkt der Analyse liegt daher auf Zeiten von wenigen Minuten bis 24 Stunden und bildet somit die Umgebungsbedingungen eines Schutzgaslötprozesses ab. Die Arbeit von Zähr [22] hingegen untersucht primär den Einfluss längerer Lagerzeiten und des hieraus resultierenden Einflusses auf die Löteignung.

- Bestimmung der Wassereinlagerung in der Aluminiumoberfläche.

  Mit diesem Experiment soll geklärt werden, ob aus den Werkstoffen austretende Feuchtigkeit während des Aufheizvorganges ausschließlich durch Entwässerung hydratisierter Schichten entsteht (Umwandlung von Hydroxid in kristallines Al_2O_3, siehe hierzu Gleichung 2.18 bis Gleichung 2.22 in Abschnitt 3.9), oder ob Wasser auch in ungebundener Form in der Aluminiumoberfläche vorliegt. Dabei soll auch untersucht werden, in welchem Zeitraum und in welcher Menge Wasser in der Oberfläche eingelagert wird. Hierzu wird anhand von Sauerstoffisotopen Wasser "gekennzeichnet", welches zur Wasserbehandlung einer Aluminiumprobe verwendet wird. Ziel dieses Versuches ist es, den Einfluss von Wasserbehandlungsprozessen zu bewerten, der erst während des späteren Aufheizvorganges entsteht.

Im Kapitel 7 werden aus den gewonnen Erkenntnissen das Modell der Wassereinlagerung und die zugehörigen Wirkungszusammenhänge dargestellt. Die Zusammenfassung aller Erkenntnisse erfolgt in Kapitel 8.

5 Versuchsbeschreibung

In diesem Kapitel sollen einige allgemeingültige Informationen zu den Versuchen gegeben werden.

5.1 Auswahl geeigneter Versuchswerkstoffe

Um möglichst praxisnahe Versuchsergebnisse zu erhalten, werden im Rahmen dieser Arbeit unterschiedliche Materialien eingesetzt, welche typischerweise für das thermische Fügen unter Schutzgas im industriellen Umfeld zum Einsatz kommen. Hierzu zählen primär Aluminiumlegierungen des Werkstoffes EN AW-3003 (AlMn1Cu) sowie Modifikationen wie EN AW-3005 (AlMn1Mg0,5), welche als typische Walzlegierungen häufig durch Umformung in Stanz- und Walzwerkzeugen weiterverarbeitet werden. Diese Werkstoffe werden auch als Träger für Lotwerkstoffe für das Schutzgaslöten verwendet, welche einseitig oder beidseitig aufgewalzt werden können.

Zu den industriell eingesetzten Aluminiumlegierungen für das Schutzgaslöten zählen auch Legierungen für Bauteile, die nicht durch Stanzen oder Walzen hergestellt werden können, sondern zur Herstellung von Drehteilen oder Fließpressteilen. Hierfür kommt häufig der Werkstoff EN AW-6063 (AlMgSi0,5) zum Einsatz, welcher aufgrund der grundlegenden Lötbarkeit unter Schutzgas, sowie der spanbrechenden Wirkung des Magnesiumanteils hierfür verwendet wird.

Für die Versuchsdurchführung wird daher der gewalzte Werkstoff EN AW-3003 eingesetzt. Hierbei werden die Versuche jeweils mit und ohne Lotplattierung durchgeführt. Ebenfalls wird der unplattierte Werkstoff EN AW-6063 in Versuchen verwendet, wenn insbesondere Einflüsse oder Wechselwirkungen mit dem generell reaktionsfreudigeren Magnesium oder Magnesiumoxid untersucht werden sollen. Die nachfolgende dargestellte Tabelle 5 zeigt die chemische Zusammensetzung der eingesetzten Versuchswerkstoffe auf (Ist-Werte).

Der Werkstoff mit der Bezeichnung A ist ein EN AW-6063 Werkstoff. Der Werkstoff mit der Bezeichnung B1 kann als magnesiumfrei bezeichnet werden und entspricht einem typischen Werkstoff EN AW-3003 für das Schutzgaslöten. Daher wird in den Versuchen dieser Werkstoff mit einer einseitigen Lotplattierung eingesetzt, welche mit B2 Bezeichnet ist. Der Werkstoff mit der Bezeichnung C1 ist ein Kernwerkstoff mit einer für Lotwerkstoffe hohen Festigkeit, welche primär durch den Magnesiumanteil erreicht wird. Dieser Werkstoff wurde als Vertreter der sogenannten Multilayer-Werkstoffe gewählt, da er auf einer Seite mit einer Lotplattierung C2 und auf der gegenüberliegenden Seite mit einer reinen Aluminiumschicht C3 versehen ist. Der Werkstoff mit der Bezeichnung D ist ein nicht plattierter EN AW-3003 Werkstoff und wird für alle Lötungen der Winkelproben zur Herstellung des V-förmigen Bauteils verwendet.

Tabelle 5: Aufstellung der Versuchswerkstoffe nach DIN EN 10204 - 3.1 [61] und DIN EN 573 [62], sowie deren gemessene chemische Zusammensetzung [63]

Nr.	Bezeichnung	Si	Fe	Cu	Mn	Mg	Cr	Zn	Ti	Al
A	EN AW-6063	0,569	0,188	0,002	0,004	0,576	0,001	0,004	0,011	Rest
B1	EN AW-3003	0.09	0,36	0,63	0,87	0,001	-	0,01	0,093	Rest
B2	EN AW-4343 Lotplattierung	7,463	0,153	0,001	0,009	-	-	0,01	-	Rest
C1	EN AW-3005	0,45	0,3	0,72	1,1	0,28		0,005	0,036	Rest
C2	EN AW-4343 Lotplattierung	7,463	0,153	0,001	0,009	-	-	0,01	-	Rest
C3	EN AW-1145 Al-Plattierung	0,35		0	0	0,001	0	0	0,028	Rest
D	EN AW-3003	0,196	0,519	0,053	1,08	0,01	0,003	0,032	0,021	Rest

5.2 Probenvorbereitung

5.2.1 Flachproben

Die Herstellung von Flachproben erfolgt abhängig vom Ausgangswerkstoff in unterschiedlicher Art. Die gewalzten Werkstoffe EN AW-3003 und EN AW-3005 werden auf eine quadratische Größe von 15 mm Kantenlänge geschnitten. Die Ausgangsstärke des Walzwerkstoffes wird nicht verändert und beträgt 1,5 mm. Der Zuschnitt der Proben erfolgt mittels Schneidevorrichtung ohne Einsatz von Flüssigkeiten und ohne Wärmeeintrag. Somit wird ein Einfluss durch Wasser und Wärme auf die spätere Messstelle vermieden. Der Werkstoff EN AW-6063 wird ebenfalls auf eine quadratische Größe von 15 mm Kantenlänge gebracht. Hierbei kommt ein wassergekühltes Kalttrennverfahren zum Einsatz, um die Profilware auf das entsprechende Probenformat zu bringen.

Die Nachbehandlung der getrennten Schnittflächen und späteren Messstelle erfolgt durch einen Schleifvorgang. Hierbei werden die Proben für die Dauer von 30 Sekunden geschliffen und gleichzeitig gekühlt. Die Proben werden anschließend mit Ethanol gereinigt und bei trockener Atmosphäre für zwei Tage ausgelagert.

5.2.2 Winkelproben

Die Winkelproben kommen bei Lötversuchen im Schutzgas-Glaslötofen (Abschnitt 5.3) zum Einsatz und bestehen aus zwei Komponenten. Der untere Teil besteht aus einer oben beschriebenen Flachprobe, lotplattiert mit einem vergrößerten Kantenmaß von nunmehr 20 mm. Der obere Teil der Probe besteht aus einem V-förmigen Winkel mit einer Materialdicke von 1,0 Millimeter. Das hierfür verwendete Aluminium besitzt bei allen Versuchsreihen keine Lotplattierung. Die Herstellung des Winkels wird in einer Biegeform durchgeführt und anschließend auf der zu verlötenden Flanke geschliffen. Somit besteht eine gleichmäßige Auflagefläche auf der Grundplatte. Um einen gleichmäßigen Kontakt zwischen V-Probe und lotplattierter Flachprobe zu gewährleisten, wird ein zusätzliches Gewicht von 114 g auf der V-Probe positioniert. Unmittelbar vor der Versuchsdurchführung werden alle Proben mit Ethanol gereinigt.

5.3 Probenherstellung im Schutzgas-Glaslötofen

Die Verwendung eines Labor-Glasofens für die nachfolgenden Experimente bietet die Möglichkeit, atmosphärische Bedingungen mit definierten Wärmebehandlungen zu kombinieren und möglichst exakt zu reproduzieren (siehe Abbildung 17). Dies ist für die Auswertung der Versuche von entscheidender Bedeutung, damit die Versuchsergebnisse miteinander verglichen werden können. Ein weiterer grundsätzlicher Vorteil eines Glasofens ist die Möglichkeit der visuellen Prozessbeobachtung. Zur Analyse der Gasatmosphäre kann durch eine Sonde in unmittelbarer Probennähe Gas abgesaugt werden. Diese Sonde wird während der Versuche genutzt, um ein Messgerät zur Bestimmung des Sauerstoffgehaltes sowie des Feuchtigkeitsgehaltes einzusetzen.

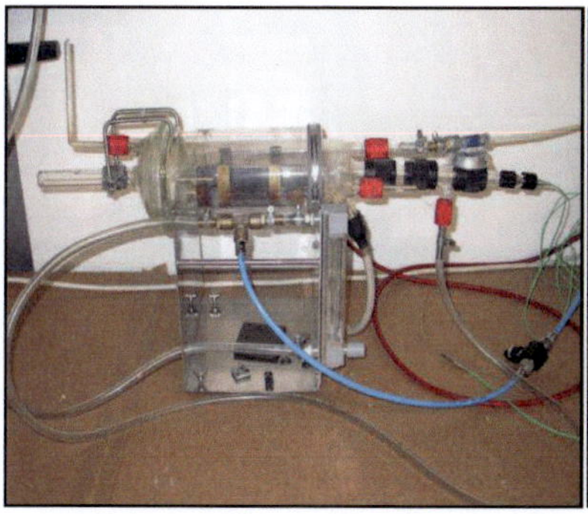

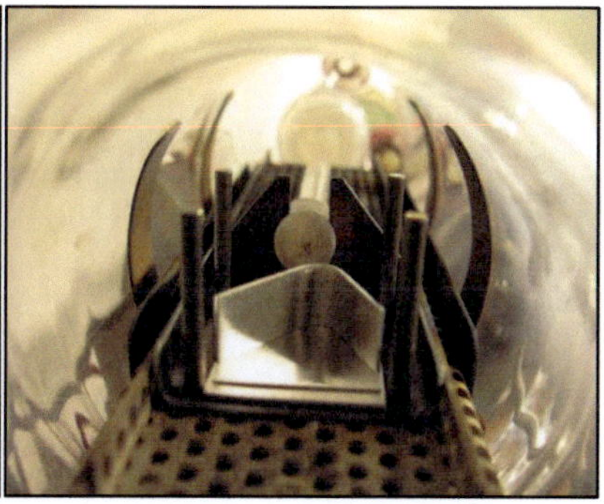

Abbildung 17: (links) Glaslötofen

Abbildung 18: (rechts) Glaslötofen Innenansicht

Der für diese Arbeit verwendete Glasofen wird von der Fa. Solvay (Hannover) vertrieben. Als Wärmequelle kommt ein Heizstrahler zum Einsatz, der unterhalb einer mit Löchern versehenen Probenaufnahme positioniert ist (siehe Abbildung 18). Als Schutzgas wird Stickstoff eingesetzt, welcher für die Versuche gezielt mit Fremdgasen angereichert werden kann. Um die benötigte sauerstoffarme Atmosphäre herzustellen (12 ppm Sauerstoff, Rest Stickstoff), liegt der Gasverbrauch bei ca. 11 Liter pro Minute. Die Temperaturregelung erfolgt durch eine Steuerungselektronik, anhand derer definierte Temperaturverläufe erzeugt werden können. Die Objekttemperatur wird anhand eines auf der Flachprobe angebrachten Thermoelements gemessen und dient als Datenquelle für die Regelung der Heizung. Die Einstellung der Aufheizparameter erfolgt anhand eines für das thermische Fügen typischen Temperaturprofils (siehe Abbildung 19). Die Maximaltemperatur beträgt hierbei 605 °C während einer Haltezeit von 5 Minuten. Die Probenentnahme erfolgt bei einer Temperatur von 125 °C. Bis zu dieser Temperatur bleibt die verwendete Atmosphäre bestehen.

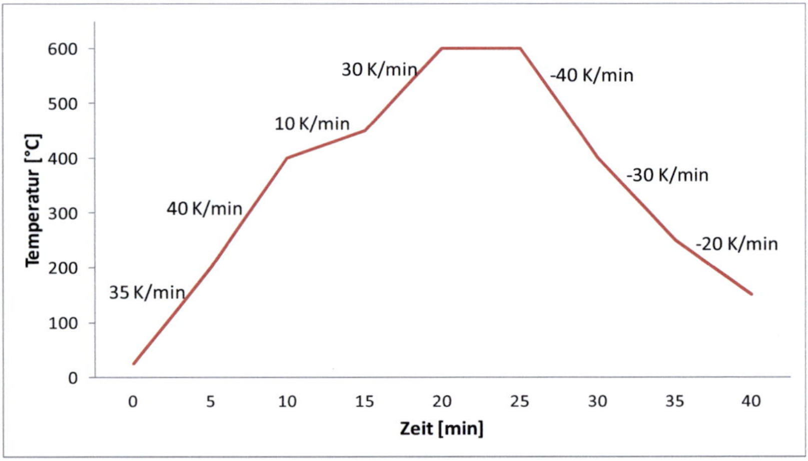

Abbildung 19: Temperatur-Zeit Diagramm (Glaslötofen)

5.4 Bewertung der Proben

5.4.1 Oxidschichtbestimmung anhand FTIR-Messung

Die Bestimmung der Oxidschichtdicke, sowie die Analyse der Oxidschichtveränderung erfolgt mittels FTIR-Messung (Fourier Transform Infrared). Hierbei werden Spektren erzeugt, anhand derer eine Quantifizierung der Oxidschichtdicke möglich ist. Ebenso sind Aussagen über die chemische Zusammensetzung des vorliegenden Oxids möglich. Eine Vorbereitung der Proben ist bei Aluminiumproben (Festkörperuntersuchungen allgemein) mit dieser Analysemethode nicht erforderlich, jedoch wird vor der Durchführung einer Messreihe eine Kalibrierung mit einem Referenzmuster, z.B. mit einem Goldspiegel, durchgeführt. Die erzeugten Spektren stellen die Absorptionsrate in

Abhängigkeit der Wellenzahl dar, und werden in einem Koordinatensystem dargestellt. Die für diese Untersuchungen wichtigen Wellenzahlen sind in Tabelle 6 dargestellt. Die Auswertung dieser Wellenzahlenbereiche kann auf unterschiedliche Weise erfolgen. Es können die maximalen Absorptionswerte als Maß verwendet werden, oder die Integralwerte unterhalb der Spektren, wobei eine große Vielfalt an möglichen Integralgrenzen, bzw. unterschiedliche Berechnungsformen bestehen. In der Zusammenarbeit mit verschiedenen Instituten hat sich gezeigt, dass keine einheitliche Vorgehensweise zur Auswertung der Spektren für Aluminiumoxide besteht. Daher soll im nachfolgenden Abschnitt eine Variante aufgezeigt werden, welche sich während der Durchführung der Experimente als am besten geeignet erwiesen hat und daher zur Auswertung aller Messungen in dieser Arbeit verwendet wird [22] [64] [65].

Tabelle 6: Wellenzahl der Oxide [22] [66]

Chemische Verbindung	Wellenzahl (λ), IR-Band
Al_2O_3 (amorph)	790 – 980 cm^{-1}
Al_2O_3 (kristallin)	780 – 925 cm^{-1}
MgO	675 – 770 cm^{-1}

5.4.2 Problematik beim Auswerten von Spektren

Häufig sollen verschiedene Proben analysiert und miteinander verglichen werden. Hierbei entsteht die Problematik, dass Spektren verschiedener Proben ohne Bearbeitung oftmals nicht miteinander vergleichbar sind. Im nachfolgenden Abschnitt wird daher eine Methode zur vergleichbaren Auswertung von FTIR-Spektren vorgestellt, die in Teilen auf Vorarbeiten von Doymus [67] und Meinl [68] basieren und im Rahmen der vorliegenden Arbeit weiterentwickelt und auf Plausibilität überprüft wurden.

Die Abbildung 20 zeigt mehrere Spektren, welche jeweils von unterschiedlichen Proben erzeugt wurden. Die Spektren besitzen ähnliche Verläufe, jedoch unterschiedliche Absorptionsniveaus. Hierdurch befinden sich die einzelnen Spektren auf unterschiedlichen Intensitätsniveaus und sind dadurch parallel zueinander verschoben. Eine Auswertung zur Nulllinie ist somit weder über den Maximalwert der Absorption noch über eine Flächenauswertung möglich. Die Ursache dafür besteht in den unterschiedlichen Intensitäten der Oberflächenreflektion, was unter anderem durch die Ebenheit der Proben beeinflusst wird, sowie auch durch unterschiedliche Rauheitswerte der Oberflächen. Weiter hat die Ebenheit der Probe Einfluss auf die Grundform der Spektren.

Die Linie mit der Nummer „1“ in Abbildung 20 hat einen deutlich anderen Einfallswinkel des Messstrahls, als beispielsweise die Linie mit der Nummer „2“. Wird dieselbe Probe mehrmals in das Messgerät eingesetzt und gemessen, so wird der ähnliche Spektrenverlauf auf unterschiedlichen Intensitätsniveaus besonders deutlich. Die Kurven besitzen dabei alle nahezu den gleichen Verlauf, befinden sich jedoch auf unterschiedlichen „Höhenniveaus“, abhängig vom Messpunkt und der Einlegeposition.

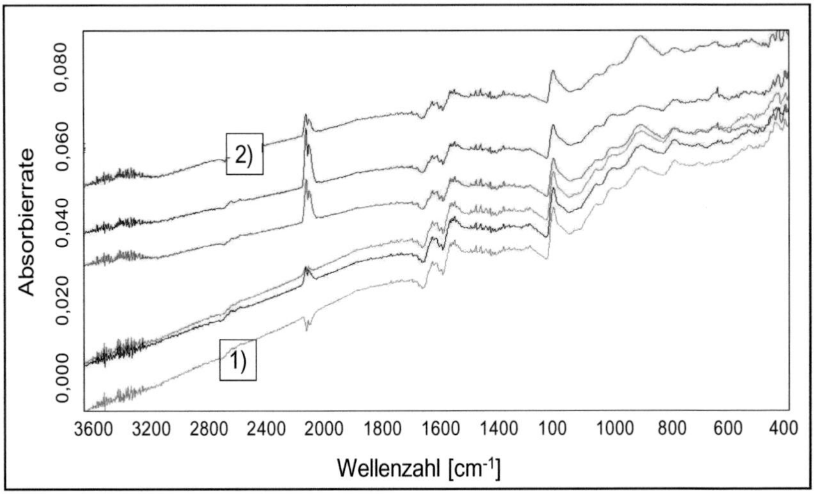

Abbildung 20: Spektren mehrerer gemessener Proben EN AW-6063 (unbearbeitet)

5.4.3 Grundlinienkorrektur

Um alle Spektren auf ein vergleichbares „Höhenniveau“ zu bringen, muss zunächst eine Grundlinienkorrektur erfolgen. Hierbei wird mathematisch eine theoretische Grundlinie errechnet (siehe Abbildung 21) und diese anschließend vom Originalspektrum subtrahiert. Das Ergebnis ist ein Spektrum, welches sich auf einer gedachten horizontalen Linie befindet (siehe Abbildung 23). Für die Analyse der Aluminiumoxidschichten ist dies die Nulllinie. Um eine Grundlinienkorrektur zu erzeugen, besteht ebenfalls eine Vielzahl an Möglichkeiten, die abhängig vom verwendeten Messgerät ist und mit diesem abgestimmt sein muss. Bei der Analyse der Oxidschichten hat sich eine im Folgenden als Gummibandmethode bezeichnete Variante als praktikabel erwiesen. Bei dieser Art der Grundlinienkorrektur erfolgt keine einfache Anpassung von Intensitätsniveaus (Höhenanpassung), sondern es wird eine Linie auf die minimalen Intensitätsniveaus der jeweiligen Wellenzahlen projiziert. Die Linie folgt hierbei dem Verlauf der Spektren (siehe Abbildung 21 und Abbildung 22).

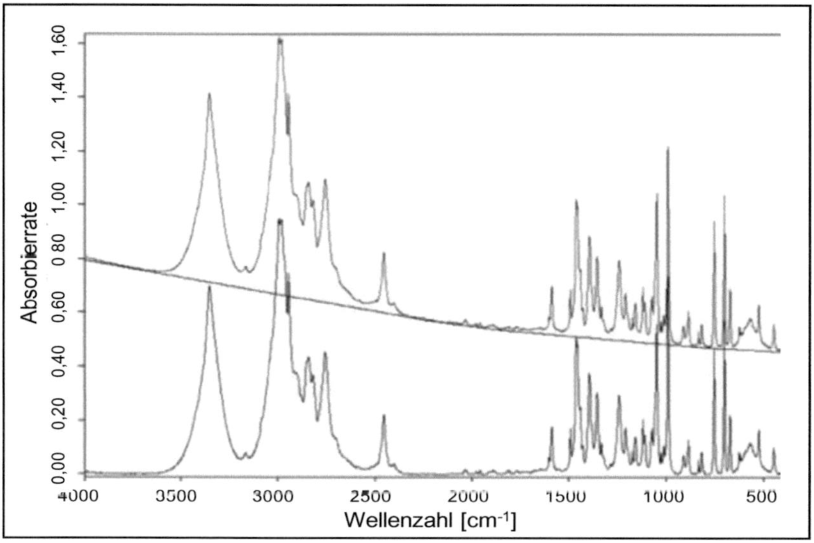

Abbildung 21: Grundlinienkorrektur nach der Gummibandmethode [69]

Die Grundlinienkorrektur kann in mehreren Varianten durchgeführt werden. Die Variante der Streukorrektur erzeugt eine Grundlinie, welche in jedem Punkt der Linie monoton fallend ist und dabei eine möglichst kleine Steigung besitzt. Die Intensitätsminima der Spektren müssen von der erzeugten Grundlinie berührt werden.

Die Gummibandmethode spannt eine Linie zwischen Beginn und Ende des Spektrums. Das „Gummiband" berührt die Intensitätsminima der Spektren. Die Linie kann konkav oder konvex über die Minima der Spektren gespannt werden und eignet sich insbesondere für Spektren, deren Verlauf gekrümmt ist. Die Krümmung kann hierbei auch unterschiedliche Vorzeichen besitzen. Das „Gummiband" lässt sich je nach Bedarf stärker oder schwächer an das Spektrum drücken. In Abbildung 22 sind unterschiedlich stark „drückende" Grundlinien dargestellt. Die Grundlinie wird bei dieser Methode durch ein Polynom mit beliebig vielen Grundlinienpunkten dargestellt. Je höher die Anzahl der Grundlinienpunkte gewählt wird, desto stärker drückt das „Gummiband" gegen das Spektrum. Mit zunehmender Anzahl der Grundlinienpunkte steigt der Bedarf an Rechenleistung. Daher ist es vorteilhaft, die benötigten Welllängenbereiche großzügig auszuschneiden und nur diese zu bearbeiten. Für die in dieser Arbeit bewerteten Aluminiumoxidschichten werden daher Spektren mit Wellenzahlen von 400 cm^{-1} bis 1320 cm^{-1} verwendet. Nach erfolgter Grundlinienkorrektur ist das Spektrum entlang der Nulllinie positioniert und kann bezüglich der verschiedenen Wellenzahlen ausgewertet werden (siehe Abbildung 23).

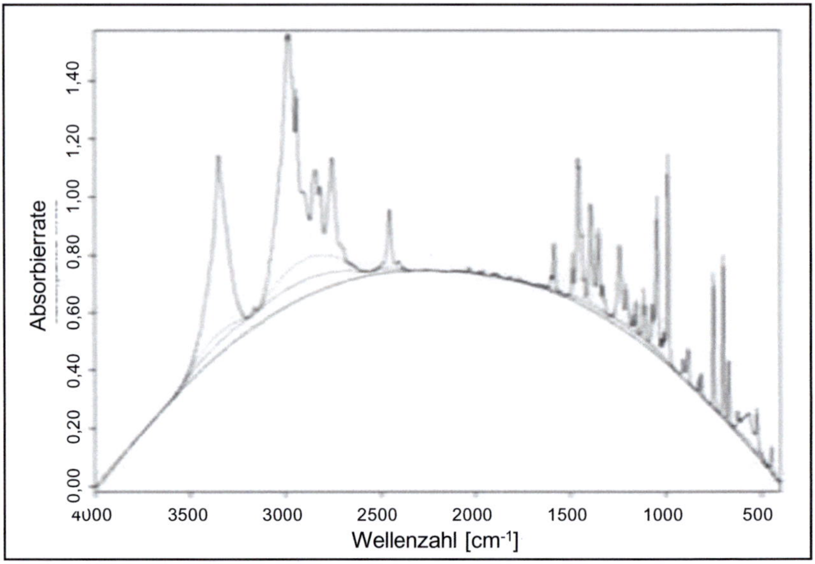

Abbildung 22: Grundlinienkorrektur mit Gummibandmethode in unterschiedlichen Stärken [69]

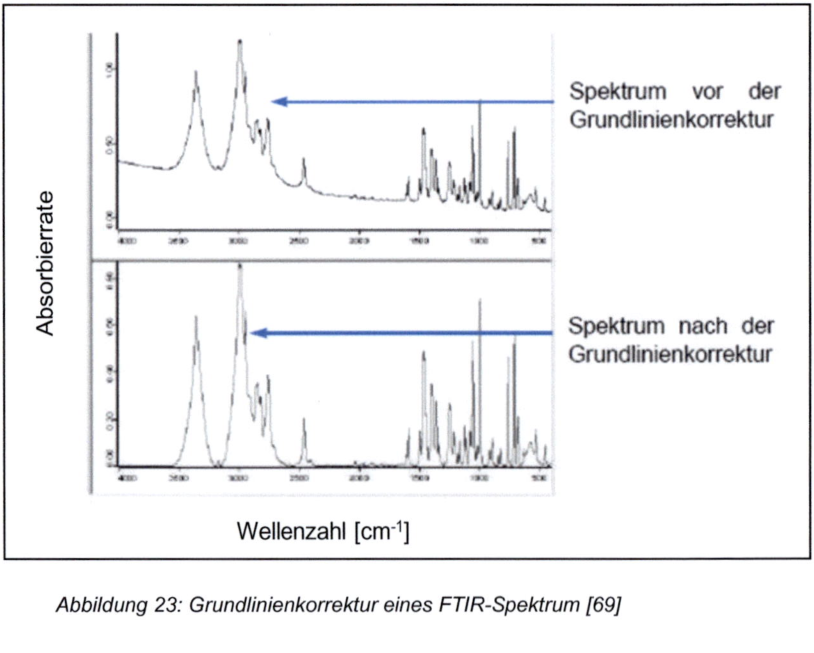

Abbildung 23: Grundlinienkorrektur eines FTIR-Spektrum [69]

5.5 Auswertung der Spektren

Die gemeinsame Auswertung von Spektren bezüglich Aluminiumoxid und Magnesiumoxid ist aufgrund der unterschiedlichen Spektrenverläufe nur mit großem Fehlerrisiko möglich. Daher werden in dieser Arbeit die Schichtdicken von Aluminiumoxid und Magnesiumoxid mit einer jeweils eigenen Methode bestimmt, welche nachfolgend kurz vorgestellt werden.

5.5.1 Auswertung von Aluminiumoxid

Mit dieser Methode ist es möglich, das amorphe und das kristalline Aluminiumoxid zu bestimmen. Der für amorphes Aluminiumoxid relevante Wellenlängenbereich liegt zwischen 790 cm^{-1} und 980 cm^{-1}, für kristallines zwischen 780 cm^{-1} und 925 cm^{-1}. Die Auswertung hierzu kann zusammen erfolgen. Die Spektren werden zunächst auf einen Bereich von 400 cm^{-1} bis 1320 cm^{-1} eingeschränkt. Die Bereiche außerhalb dieser Wellenzahlen werden für diese Auswertung nicht weiter benötigt und daher entfernt. Anschließend erfolgt die in Abschnitt 5.4.3 beschriebene Grundlinienkorrektur. Abbildung 25 und Abbildung 26 zeigen die gleichen Spektren, Abbildung 25 dabei die unbearbeiteten Spektren, die Abbildung 26 den oben genannten Wellenzahlenbereich mit erfolgter Grundlinienkorrektur. Durch die Bearbeitung besitzen alle Spektren bei 400 cm^{-1} sowie 1320 cm^{-1} den Intensitätswert Null. Diese Methode zur Bearbeitung der Spektren vermindert deutlich das Auftreten von negativen Intensitätswerten, welche in der Arbeit von Zähr [22] genannt werden und besonders bei der Auswertung von dünnen Oxidschichten zu Problemen führen können [22]. Das erzeugte einheitliche Intensitätsniveau ermöglicht nun eine Auswertung der Fläche unterhalb der Spektren. Hierzu wird der Integrationsbereich auf die Fläche zwischen 795 cm^{-1} und 1010 cm^{-1} festgelegt, entgegen der für Aluminiumoxid aktuell verfügbaren Werte der Literatur (790 cm^{-1} bis 980cm^{-1}). Die Änderung erfolgt aufgrund der großen Steigung der Intensitätswerte der Spektren in den Grenzbereichen der relevanten Wellenzahlen. Abbildung 24 verdeutlicht dies anhand der umrandeten Bereiche ("Bereiche 1" und "Bereiche 2").

Der „Bereich 1“ zeigt den Anstieg der Intensitätswerte von Aluminiumoxid bei einer Wellenlänge von 1010 cm^{-1}. Bei großen Oxidschichtdicken ist die Steigung der Spektren an den unteren Wendepunkten der jeweiligen Peaks größer als bei dünnen Oxidschichtdicken. Zusätzlich ist bei großen Oxidschichtdicken der Beginn der Peaks verschoben, z.B. bei 1010 cm^{-1} anstatt bei 980 cm^{-1}, wogegen bei kleinen Oxidschichtdicken die Startwerte der Peaks mit den Literaturwerten übereinstimmen. Um auch große Oxidschichtdicken korrekt auswerten zu können, wird im Rahmen dieser Arbeit die für Aluminiumoxid signifikante Obergrenze der Wellenzahl auf einen Wert von 1010 cm^{-1} definiert (siehe schwarze gestrichelte Linie in Abbildung 24).

Der „Bereich 2“ zeigt die Tiefpunkte zwischen Aluminiumoxid und Magnesiumoxid. Die Spektren zeigen bei großen Magnesiumoxidschichten an den Grenzwerten für Magnesiumoxid von 770 cm^{-1} bereits große Steigungen auf teilweise bereits hohen Intensitätswerten in Richtung Magnesiumoxid. Zwischen den jeweiligen Peaks der Aluminium- und Magnesiumoxide befinden sich Tiefpunkte, die mit steigender Oxidschichtdicke „zusammenwachsen“. Die Mittelwerte dieser Tiefpunkte liegen bei 795 cm^{-1}, weshalb dieser Wert als Untergrenze der Wellenzahl für diesen Bereich definiert wird (siehe schwarze gestrichelte Linie in Abbildung 24). Somit ist eine genauere Abgrenzung von Aluminiumoxid-Peaks und Magnesiumoxid-Peaks insbesondere bei hohen Intensitäten möglich.

Tabelle 7: Wellenzahlen für Aluminiumoxid bei FTIR-Auswertung

	Wellenzahl
Werte aus Literatur:	780 cm^{-1} - 980 cm^{-1}
Verwendete Werte:	795 cm^{-1} - 1010 cm^{-1}

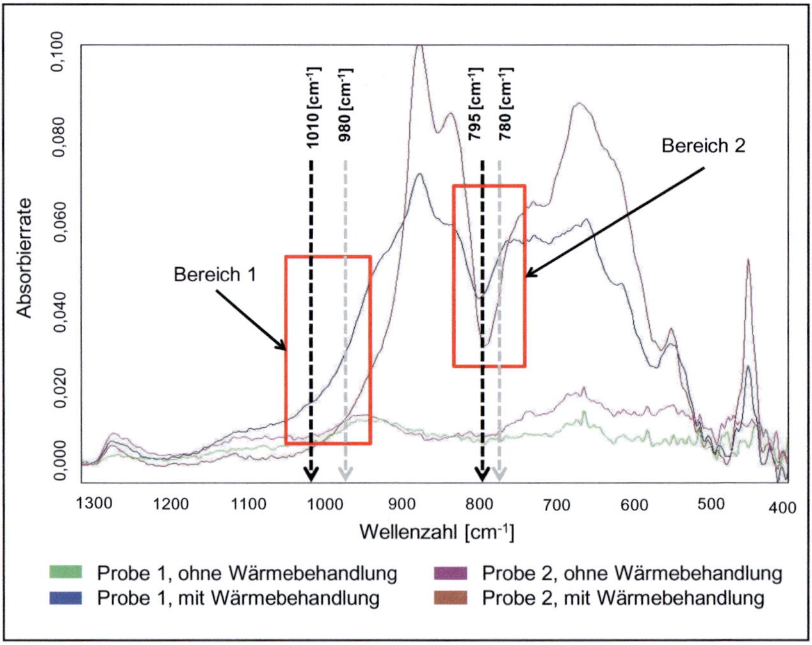

Abbildung 24: Darstellung der Integrationsgrenzen

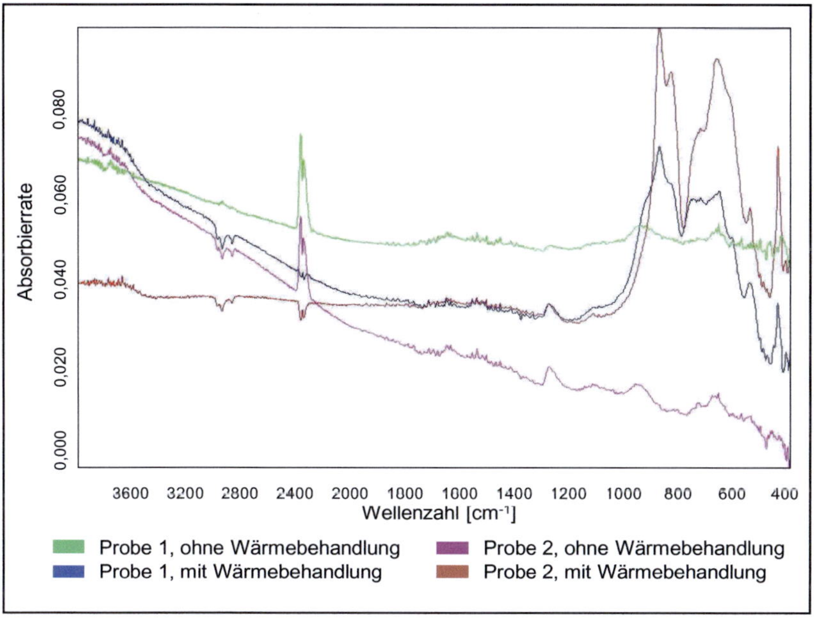

Abbildung 25: Spektren verschiedener Proben (unbearbeitet)

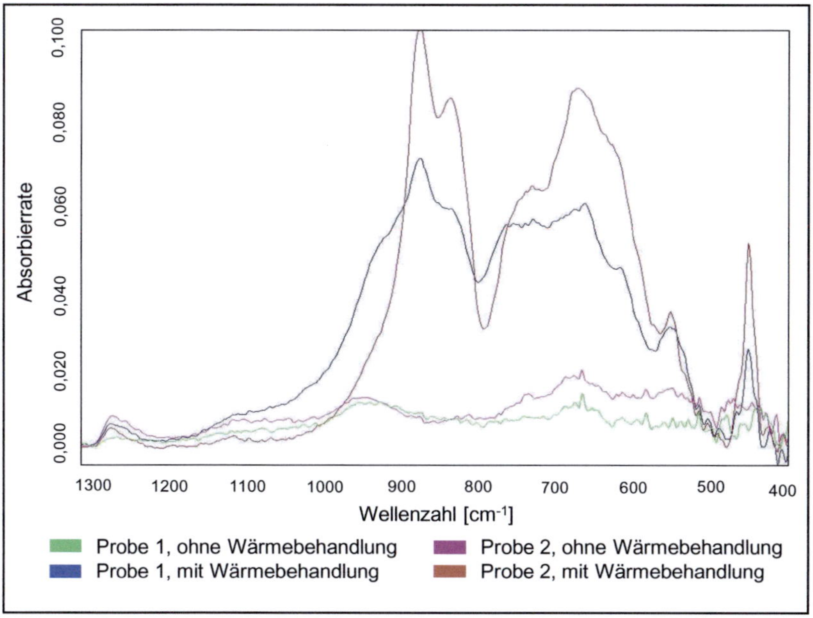

Abbildung 26: Spektren verschiedener Proben (bearbeitet)

Abbildung 27 zeigt deutlich das Zusammenwachsen zweier aufeinanderfolgender Peaks. Die farblich gekennzeichneten Flächen zeigen die Aluminiumoxide, die Peaks rechts davon die Magnesiumoxide. Der gekennzeichnete „Bereich 1“ stellt die Messung einer Probe im Anlieferzustand dar. Der „Bereich 2“ zeigt die Messung einer Probe mit Wärmebehandlung. Der "Bereich 3" zeigt im gekennzeichneten Bereich zwei Peaks. Der linke Peak stellt den amorphen Bereich dar mit einer Wellenzahl von 790 cm^{-1} bis 980 cm^{-1}. Der rechte Peak dagegen stellt den kristallinen Bereich dar, mit einer Wellenzahl von 780 cm^{-1} bis 925 cm^{-1} (siehe hierzu Abschnitt 5.4.1). Auch diese beiden Peaks verlaufen ineinander. Eine Auswertung der Peakhöhe eignet sich für die Bewertung der Aluminiumoxidschicht nur bedingt, da entweder der Peak für den amorphen Bereich oder für den kristallinen Bereich ausgewertet werden würde. In den vorangegangenen Kapiteln wurde aufgezeigt, dass die Aluminiumoxidschicht aus mehreren Komponenten oder Schichten besteht. Daher ist eine Betrachtung einzelner Elemente einer Oxidschicht in Zusammenhang mit der thermischen Fügbarkeit von geringerer Aussagekraft als die zusammenhängende Betrachtung der Aluminiumoxidschicht. Weiter fällt bei der Auswertung der Oxidschichten auf, dass die Höhe der Peaks nicht mit den jeweiligen Integralwerten unter den Spektren korreliert. Somit fehlt die Vergleichbarkeit von hohen und gleichzeitig schmalen Peaks, mit niedrigen aber breiten Peaks. Aus dieser Problematik heraus wurden in dieser Arbeit alle Aluminiumoxidschichtdicken anhand ihrer Fläche unter dem Spektrum ausgewertet.

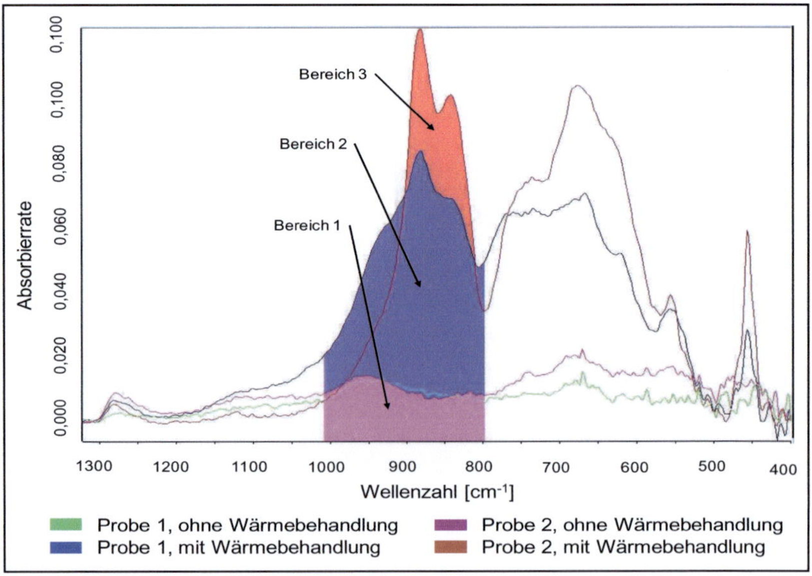

Abbildung 27: farbliche Kennzeichnung der Peakflächen

5.5.2 Vergleichbarkeit der Spektren durch Integralwerte

Der Integralwert als Ergebnis der Spektrenauswertung stellt zunächst eine rein dimensionslose Zahl dar. Die Umrechnung dieser Integralwerte in absolute Oxidschichtdicken ist anhand von Vergleichsmessungen möglich. Hierbei wird den errechneten Integralwerten eine Oxidschichtdickenskala gegenübergestellt, wodurch eine direkte Korrelation zwischen Integralwert und Oxidschichtdicke erzeugt wird.

Im Rahmen dieser Arbeit wird auf diesen Schritt verzichtet, da bei der vorgenommen Untersuchung, bezüglich der Einflüsse von Sauerstoff und Wasser, bzw. Feuchtigkeit, der direkte Vergleich wichtig ist, und weniger das absolute Messergebnis. Diese Vergleichbarkeit ist durch die Integralwerte gegeben, was auch anhand von einigen Quervergleichen mit anderen Messverfahren überprüft wurde. In den nachfolgenden Experimenten, wird daher die Oxidschichtdicke stets als Integralwert dargestellt.

Außer der FTIR-Messung bestehen noch weitaus mehr Möglichkeiten zur Analyse der Oxidschichten. Diese erbringen jedoch in Bezug auf die Oxidschichtdicke keinen zusätzlichen Informationsgehalt und haben in der Regel einen deutlich größeren Aufwand zur Durchführung der Messung. Daher wird im Rahmen der vorliegenden Arbeit nicht auf weitere Verfahren zur Oxidschichtdickenmessung eingegangen. Ausführliche Informationen hierzu können unter anderem der Arbeit von Zähr [22] entnommen werden [22] [66].

5.5.3 Auswertung von Magnesiumoxid

Zur Messung der Magnesiumoxidschicht wird zunächst die in Abschnitt 5.4.3 beschriebene Grundlinienkorrektur durchgeführt. Magnesiumoxid besteht im Vergleich zu Aluminiumoxid aus einem einzigen Peak. Dieser Peak liegt jedoch nicht zwangsweise im Zentrum des für Magnesiumoxid relevanten Wellenzahlenbereichs (675cm^{-1} bis 770 cm^{-1}). Abhängig von der Intensität des Peaks, verschiebt sich die Position des Peaks auf Wellenzahlen nahe der Grenzen der für Magnesiumoxid relevanten Wellenzahlen. Eine Auswertung anhand der Flächen unter den Spektren ist somit nur bedingt möglich und erzeugt einen potentiell großen Messfehler. Daher wird bei der Bewertung der Magnesiumoxidschicht die Peakhöhe als Kennzahl verwendet.

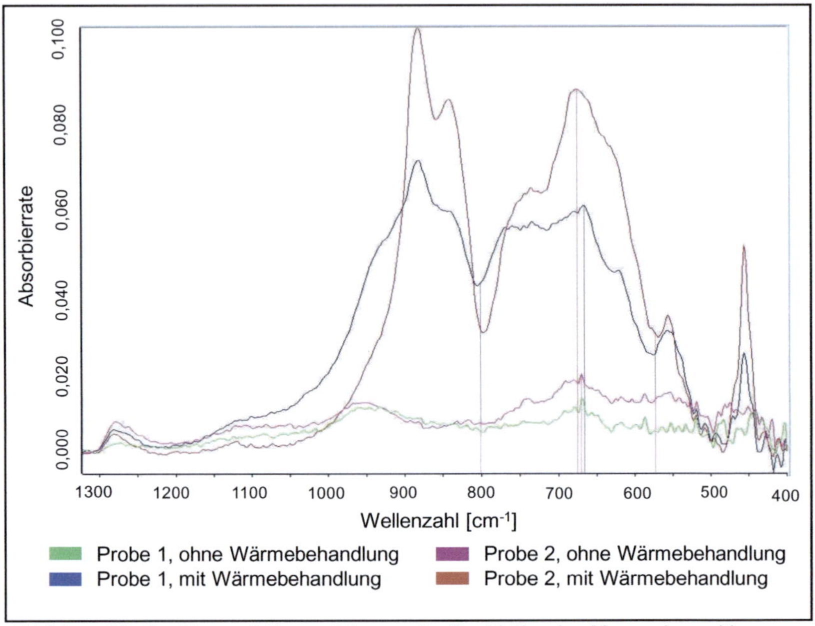

Abbildung 28: Spektren mit Kennzeichnung der Peakhöhe des Magnesiumoxids

5.5.3.1 In-situ-Messungen während des Aufheizens

Die In-situ-Messungen erfolgen anhand einer sogenannten „Diffusen Reflektionsspektroskopie". Dieses Messgerät bietet die Möglichkeit der Verwendung einer Aufheizkammer, in welcher spezifische Temperaturprofile erzeugt werden können, bei gleichzeitiger Exposition der Messprobe in gezielten Gasatmosphären (Abbildung 30).

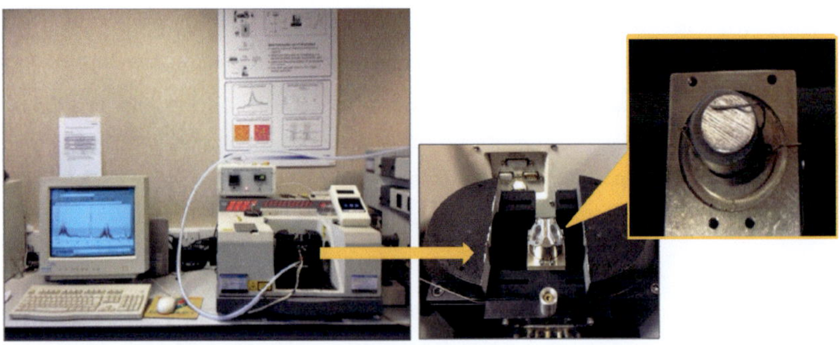

Abbildung 29: (links) FTIR Messgerät

Abbildung 30: (Mitte) Aufheizkammer des Messgeräts

Abbildung 31:(rechts) Aluminiumprobe in der Aufheizkammer mit Thermoelement

Die Messungen können mit diesem Verfahren während des Aufheizens oder bei gezielt erzeugten Temperaturen erfolgen. Der Versuch muss hierfür nicht unterbrochen werden. Für die nachfolgenden Aufheizversuche werden alle 60 Sekunden Messungen durchgeführt. Diese Messungen werden im Innoval Institute in Banbury (England) durchgeführt [66].

5.5.3.2 Messung bei Raumtemperatur nach der Probenherstellung

Diese Messungen erfolgen anhand einer sogenannten „Reflektions-Absorptions-Infrarot-Spektroskopie“. Besteht der Bedarf, Veränderungen während des Aufheizvorganges zu messen, so ist der Einsatz eines In-situ-Messgeräts erforderlich. Sollen Messungen beispielsweise vor und nach einem Veränderungsprozess durchgeführt werden, so ist die Messung mit einem Standard FTIR-Messgerät bei Raumtemperatur ausreichend. Der höhere Aufwand für den Betrieb der Aufheizkammer ist hierbei nicht erforderlich [22].

5.5.4 Beurteilung der Lötqualität

Die Bewertung erfolgt anhand der Hohlkehlenausprägung sowie des Verlötungsgrades. Die Probe wird hierzu, wie in Abbildung 32 gezeigt, an drei Stellen aufgetrennt und mittels der Metallografie nach Abbildung 33 bewertet. Das Auftrennen der Proben sowie das Polieren und Messen der Hohlkehlen erfolgte am Institut des TÜV SÜD [70]. Querschliff 1 trennt die Probe in der Spitze der V-Form. Die Querschliffe 1 und 2 trennen die Probe jeweils in der Mitte der Schenkel.

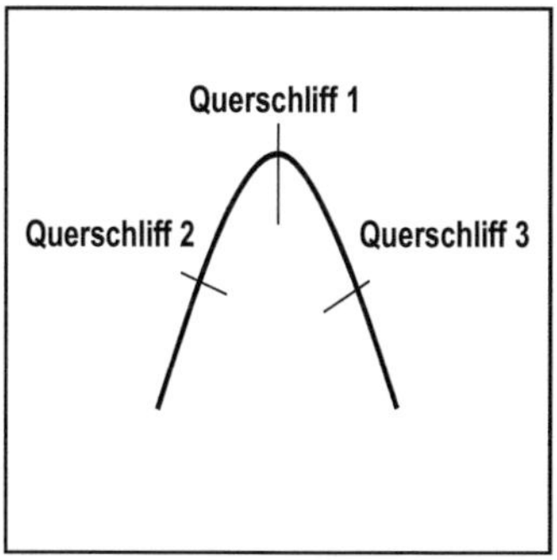

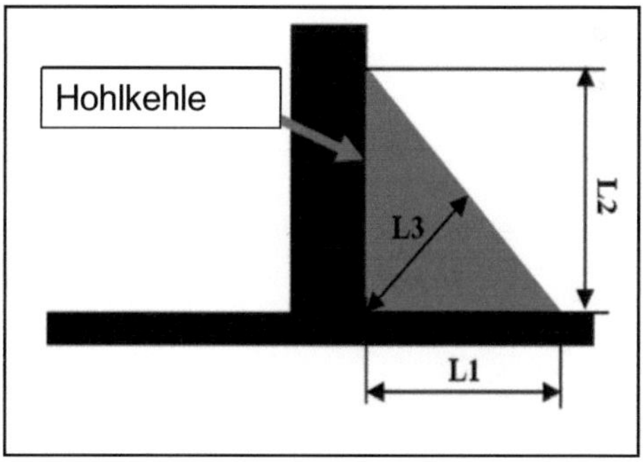

Abbildung 32: (links) Anordnung der Schliffe

Abbildung 33: (rechts) Auswertung der Schliffe

Anhand der Hohlkehlenausprägung kann auf den Verlötungsgrad rückgeschlossen werden. Für eine zuverlässige Bewertung der Ausprägung der Hohlkehle werden die Höhe [Maß L2] sowie die Diagonale [Maß L3] gemessen. Die gelötete V-Probe besteht aus der Grundplatte sowie dem darauf aufliegenden Winkelblech. Vor dem Trennen der Proben werden diese fotografiert und optisch bewertet. Die Probe, welche bei optimalen Bedingungen (12 ppm Sauerstoff und 0 ppm Wassergehalt) gelötet wird, wird als Referenz für die Bewertung verwendet. Die Bewertung der Lötqualität von Winkelproben wird anhand folgender Parameter durchgeführt:

a) Verlötete Fläche.
   Die Proben werden in Harz eingegossen und jeweils in der Mitte der beiden Flanken des V-Elements, sowie in der Winkelhalbierenden der Biegung geschnitten.
b) Größe der Lotmenisken.
   Die Lotmenisken werden hierzu an den Trennflächen vermessen. Die Auswertung erfolgt hierzu anhand der Messergebnisse bezüglich der benetzten Flankenlänge bzw. der Diagonalen der Hohlkehle. Dies erfolgt an allen drei erstellten Querschliffen einer Probe.

5.6 Messung von Feuchtigkeit

Die Bestimmung des Feuchtigkeitsgehaltes in den zu untersuchenden Atmosphären erfolgt mittels der Einlinienspektroskopie. Das hierfür zum Einsatz kommende Messgerät trägt die Bezeichnung „Laser GasTM II“. Bei diesem Messgerät wird infrarotes Laserlicht durch eine Messküvette zu einer gegenüberliegenden Empfängereinheit gesendet. Die Gasmoleküle in der Messküvette absorbieren bestimmte Wellenzahlen der Infrarotstrahlung. Durchdringt der Strahl der infraroten Laserdiode eine Gasschicht, fehlen dem transmittierten Strahl nach Durchdringung der Gase verschiedene Wellenzahlenbereiche dieses ursprünglichen Laserstrahls (siehe Abbildung 34). Da Stoffe unterschiedliche Spektren besitzen, ist eine Analyse dieser Stoffe möglich. Die Absorption in der Messküvette kann somit als Maß für die Gaskonzentration und zur Identifikation von Stoffen verwendet werden [69] [71].

Laserspektroskopie allgemein

Trifft der Laserstrahl auf die zu untersuchenden Atome bzw. Moleküle des Gases, so werden die Atome von einem unteren Energieniveau auf ein höheres Energieniveau angehoben. Die Energiedifferenz zwischen niedrigem und hohem Energieniveau entspricht der absorbierten Energie des Laserstrahls. Abhängig von den getroffenen Atomen, und somit den unterschiedlichen Energieniveaus, wird ein entsprechender Teil des Spektrums der Laserstrahlung absorbiert. Bei diesem Messverfahren ist es erforderlich, das zu bestimmende Gas zwischen die Laserquelle und den Detektor zu bringen. Der Detektor dient zur Aufnahme der nicht absorbierten Strahlung [69] [71].

Nachfolgend wird der Aufbau des Messgeräts beschrieben. Aus Abbildung 35 ist zu erkennen, dass der Aufbau aus 4 Grundkomponenten besteht. In der Sendereinheit befinden sich eine temperaturstabilisierte Laserdiode sowie eine Optik zur Bündelung des Laserstrahls. Ebenfalls in der Sendeeinheit befindet sich eine Platine, mit welcher der Laser auf eine zur Gasdetektion erforderliche Wellenlänge eingestellt wird.

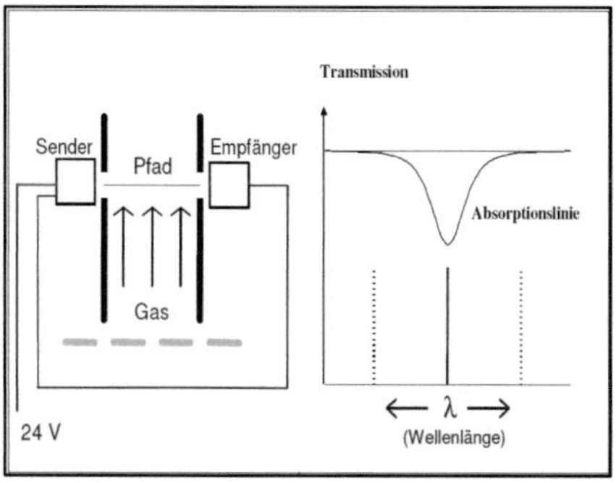

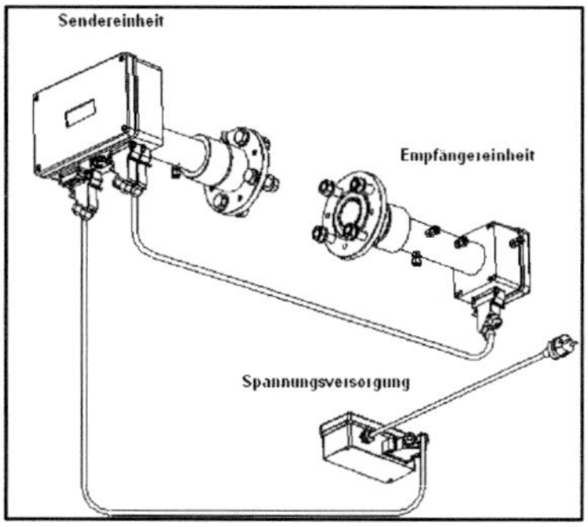

Abbildung 34: (links) Messprinzip Laserspektroskopie (Laser Gas^{TM}II) [69]

Abbildung 35: (rechts) Aufbau Laserspektroskopie (Laser Gas^{TM}II) [69]

Abhängig vom untersuchten Gas sind Wellenlängen zwischen 0,7 und 2,4 µm verfügbar. Die Variation der Wellenlänge erfolgt anhand des Diodenstromes [69]. Die Empfangseinheit befindet sich gegenüber der Sendeeinheit und beinhaltet eine Optik, die den Laserstrahl auf den Sensor fokussiert. Dieser wandelt die empfangenen Lasersignale in elektronische Daten um. Zwischen Sender- und Empfängereinheit befindet sich eine 700 mm lange Messküvette (siehe Abbildung 36). Das zu untersuchende Gas wird durch die Messküvette geleitet. Im Messbetrieb findet hierbei der Absorptionsprozess statt [69].

Abbildung 36: Messküvette eines Laserspektroskop [71]

Abbildung 37: Vorfilterung der Messgase [71] (Hersteller: Pall)

Mit einer Vakuumpumpe wird das zu messende Gas in die Messküvette geführt. Die Saugleistung der Pumpe ist regulierbar und wird auf einen definierten Durchfluss eingestellt. Aufgrund hoher Konzentrationen an Schmutzpartikeln im zu untersuchenden Gas erfolgt der Einsatz eines Vorfilters. Um Einflüsse auf das Messergebnis hierdurch zu vermeiden, wird ein PTFE Filter [17] verwendet (Abbildung 37), welcher aufgrund des hydrophoben Verhaltens keinen Einfluss auf die Feuchtigkeitsmessungen hat [71].

5.7 XPS-Photoelektronen-Spektroskopie

Die Photoelektronenspektroskopie ist ein Messverfahren zur Bestimmung der Elemente und deren Bindungsformen auf Oberflächen von festen Körpern. Hierzu wird die Probe mit Röntgenstrahlung bestrahlt. Dadurch erfolgt eine Ionisierung der Probenatome in inneren Elektronenschalen und „Photoelektronen“ werden herausgelöst. Die emittierte Energie ist für alle Elemente, sowie deren Bindungszustand spezifisch und kann somit charakterisiert werden. Die Anzahl der Photoelektronen und deren Energie werden in einem Energieanalysator und einem zusätzlichen Detektor bestimmt. Bei dem im Rahmen dieser Arbeit verwendeten Messgerät handelt es sich um ein Thermo VG Scientific, Escalab 250. Die XPS-Messungen wurden am OFG Analytik Institut durchgeführt [72]. Für weitere Informationen hinsichtlich Funktion, Aufbau und Auswertung von Aluminiumoxidschichten sei verwiesen auf die Arbeit von Zähr [22] [73] [74].

5.8 TOF-SIMS Analyse

Mit der Flugzeit–Sekundärionenmassenspektroskopie wird eine Probe mit energiereichen Ionen beschossen. Hierbei werden sogenannte Sekundärteilchen aus der Probenoberfläche herausgelöst. Diese bestehen aus Atomen, Molekülen oder Molekülbruchstücken. In einem Flugzeitmassenspektrometer erfolgt die Auftrennung der geladenen Teilchen nach ihrem Atom- bzw. Molekulargewicht. Dadurch kann die atomare und molekulare Zusammensetzung der oberen 1-3 Atomlagen eines Festkörpers bestimmt werden. Durch Beschuss mit Ionen (Sputtern) kann die Oberfläche einer Probe schrittweise abgetragen werden. Somit können Informationen über Elemente oder Moleküle als Funktion der Tiefe dargestellt werden Die TOF-SIMS Messungen wurden wie auch die XPS-Messungen am OFG Analytik Institut durchgeführt [72].

[17] Hersteller: „Pall“, Typ: „Small Flow Emflon Filter“

6 Einfluss von Feuchtigkeit beim Schutzgaslöten

Die nachfolgenden Experimente sollen dazu dienen, ein tieferes Verständnis über die Einflüsse von Feuchtigkeit in Kombination mit Sauerstoff während des Schutzgaslötens von Aluminiumwerkstoffen zu gewinnen. Hierzu wurden einzelne Experimente geplant, die in diesem Kapitel vorgestellt werden. Der Schwerpunkt dieser Arbeit konzentriert sich auf die Untersuchung des Einflusses von Wasser auf das Verhalten der Aluminiumoberfläche während des Aufheizvorganges und der hieraus resultierenden Lötbarkeit. Bevor die erforderlichen Experimente hierzu vorgestellt werden, soll zunächst aufgezeigt werden, an welchen Stellen der Prozesskette des Schutzgaslötens Einflüsse durch Wasser erzeugt werden, oder erzeugt werden könnten (siehe Abbildung 38).

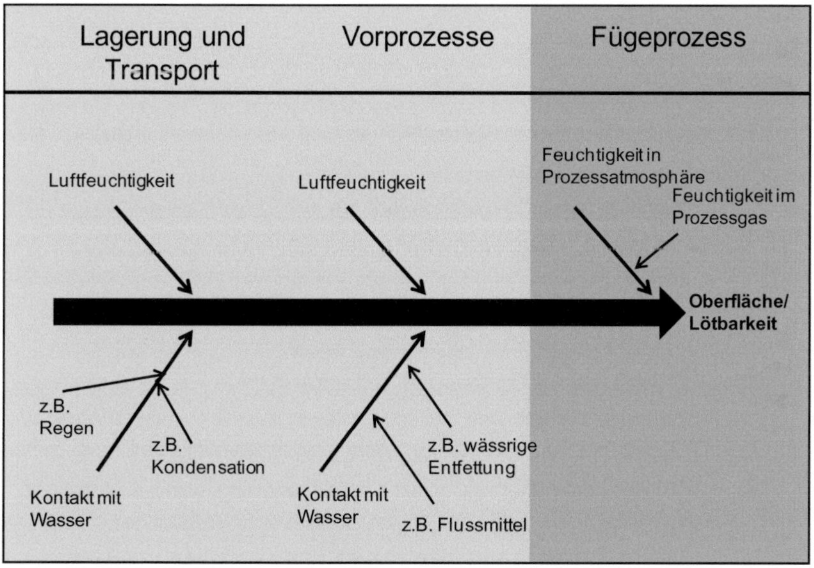

Abbildung 38: Einflüsse von Feuchtigkeit in der Prozesskette

Hierzu zählen u.a. die Lager- und Transportbedingungen, die auf das Aluminium vor der eigentlichen Verarbeitung im späteren Fügeprozess einwirken. Hierbei kann eine hohe Luftfeuchtigkeit auch in Kombination mit hohen Umgebungstemperaturen sowie Witterungseinflüssen wie Regen oder Kondensation auf der Werkstoffoberfläche Einflüsse erzeugen. Grundlegende Untersuchungen hierüber sind durch die Autorin Zähr [22] bekannt (siehe auch Kapitel 2 und 4) [22].

Ebenfalls denkbar ist, dass die dem Schutzgaslötprozess unmittelbar vorgelagerten Prozessschritte Einflüsse auf die Werkstoffoberflächen erzeugen. Hier stellen u.a.

wässrige Entfettungsprozesse oder die Applikation wässriger Suspensionen, wie z.B. Flussmittel, potentielle Einflüsse dar.

Weitere Möglichkeiten des Einflusses durch Feuchtigkeit sind im direkten Schutzgaslötprozess denkbar. Hier könnten beispielsweise Wasserbestandteile in der Schutzgasatmosphäre des Lötprozesses Einflüsse erzeugen, welche entweder bereits im Schutzgas direkt enthalten sind, oder durch Eintrag einer feuchten Umgebungsatmosphäre in die Lotatmosphäre erzeugt werden könnten.

Zusammenfassend kann hierzu festgehalten werden, dass es zum einen Prozessschritte gibt, bei denen die Aluminiumoberfläche in direkten Kontakt mit Wasser gelangen kann, und zum anderen aber auch die Möglichkeit besteht, dass die Aluminiumoberfläche in Kontakt mit feuchter Umgebungs- oder Prozessatmosphäre gelangt.

Die nachfolgenden Experimente konzentrieren sich daher auf die Bewertung der Lötbarkeit durch folgende Haupteinflüsse:

a) **Den Einfluss von Feuchtigkeit in der Atmosphäre während einer thermischen Behandlung.**
b) **Den Einfluss einer Wasserbehandlung bei nachfolgender thermischer Behandlung.**

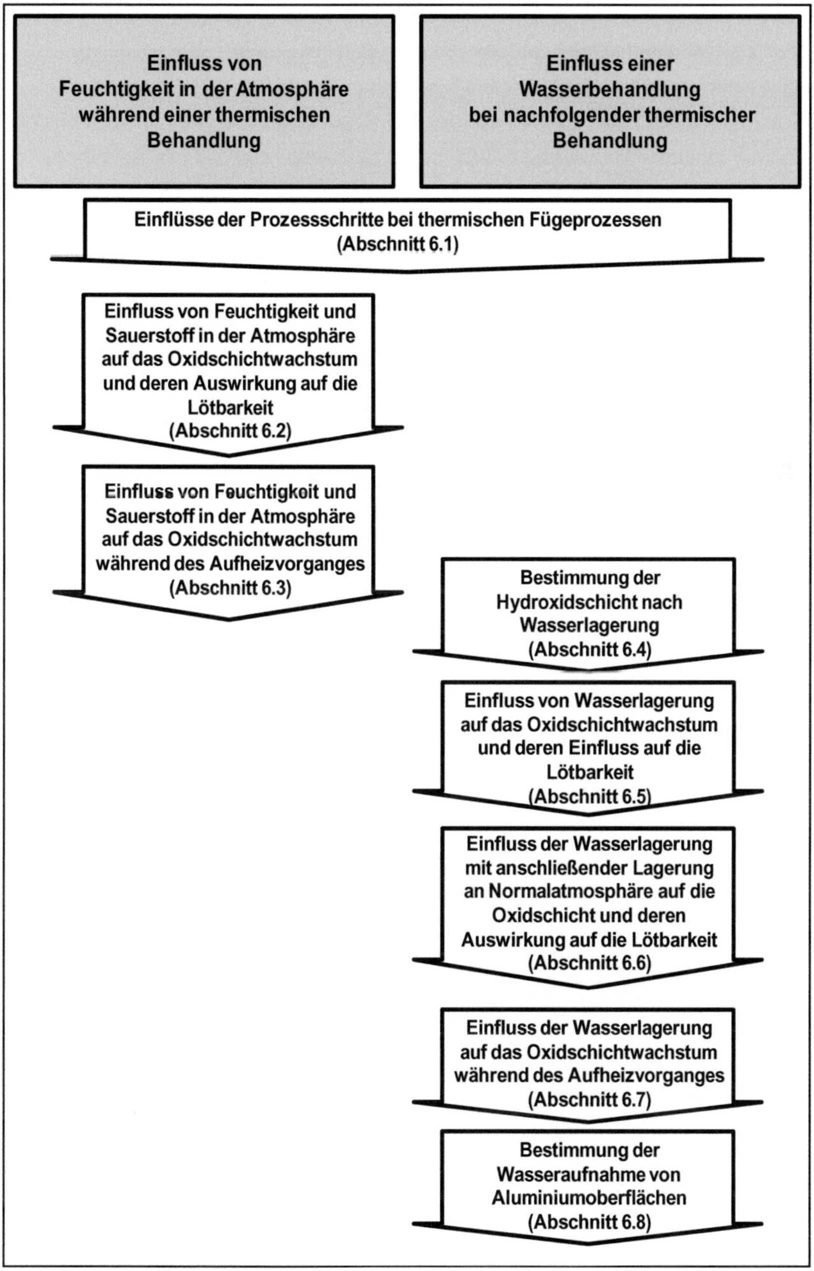

Abbildung 39: Übersicht der Versuche

Nachfolgend werden die einzelnen Experimente kurz erläutert. Die Abbildung 39 zeigt die Experimente hierzu im Kontext zu den genannten Haupteinflüssen. Die Experimente wurden jeweils mehrfach wiederholt, um ein zuverlässiges Ergebnis aus den Versuchen zu bekommen. Hierbei werden alle Oxidschichtmessungen an jeweils 3 Proben durchgeführt, welche jeweils an 3 unterschiedlichen Positionen gemessen werden. Somit liegen für jeden Datenpunkt 9 Einzelergebnisse vor. Für die Betrachtung der Lötbarkeit werden alle Versuche 3 mal durchgeführt und an jeweils 3 Positionen metallographisch untersucht.

Anhand der Untersuchung **„Einflüsse der Prozessschritte bei thermischen Fügeprozessen“** im Abschnitt 6.1 sollen die Einflüsse der einzelnen Prozessschritte eines thermischen Fügeprozesses auf die Aluminiumoberfläche untersucht werden. Hierbei werden ebenfalls die thermischen und atmosphärischen Prozessbedingungen erfasst, um für die nachfolgenden Experimente die Prozessbedingungen bezüglich Feuchtigkeit und Sauerstoff in der Atmosphäre definieren zu können.

Anhand des Experiments **„Einfluss von Feuchtigkeit und Sauerstoff in der Atmosphäre auf das Oxidschichtwachstum und deren Auswirkung auf die Lötbarkeit“** im Abschnitt 6.2 erfolgt eine Sensitivitätsanalyse hinsichtlich der Parameter Feuchtigkeit und Sauerstoff in der Lötatmosphäre bei thermischer Behandlung. Die Analysen erfolgen hierbei hinsichtlich der Aluminiumoxidschicht, sowie der hieraus resultierenden Lötbarkeit.

Die Parameter hinsichtlich Feuchtigkeit und Sauerstoff werden hierbei aus der Datenerfassung des Schutzgaslötprozesses abgeleitet. Diese Werte werden nach oben und unten variiert und die einzelnen Parameter in unterschiedlicher Ausprägung miteinander kombiniert, um gegenseitige Wechselwirkungen erkennen zu können.

Anhand der Untersuchung **„Einfluss von Feuchtigkeit und Sauerstoff in der Atmosphäre auf das Oxidschichtwachstum während des Aufheizvorganges"** im Abschnitt 6.3 wird ebenfalls der Einfluss verschiedener atmosphärischer Kombinationen von Feuchtigkeit und Sauerstoff auf die Oxidschicht untersucht. Der Schwerpunkt dieses Versuches konzentriert sich jedoch nicht auf die maximalen Oberflächenveränderungen, sondern auf die hieraus resultierende Oxidationsgeschwindigkeit.

Anhand des Experiments **„Bestimmung der Hydroxidschicht nach Wasserlagerung“** im Abschnitt 6.4 wird aufgezeigt, welche Veränderungen der Aluminiumoberfläche durch eine Wasserbehandlung bei Raumtemperatur für unterschiedlich lange Expositionszeiten entstehen. Hierbei wird insbesondere der Einfluss auf die hydratisierte Aluminiumschicht untersucht.

Bei der Untersuchung **„Einfluss von Wasserlagerung auf das Oxidschichtwachstum und deren Einfluss auf die Lötbarkeit“** im Abschnitt 6.5 steht zum einen das Oxidschichtwachstum durch die Lagerung der Proben in Wasser im Vordergrund, zum anderen wird der Einfluss der Wasserlagerung auf das Verhalten der Oxidschicht während einer nachfolgenden thermischen Behandlung untersucht. Ebenfalls wird der hierdurch resultierende Einfluss auf die Lötbarkeit bestimmt.

Anhand des Experiments **„Einfluss der Wasserlagerung mit anschließender Lagerung an Normalatmosphäre auf die Oxidschicht und deren Auswirkung auf die Lötbarkeit“** im Abschnitt 6.6 wird aufgezeigt, welcher Einfluss durch eine Kombination aus Wasserlagerung und anschließender Lagerung an Normalatmosphäre entsteht. Die Bewertung erfolgt hierbei anhand von Oxidschichtdickenmessungen nach erfolgter thermischer Behandlung, um den Einfluss der gesamten Prozesskette darzustellen. Die Bewertung der hieraus resultierenden Lötbarkeit erfolgt ebenfalls im Rahmen dieses Experiments.

Anhand des Experiments **„Einfluss der Wasserlagerung auf das Oxidschichtwachstum während des Aufheizvorganges“** im Abschnitt 6.7 steht der Einfluss einer Wasserbehandlung auf die Oxidationsgeschwindigkeit während einer thermischen Behandlung im Vordergrund.

Anhand des Experiments **„Bestimmung der Wasseraufnahme von Aluminiumoberflächen“** im Abschnitt 6.8 erfolgt die Untersuchung der Aluminiumoberfläche hinsichtlich der Wasseraufnahme und Eindringtiefe während einer Wasserbehandlung. Hierzu wird eine Wasserbehandlung durchgeführt, wobei eine Anreicherung mit einem Sauerstoffisotop erfolgt. Anhand dieser können Tiefenprofilanalysen hinsichtlich der Eindringtiefe von Wasser in die Aluminiumoberfläche erstellt werden.

6.1 Einflüsse der Prozessschritte bei thermischen Fügeprozessen

6.1.1 Versuchsbeschreibung

Bei thermischen Fügeprozessen durchläuft ein Produkt vor der eigentlichen thermischen Behandlung mehrere Prozessschritte. Bei einigen dieser Prozessschritte gelangt der zu lötende Werkstoff in Kontakt mit Wasser. Hierzu zählen unter anderem Reinigungsprozesse der Bauteile durch Entfettungsprozesse (thermisch, wässrig), oder auch Flussmittelauftrag, sowie Trockenprozesse, oder auch Vorwärmprozesse.

Die Bearbeitungsschritte unterscheiden sich in Abhängigkeit vom Fertigungsverfahren im Wesentlichen in der vorliegenden Temperatur, den atmosphärischen Bedingungen und der Bearbeitungsdauer. Im nachfolgend beschriebenen Versuch werden die unterschiedlichen Bearbeitungsschritte eines typischen Fertigungsprozesses für das thermische Fügen in Bezug auf deren Auswirkung auf die Aluminiumoberfläche untersucht. Bei der Materialauswahl werden drei verschiedene Aluminiumwerkstoffe ausgewählt. Hierbei wird ein Mg-haltiger Werkstoff gewählt, um die Einflüsse in Verbindung mit Magnesium darstellen zu können (Material A). Ein nicht lotplattierter Werkstoff (Material B1) wird gewählt, um den Einfluss auf das Grundmaterial bestimmen zu können, sowie ein beidseitig lotplattierter Werkstoff (Material B2), um den Einfluss auf die Lotplattierung bestimmen zu können (siehe hierzu auch Tabelle 5).

Bei dieser sogenannten Prozessschrittanalyse durchlaufen die Proben einen Fertigungsprozess. Nach jedem Prozessschritt werden Proben entnommen. Die Bewertung der Proben erfolgt mittels einer FTIR-Analyse (siehe Abschnitt 5.4). Um die Proben während des Durchlaufs des Fertigungsprozesses definiert zu positionieren, wird eine Vorrichtung benötigt, die folgenden Anforderungen genügen soll:

- Die Vorrichtung muss eine Temperaturbeständigkeit bis ca. 885 K besitzen.
- Die Proben müssen fest positioniert werden können.
- Es müssen mehrere Proben gleichzeitig positioniert werden können.
- Es muss eine gute Zugänglichkeit der Umgebungsatmosphäre an die Proben möglich sein, insbesondere zu den später zu messenden Positionen auf der Probe.
- Es müssen Temperatursensoren (Thermoelemente) montierbar sein, ohne dass die Versuchsdurchführung beeinträchtigt wird.
- Die Proben müssen an einer definierten Position im Prozess mittels einer mechanischen Kammer atmosphärisch verschlossen werden können.
- Die Probenkammer muss mit einem großen Volumenstrom an kaltem Stickstoff schnell abgekühlt werden können.
- Die Probenentnahme unter Schutzgasatmosphäre muss möglich sein.

Die hierfür notwendige Apparatur wurde eigens für diesen Versuch geplant und angefertigt. Diese besteht aus einem Metallschlitten, auf welchem 6 Gewindebuchsen in gleichmäßigem Abstand zueinander angebracht sind (siehe Abbildung 43). Die Flachproben können somit mittels Muttern, mit einigen Millimetern Abstand vom Metallschlitten (siehe Abbildung 41), auf den Gewindebuchsen fixiert werden (siehe Abbildung 40). Der Metallschlitten befindet sich in einem ca. 2 Meter langen Metallrohr, in welchem der Schlitten mittels einer Kinematik zurück bewegt werden kann (siehe Abbildung 42). Die Betätigung der Kinematik erfolgt durch ein Drahtseil. Das Metallrohr ist an einer Seite verschlossen und mit einem flexiblen Metallschlauch verbunden, durch welchen die Stickstoffkühlung erfolgen kann.

Abbildung 40: (oben links) Probenschlitten mit Halterung und Testprobe

Abbildung 41: (oben rechts) Probenschlitten mit Testprobe

Abbildung 42: (unten links) Teilausgefahrener Probenschlitten mit Metallrohr

Abbildung 43: (unten rechts) Gesamter Probenschlitten mit 6 fixierten Proben

Zur Durchführung der Prozessschrittanalyse werden die Proben auf dem Metallschlitten positioniert und bei ausgefahrenem Schlitten in den Prozess gegeben. Die Proben befinden sich somit vollständig außerhalb des Metallrohres, welches permanent mit geringen Mengen Stickstoff durchflossen wird. Sobald sich die Proben auf

Zielposition im Prozessdurchlauf befinden wird der Metallschlitten mit Proben durch die Kinematik in das Metallrohr eingezogen und der kalte Stickstoffstrom wird zeitgleich zugeschaltet. Die gesamte Apparatur wird anschließend dem Fertigungsprozess entnommen. Alle auf diese Weise abgeschreckten Proben werden in dicht verschlossene und mit Stickstoff gefüllte Plastiktüten verpackt. Die Erzeugung aller Proben erfolgt innerhalb weniger Stunden. Um möglichst viele Einflusse auf die Oxidschicht bis zu deren Messung auszugrenzen, erfolgt die FTIR-Analyse am Tag der Probenherstellung.

Um in den nachfolgenden Versuchen die Parameter richtig zu dimensionieren, werden bei der Prozessschrittanalyse die jeweiligen Werte für die nachfolgend genannten Parameter erfasst:

- Feuchtigkeit in den jeweiligen Umgebungsatmosphären der Prozessschritte
- Sauerstoff in den jeweiligen Umgebungsatmosphären der Prozessschritte
- die jeweiligen Temperaturregime
- die jeweiligen Prozesszeiten

Während eines Prozessschrittes erfolgt die Behandlung mit einer wässrigen Suspension (Flussmittel). Diese wird während des Versuches durch eine Behandlung mit destilliertem Wasser ersetzt. Der pH-Wert der Suspension sowie des destillierten Wassers liegt jeweils bei 6,0. Die Prozesszeit der Wasserbehandlung wird nicht verändert und liegt bei ca. 5 Minuten.

Die Erfassung der Ist-Temperaturen der Proben während der jeweiligen Prozessschritte erfolgt anhand eines Datenloggers, welcher die Daten während des Produktionsprozesses auf der Probenoberfläche anhand von Thermoelementen misst und aufzeichnet. Die Zeitauswertung erfolgt ebenfalls anhand dieses Datenloggers.

6.1.2 Versuchsergebnisse

Abbildung 44 zeigt die erfassten Daten des Experiments. Die jeweils drei unterschiedlichen Versuchsmaterialien wurden zu Säulengruppen mit jeweils unterschiedlichen Farben zusammengefasst und stellen je Prozessschritt das Messergebnis der FTIR-Messung für den für Al_2O_3 relevanten Infrarot-Bereich dar (siehe Abschnitt 5.4.1). Die gemessene Ist-Objekttemperatur wird als graue Linie für die jeweiligen Prozessschritte dargestellt. Die Luftfeuchtigkeit wird als gelbe Linie dargestellt, der Sauerstoffanteil als beige Linie. Zu Beginn des Prozessschritts „Thermische Behandlung 2“ erfolgt eine Wasserbehandlung, weshalb bei diesem Prozessschritt die gemessene Feuchtigkeit in der Anlage deutlich erhöht ist. Im Prozessschritt „Thermische Behandlung 5“ konnte aus anlagentechnischen Gründen keine Messung der Feuchtigkeit erfolgen. Der theoretische Erwartungswert liegt jedoch unterhalb des Wertes von Prozessschritt „Thermische Behandlung 4“.

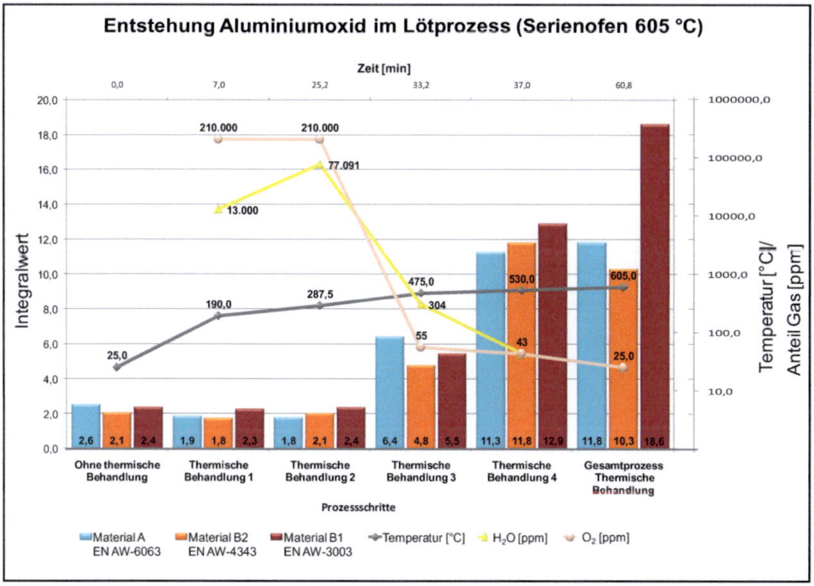

Abbildung 44: Darstellung des Oxidschichtwachstums in der Prozesskette

Prozessbedingt ist der hohe Wasseranteil von 77.091 ppm in der Atmosphäre während des Prozessschrittes „Thermische Behandlung 2". Im nachfolgenden Prozessschritt „Thermische Behandlung 3" liegt eine deutlich niedrigere Feuchtigkeit in der Atmosphäre vor. Der gemessene Wert beträgt hierbei durchschnittlich 304 ppm. Im hieran anschließenden Prozessschritt „Thermische Behandlung 4" liegt eine nochmals deutlich niedrigere Konzentration an Feuchtigkeit vor. Der hierbei gemessene Wert liegt bei durchschnittlich 43 ppm. Die untersuchten Materialen werden in drei separaten Datenreihen ausgewertet. Material A wird in Blau, Material B1 in Rot und Material B2 in Orange dargestellt (Materialen nach Tabelle 5). Als Referenz ist für alle drei Materialien der Messwert der thermisch unbehandelten Proben abgebildet. Um ein sicheres Ergebnis zu erzielen, basieren die dargestellten Integralwerte auf dem arithmetischen Mittelwert von je 3 Proben mit jeweils 3 durchgeführten Probenmessungen.

Bei der Betrachtung der Integralwerte fällt auf, dass während der Prozessschritte „Thermische Behandlung 1" und „Thermische Behandlung 2" keine deutliche Veränderung der Oxidschicht erfolgt. Dies trifft für alle verwendeten Materialien zu. Während dieser Schritte werden die Proben von 25 °C auf eine Temperatur von 287,5 °C erwärmt und im Schritt „Thermische Behandlung 2" zusätzlich einer hohen Feuchtigkeit von 77.091 ppm ausgesetzt.

Einen deutlichen Zuwachs der Oxidschicht von durchschnittlich 2,1 auf 5,5 erfährt die Oxidschicht im Prozessschritt „Thermische Behandlung 3“. Dies entspricht einem prozentualen Zuwachs von 161 %, bei welchem die Proben einer Temperatur von 475 °C sowie einer Feuchtigkeit von 304 ppm ausgesetzt sind. Ein weiterer Anstieg der Oxidschicht um zusätzliche 118 % auf einen durchschnittlichen Integralwert von 12 findet im Prozessschritt „Thermische Behandlung 4“ statt. Hier wurde bei einer Temperatur von 530 °C eine Feuchtigkeit von 43 ppm gemessen. Bei den Materialien A und B2, welche den gesamten Fügeprozess inklusive Abkühlphase durchlaufen haben, findet kein weiterer Anstieg der Oxidschichtdicke statt. Auffallend verhält sich hier Material B1, dessen Integralwert sich auf 18,6 und somit um 44 % erhöht. In diesem Prozessschritt liegt eine maximale Temperatur von 605 °C vor.

Zusammenfassung:

Zusammenfassend kann festgestellt werden, dass signifikantes Wachstum der Aluminiumoxidschicht unterhalb von 287 °C auch bei hohen Wasseranteilen in sauerstoffhaltigen Normalatmosphären nicht erfolgt. Dies gilt für die jeweils untersuchten Prozessschritte des thermischen Fügens und deren zugehörende Prozesszeiten.

Hingegen kann bei Temperaturen oberhalb von 475 °C ein signifikantes Wachstum der Oxidschicht auch bei geringen Werten von Sauerstoff und Feuchtigkeit festgestellt werden. Daher soll in den folgenden Versuchen insbesondere die vorliegenden Prozessbedingungen der Prozessschritte „Thermische Behandlung 3“ und „Thermische Behandlung 4“ hinsichtlich der Parameter Feuchtigkeit und Sauerstoff näher untersucht werden.

6.2 Einfluss von Feuchtigkeit und Sauerstoff in der Atmosphäre auf das Oxidschichtwachstum und deren Auswirkung auf die Lötbarkeit

6.2.1 Versuchsbeschreibung

Mit dem nachfolgend beschriebenen Experiment wird die Auswirkung unterschiedlicher Konzentrationen an Feuchtigkeit und Sauerstoff in einer Stickstoffatmosphäre beim Schutzgaslöten auf das Oxidationsverhalten von Aluminium im erwärmten Zustand untersucht und die hieraus resultierende Lötbarkeit bestimmt.

Hierzu werden Aluminiumproben während der Erwärmung in einem Laborlötofen (sogenannter Glaslötofen) einer gezielt eingestellten Atmosphäre ausgesetzt (siehe Tabelle 8). Die hierfür verwendeten Gase bestehen aus unterschiedlichen Volumengemischen der folgenden Grundgase.

a) Reiner Stickstoff
b) Reiner Stickstoff mit 50 ppm Wasser
c) Reiner Stickstoff mit 100 ppm Wasser
d) Reiner Stickstoff mit 3000 ppm Sauerstoff

Diese werden für den Versuch mittels einer Mischvorrichtung entsprechend kombiniert und anhand von Messgeräten auf die entsprechenden Versuchsparameter eingestellt. Der Aufbau dieser Anlage ist in Abbildung 45 schematisch dargestellt. Die Erwärmung der Proben erfolgt auf eine Temperatur von 605 °C (siehe Abschnitt 5.3).

Tabelle 8: Atmosphärische Zusammensetzungen der Versuchsreihe

	12 ppm [O_2]	50 ppm [O_2]	100 ppm [O_2]	200 ppm [O_2]
0 ppm [H_2O]	0 ppm H_20 12 ppm O_2 N_2 (Rest)	0 ppm H_20 50 ppm O_2 N_2 (Rest)	0 ppm H_20 100 ppm O_2 N_2 (Rest)	0 ppm H20 200 ppm O2 N_2 (Rest)
50 ppm [H_2O]	50 ppm H_20 12 ppm O_2 N_2 (Rest)	50 ppm H_20 50 ppm O_2 N_2 (Rest)	50 ppm H_20 100 ppm O_2 N_2 (Rest)	50 ppm H_20 200 ppm O_2 N_2 (Rest)
100 ppm [H_2O]	100 ppm H_20 12 ppm O_2 N_2 (Rest)	100 ppm H_20 50 ppm O_2 N_2 (Rest)	100 ppm H_20 100 ppm O_2 N_2 (Rest)	100 ppm H_20 200 ppm O_2 N_2 (Rest)

Um die Auswirkung auf die Oxidschichtdicke bestimmen zu können, werden die erzeugten Proben nach Abkühlung auf Raumtemperatur mittels FTIR-Analyse untersucht. Um die Lötbarkeit der hieraus resultierenden Oberflächen bestimmen zu können, erfolgt an Lötproben die Auswertung der Hohlkehlen. Zum Einsatz gelangen dafür Winkelproben (siehe hierzu 5.5.4). Die Grundplatte der Winkelprobe setzt sich aus dem Material B1 zusammen und ist mit der Lotplattierung B2 überzogen. Die V-Form besteht aus dem Material D (siehe auch Tabelle 4.1).

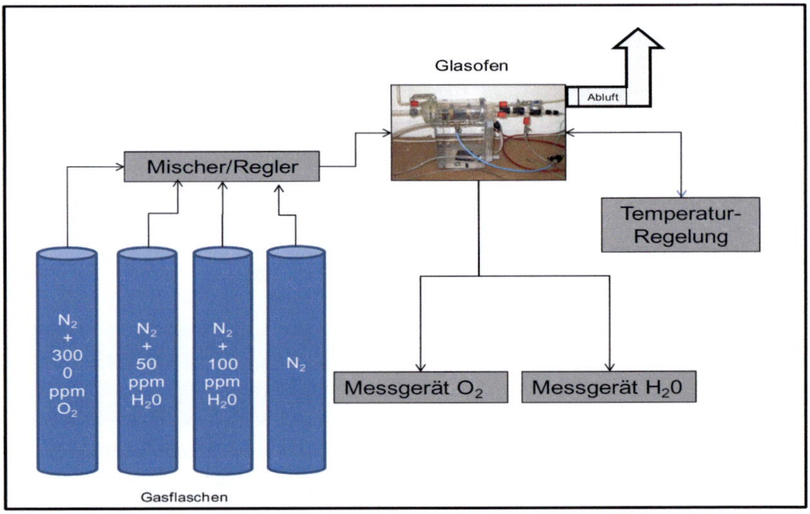

Abbildung 45: Aufbau der Gasversuche im Glasofen

Weitere Informationen zu diesem Versuch können den Unterlagen im Anhang entnommen werden (Siehe Anlage 11.6.1).

6.2.2 Versuchsergebnisse zum Oxidschichtwachstum

Unterschiedliche Sauerstoffanteile in Stickstoff ohne Feuchtigkeit.

Abbildung 46 zeigt die Versuchsergebnisse der Proben, welche ohne Wasseranteil in einer Stickstoffatmosphäre erstellt wurden. Die Variation des Sauerstoffgehalts erfolgte zwischen 12 ppm und 200 ppm O_2.

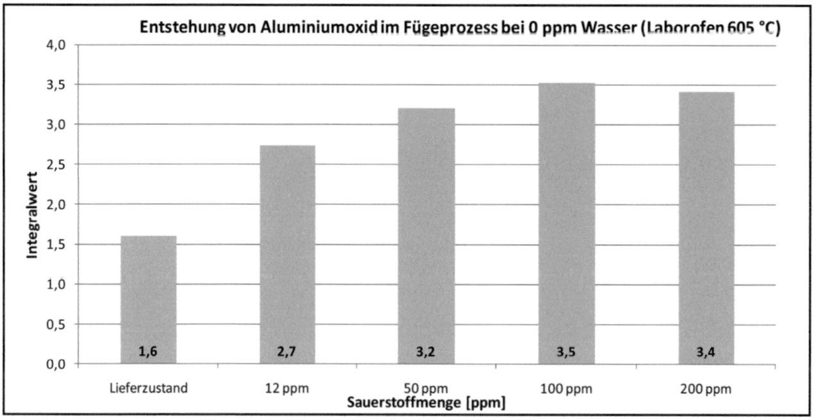

Abbildung 46: Oxidschichtwachstum bei Variation von Sauerstoffanteilen in einer Stickstoffatmosphäre ohne Wasser, nach dem Aufheizprozess

Als Referenz zu den einzelnen Versuchen wird der gemessene Wert der thermisch unbehandelten Probe herangezogen, welcher dem Anlieferungszustand entspricht (Werkstoffdaten siehe Tabelle 5). Wie in Abschnitt 4.5 beschrieben, wird kristallines und amorphes Aluminiumoxid gemeinsam ausgewertet.

Bei Betrachtung der Ergebnisse (Abbildung 46) fällt auf, dass bei bereits 12 ppm Sauerstoffanteil in der Atmosphäre eine um 69 % dickere Oxidschicht nach dem Aufheizprozess vorliegt, als bei der unbehandelten Probe. Die Probenerzeugung bei einem Sauerstoffgehalt von 50 ppm bewirkt eine nochmals um 19 % größere Oxidschichtdicke. Der gemessene Integralwert bei 50 ppm beträgt hierbei 3,2. Ein geringer Zuwachs der Oxidschicht findet beim Erhöhen der Sauerstoffmenge auf 100 ppm statt. Die Erhöhung des Sauerstoffgehalts auf 200 ppm bewirkt keinen weiteren signifikanten Anstieg der Oxidschichtdicke.

Somit liegt unter den gegebenen Prozessbedingungen bereits bei 100 ppm Sauerstoffanteil die maximale Oxidschichtdicke vor, die auch durch Erhöhung des Sauerstoffanteils nicht weiter ansteigt.

Unterschiedliche Sauerstoffanteile in Stickstoff bei einem konstanten Wasseranteil von 50 ppm.

Abbildung 47 zeigt die Versuchsergebnisse der Proben, welche im Vergleich zu den vorherigen Versuchen mit jeweils 50 ppm Wasseranteil in einer Stickstoffatmosphäre erstellt wurden. Die Variation des Sauerstoffgehalts erfolgte wie bei den vorherigen Versuchen zwischen 12 ppm und 200 ppm O_2.

Wie bereits bei der Versuchsreihe ohne Wasseranteil in der Atmosphäre (siehe oben) festgestellt, liegt nach dem Aufheizprozess bereits bei einem geringen Sauerstoffanteil von 12 ppm der größte Anstieg der Oxidschichtdicke vor, mit 75 %. Bei Durchführung des Versuches mit 50 ppm Sauerststoffanteil, ist die Oxidschicht nochmals um 24 % höher als bei 12 ppm und besitzt einen Integralwert von 3,1. Eine weitere Erhöhung des Sauerstoffanteils auf 100 ppm und 200 ppm führt zu keiner weiteren Erhöhung der Oxidschicht.

Somit liegt unter den gegebenen Prozessbedingungen bei 50 ppm Feuchtigkeit und bei 50 ppm Sauerstoffanteil bereits die maximale Oxidschichtdicke vor, die auch durch Erhöhung des Sauerstoffanteils nicht weiter ansteigt.

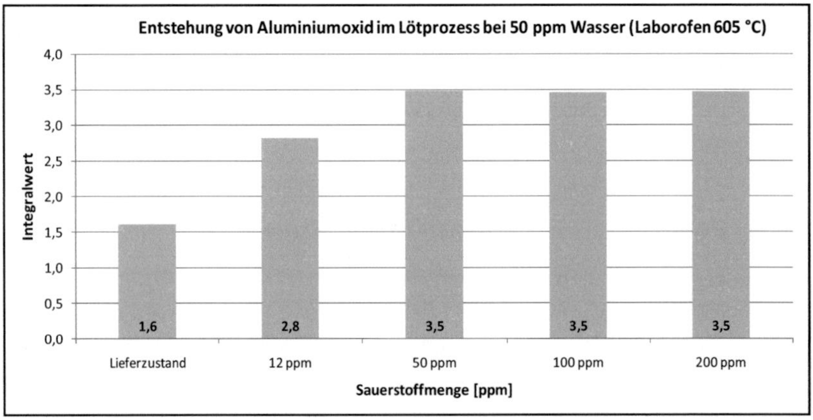

Abbildung 47: Oxidschichtwachstum bei Variation von Sauerstoffanteilen in einer Stickstoffatmosphäre mit 50 ppm Wasser, nach dem Aufheizprozess

Unterschiedliche Sauerstoffanteile in Stickstoff bei einem konstanten Wasseranteil von 100 ppm.

Abbildung 48 zeigt die Versuchsergebnisse der Proben, welche im Vergleich zum vorherigen Versuch mit auf 100 ppm erhöhtem Wasseranteil in einer Stickstoffatmosphäre erstellt wurden. Die Variation des Sauerstoffgehalts erfolgte wie bei den vorherigen Versuchen zwischen 12 ppm und 200 ppm O_2.

Die bei 12 ppm Sauerstoffgehalt aufgeheizte Probe zeigt eine deutlich erhöhte Oxidschicht mit einem Integralwert von 3,5. Dies entspricht einem Wachstum von 118 % und erzeugt die dickste gemessene Oxidschicht bei gleichem Sauerstoffanteil, verglichen mit den vorherigen Versuchsreihen. Ebenfalls wird mit diesem Integralwert das Maximum des Versuchs bei 100 ppm Wasser erreicht. Ein weiteres Erhöhen des Sauerstoffgehaltes führt sogar zu einem minimalen Rückgang der Oxidschicht auf einen durchschnittlichen Integralwert von 3,3. Besonders auffallend ist das Erreichen der maximalen Oxidschichtdicken bei bereits 12 ppm Sauerstoffanteil in der Stickstoffatmosphäre.

Somit liegt unter den gegebenen Prozessbedingungen bei 100 ppm Feuchtigkeit und 12 ppm Sauerstoffanteil bereits die maximale Oxidschichtdicke vor, die auch durch Erhöhung des Sauerstoffanteils nicht weiter ansteigt.

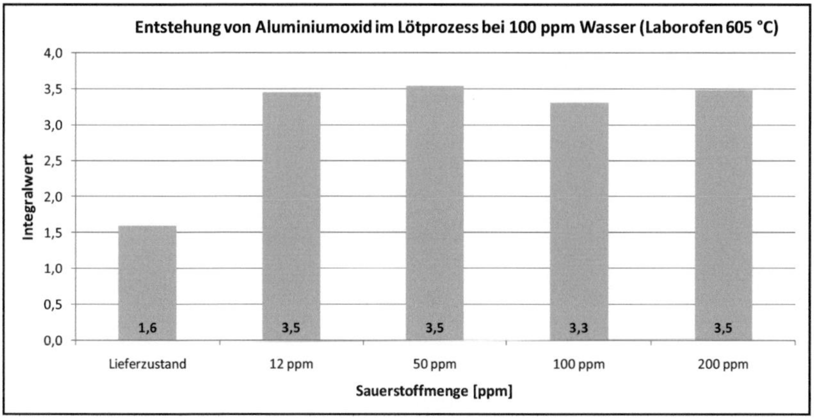

Abbildung 48: Oxidschichtwachstum bei Variation von Sauerstoffanteilen in einer Stickstoffatmosphäre mit 100 ppm Wasser, nach dem Aufheizprozess

6.2.3 Zusammenfassung der Resultate zum Oxidschichtwachstum

Gemäß den vorgestellten Grundlagen in Kapitel 3 ist die Oxidschicht eine natürliche Barriere für weiteres Oxidschichtwachstum, welche mit zunehmender Dicke den erforderlichen Diffusionsvorgang weiter reduziert. Die maximale Oxidschichtdicke ist somit abhängig von der Temperatur.

Bei den durchgeführten Versuchen wurde eine maximale Oxidschichtdicke erreicht, die bei allen Versuchen auf ungefähr gleichem Niveau liegt, einem Integralwert von 3,5. Abbildung 49 kennzeichnet diesen Bereich durch zwei gestrichelte Linien. Es zeigt sich, dass die maximale Oxidschicht auf der Probenoberfläche in Anhängigkeit der atmosphärischen Gaskombinationen, bei der vorgegebenen Prozesstemperatur und Prozesszeit bei unterschiedlichen Konzentrationen an Sauerstoff und Feuchtigkeit entsteht.

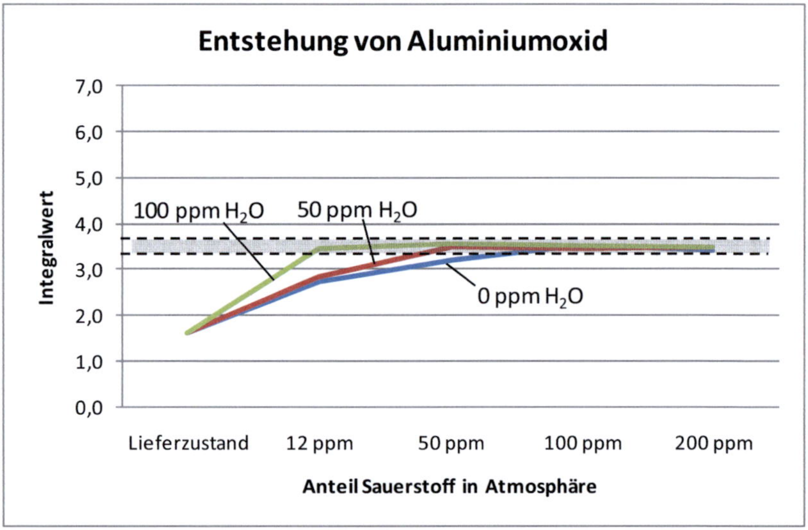

Abbildung 49: Erreichen der maximalen Oxidschichtdicke - Zusammenfassung

Die Ergebnisse zeigen auch, dass diese maximale Oxidschichtdicke, mit Zunahme der Anteile an Feuchtigkeit in der Atmosphäre, bei immer geringeren Sauerstoffwerten erreicht wird (Abbildung 49). Somit wird bei zunehmendem Anteil an Feuchtigkeit in der Atmosphäre der Bedarf an Sauerstoff zur Ausprägung einer maximalen Oxidschicht geringer.

Während in einer Atmosphäre ohne Feuchtigkeit ein Sauerstoffbedarf von 100 ppm vorliegt, um die maximale Oxidschicht zu erzeugen, verschiebt sich der erforderliche Sauerstoff hierfür auf 12 ppm in einer Atmosphäre mit 100 ppm Feuchtigkeit.

Aufgrund der Versuche können folgende Aussagen festgehalten werden:

1. Feuchtigkeit in der Atmosphäre erhöht die maximal mögliche Oxidschichtdicke nicht (bei sonst gleichen Bedingungen).
2. Feuchtigkeit in der Atmosphäre reduziert deutlich den Bedarf an Sauerstoff zur Erreichung der maximalen Oxidschichtdicken (bei sonst gleichen Bedingungen).

Einfluss auf die Oxidschichtdicke in Abhängigkeit der Sättigungslinie

Die Abbildung 50 stellt den Zusammenhang zwischen Feuchtigkeit und Sauerstoff in der Atmosphäre in Bezug auf die maximale Oxidschichtdicke dar. Mit dieser Darstellung soll verdeutlicht werden, dass es während eines Schutzgaslötprozess zum Oxidschichtwachstum kommt, dessen maximale Oxidschichtdicke primär von der Temperatur abhängig ist. Die zur Oxidschichtbildung erforderliche Diffusionsgeschwindigkeit ist primär von der Temperatur und dem Sauerstoffpartialdruck abhängig. Aufgrund der Versuchsergebnisse zeigt sich, dass sich während eins Schutzgaslötprozesses die maximale Oxidschichtdicke nur bei ausreichend vorhandenem Sauerstoff als Reaktionspartner einstellt. Ist der erforderliche Sauerstoff als Reaktionspartner im Fügeprozess nicht vorhanden, kann sich während der Prozesszeit keine maximale Oxidschicht ausbilden. Dies wird im Rahmen dieser Arbeit als ungesättigter Bereich bezeichnet. Ist im umgekehrten Fall deutlich mehr Sauerstoff vorhanden als dies zur Ausbildung einer maximalen Oxidschicht erforderlich wäre, bildet sich dennoch eine temperaturabhängige maximale Oxidschicht aus. Eine Erhöhung oder Reduzierung der Sauerstoffanteile hat in diesem Fall keine Auswirkung auf die Oxidschichtdicke im Fügeprozess. Dies wird im Rahmen dieser Arbeit als gesättigter Bereich bezeichnet.

Um durch Sauerstoff und Feuchtigkeit einen Einfluss auf die maximale Oxidschichtdicke zu erhalten, dürfen diese Stoffkonzentrationen daher nicht im „gesättigten Bereich“ (rechte Seite der Geraden in Abbildung 50) auftreten. Hierzu teilt die eingezeichnete Gerade den „gesättigten Bereich“ vom „ungesättigten Bereich“ (linke Seite der Geraden). Innerhalb des gesättigten Bereichs führt eine Reduzierung oder Erhöhung der Stoffkonzentrationen zu keinem Einfluss auf die Oxidschichtdicke. Daher ist eine Verschiebung in den ungesättigten Bereich vorzunehmen. Innerhalb diesem führt eine Veränderung der Stoffkonzentration zu einer Veränderung der Oxidschichtdicke. Daher haben Veränderungen der Schutzgasatmosphäre im Fügeprozess nur Auswirkungen auf die Oxidschichtdicke, wenn diese innerhalb des ungesättigten Bereichs erfolgen. Die Darstellung des gesättigten Bereichs gilt nur für die erfassten Versuchsdaten. Die exakten Werte müssen für jeden Schutzgasfügeprozess in Abhängigkeit von Temperatur, Prozesszeit und Atmosphäre erfasst werden.

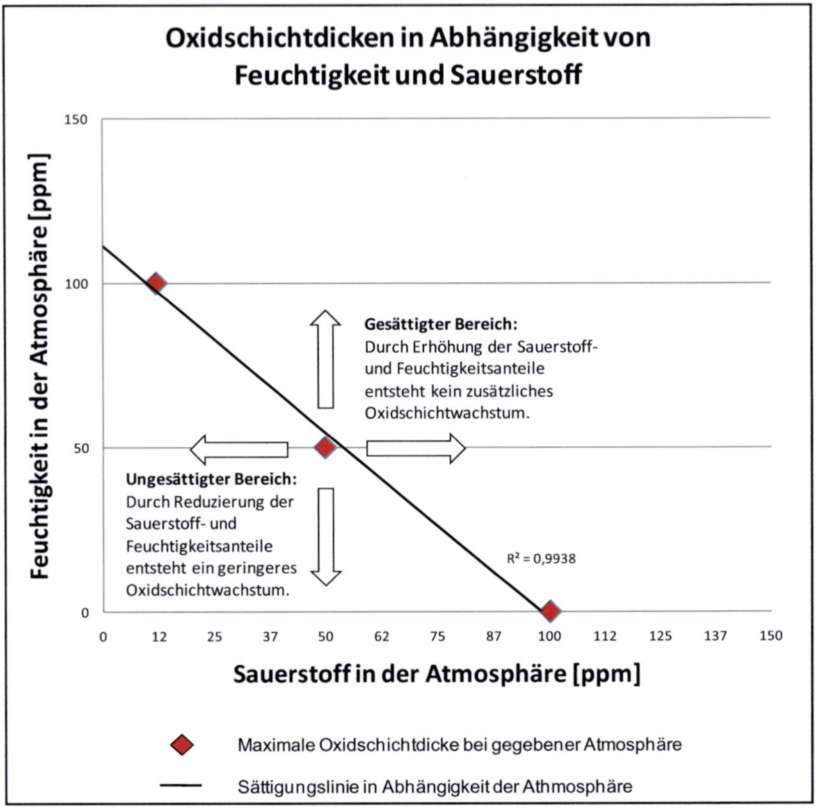

Abbildung 50: Maximale Oxidschichtdicke in Abhängigkeit der Atmosphäre nach thermischer Behandlung

6.2.4 Versuchsergebnisse zur Lötbarkeit

Im Folgenden wird die Lötqualität von Proben bewertet, welche in verschiedenen Atmosphären, bei sonst gleichen Bedingungen wie vorher dargestellt, im Glasofen gelötet wurden. Abbildung 51 zeigt die Resultate der jeweiligen Lötproben.

Beim Vergleich der Verbindungsstellen zwischen V-Form und Grundplatte lassen sich deutliche Unterschiede der Hohlkehlenausprägung erkennen, welche mit zunehmendem Anteil an Sauerstoff und Feuchtigkeit in der Atmosphäre abnehmen. Abbildung 52 bis Abbildung 54 zeigen die Gegenüberstellung der Probenfotos sowie die drei Schliffbilder der jeweiligen Feuchtigkeitskonzentration. Alle Einzelbilder befinden sich vergrößert im Anhang.

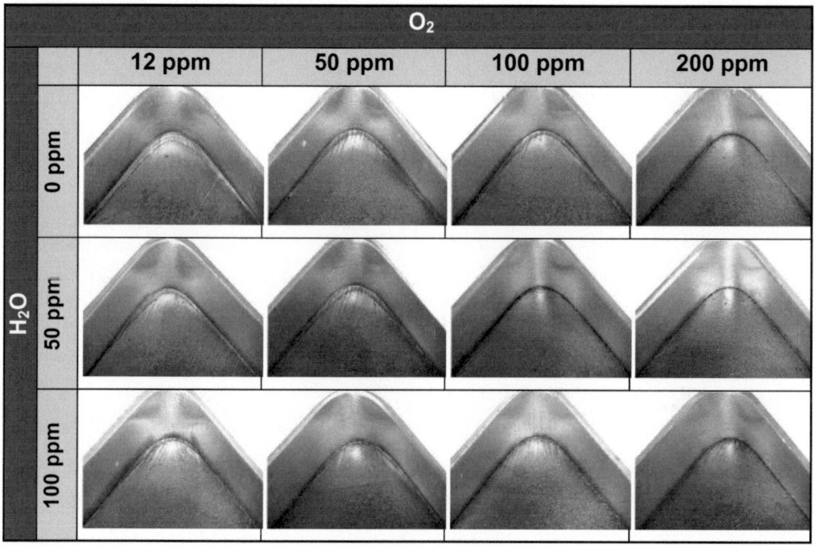

Abbildung 51: Lötergebnis der Winkelproben – Übersicht

Ergebnisse bei 0 ppm H_20 in der Atmosphäre

Die Abbildung 52 zeigt die Auswertung der V-Proben, welche bei 0 ppm H_2O in der Atmosphäre und einem jeweils veränderten O_2-Gehalt gelötet wurden. Die als Referenz verwendete Probe, welche bei 12 ppm O_2 und 0 ppm H_2O erzeugt wurde, ist optisch mit einer sehr guten Lötqualität zu bewerten. Dies bestätigen auch die durchgeführten Schliffe. Im ersten Schliff beträgt die Höhe der Hohlkehle L2 1.215 µm, die Diagonale L3 liegt bei einem Wert von 977 µm. Der zweite Schliff verdeutlicht mit einer Höhe von 791 µm und einer Diagonale von 701 µm die gute Ausprägung der Hohlkehle. Auch die Auswertung des dritten Querschliffs ist mit einer Höhe von 492 µm und einer Diagonale von 384 µm zwar deutlich schlechter als Schliff 1 und Schliff 2, zeigt jedoch ebenfalls eine gute Hohlkehlenausprägung und somit einen gleichmäßig guten Verlötungsgrad. Bei der Probe, welche in einer Atmosphäre mit 50 ppm Sauerstoffgehalt gelötet wurde, ist bereits ein leichter Rückgang der Hohlkehlen und somit eine Verschlechterung der Lötqualität zu erkennen. Die gemessene Höhe von 660 µm und die Diagonale von 777 µm in Schliff 1 bestätigen diese Aussage. Die Maße von Schliff 2 deuten mit L2 von 385 µm und L3 von 441 µm auf eine gut ausgeprägte Hohlkehle hin. Die Werte von Schliff 3 sind mit einer Höhe von 239 µm und einer Diagonale von 215 µm niedrig und lassen somit auf einen abnehmenden Verlötungsgrad schließen. Ebenfalls eine Verschlechterung der Lötqualität ist bei der Probe zu erkennen, welche bei einem Sauerstoffgehalt von 100 ppm gelötet wurde. Ein fast annähernd sechsfacher Rückgang der Hohlkehlenhöhe sowie ein fünffacher Rückgang der Diagonalen bestätigen dies. Eine gute Ausprägung von Schliff 2 mit einer Höhe von 549 µm und einer Diagonale von 500 µm, sowie von Schliff 3 mit einer Höhe von 427 µm und einer Diagonale von 403 µm, lassen auf einen hohen Verlötungsgrad schließen. Die bei einem Sauerstoffgehalt von 200 ppm gelötete Probe zeigt einen signifikanten Rückgang der Lötqualität. Hier war aufgrund der schlechten Ausprägung der Hohlkehle keine Messung möglich. In Schliff 1 ist zu sehen, dass sich zwischen V-Probe und Grundplatte ein leichter Spalt gebildet hat. In Schliff 3 fand keine Verlötung zwischen den Komponenten statt. Diese Auffälligkeiten bestätigen einen sehr schlechten Verlötungsgrad. Bei Betrachtung der Versuchsergebnisse ist auffällig, dass eine höhere Sauerstoffkonzentration in der Atmosphäre eine deutliche Verschlechterung der Lötqualität zur Folge hat.

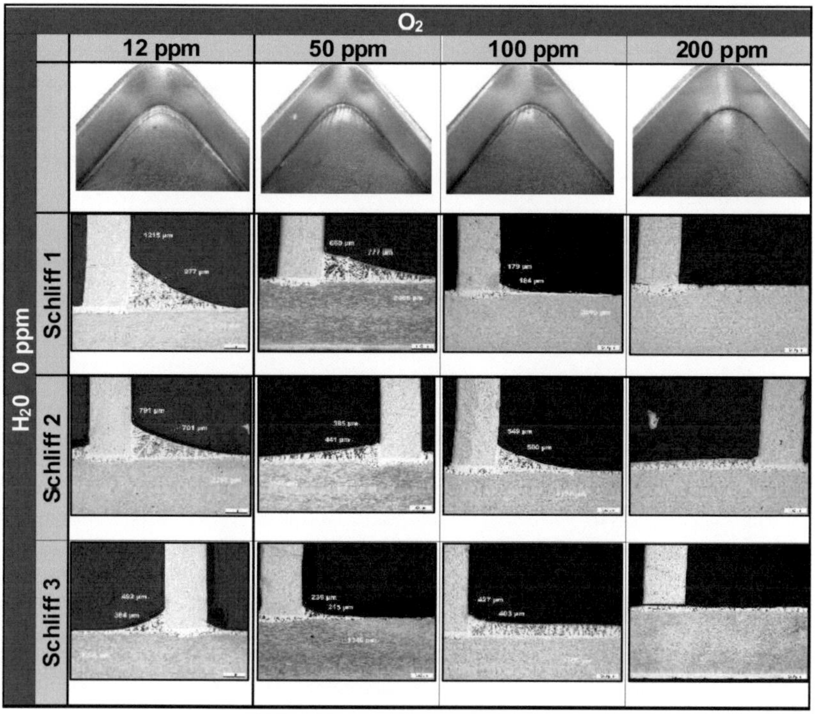

Abbildung 52: Auswertung der Lötproben ohne Wasser in der Atmosphäre

Ergebnisse bei 50 ppm H_2O in der Atmosphäre

Anhand von Abbildung 53 soll die Bewertung der Proben, welche bei 50 ppm Wasser gelötet wurden, vorgenommen werden. Um den Einfluss der verschiedenen Wasserkonzentrationen ebenfalls auswerten zu können, werden die Proben zusätzlich mit den Proben mit 0 ppm Wassergehalt verglichen.

Als Referenz für die Proben wird ebenfalls die bei 12 ppm O_2 und 0 ppm H_2O erzeugte Probe verwendet. Die Probe, welche bei 12 ppm Sauerstoffgehalt, aber einem 50 ppm höheren Wasseranteil gelötet wurde, zeigt im Vergleich mit einer Höhe von 559 µm und einer Diagonale der Hohlkehle von 520 µm einen Rückgang der Hohlkehle um 53% (Diagonale). Im Schliff 2 ist mit einer Höhe von 631 µm und einer Diagonale von 695 µm eine gute Ausprägung der Hohlkehle vorhanden. In Schliff 3 dagegen fand keine Ausbildung einer Hohlkehle statt. Dies lässt auf einen schlechteren Verlötungsgrad im Gegensatz zu der bei 0 ppm Wasser gelöteten Probe schließen. Die Lötqualität der Probe, welche bei 50 ppm Sauerstoff und 50 ppm Feuchtigkeit gelötet wurde, weist keinen erkennbaren Unterschied auf. Auch die Maße zeigen mit L2 von

698 µm und L3 von 695 µm keine Veränderung. Mit einer Höhe von 609 µm und einer Diagonale von 679 µm entspricht Schliff 2 ebenfalls dieser Aussage. Die Hohlkehle von Schliff 3 ist im Vergleich zur Probe mit 12 ppm Sauerstoff zwar bewertbar, weist aber mit einer Höhe von 289 µm und einer Diagonale von 226 µm auch eine schlecht ausgeprägte Hohlkehle auf. Die bei 100 ppm Sauerstoff gelötete Probe lässt bereits optisch einen deutlichen Rückgang der Hohlkehle und somit eine Verschlechterung der Lötqualität erkennen. Dies gilt auch für den Vergleich der Resultate gegenüber den Proben, welche bei 0 ppm Sauerstoff und 100 ppm Feuchtigkeit, auch gegenüber denjenigen, welche bei 50 ppm Sauerstoff und 100 ppm Feuchtigkeit erstellt wurden. Eine Auswertung der Schliffe dieser Probe ist nicht möglich. In Schliff 1 fällt auf, dass sich zwischen der Grundplatte und dem Winkelblech ein Spalt gebildet hat. Auch in Schliff 3 sind leichte Ansätze einer Spaltbildung zu erkennen. Hier wurde bei 0 ppm Wassergehalt noch eine ausreichende Lötqualität erzielt. Auch die bei 200 ppm Sauerstoff gelötete Probe besitzt aufgrund einer sehr schlechten Lötqualität eine nicht auswertbare Hohlkehle. In Schliff 1 besteht fast kein Kontakt zwischen Grundplatte und Winkelblech. Die Schliffe 2 und 3 haben vollständigen Kontakt, weisen aber keine Hohlkehle auf.

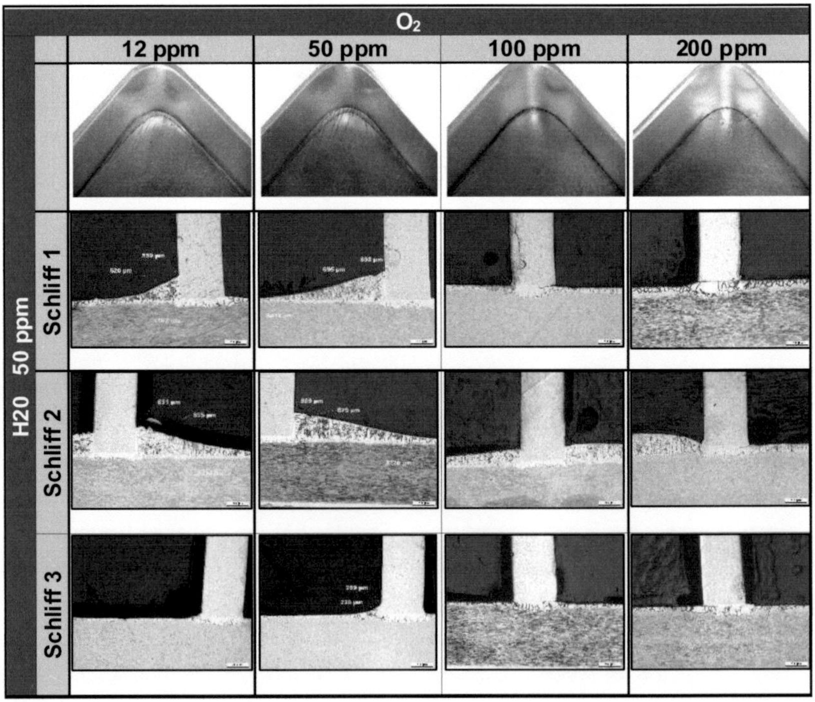

Abbildung 53: Auswertung der Lötproben mit 50 ppm Wasser in der Atmosphäre

Ergebnisse bei 100 ppm H_2O in der Atmosphäre

Anhand von Abbildung 54 können die Proben, welche mit einem Feuchtigkeitsgehalt von 100 ppm gelötet wurden, ausgewertet werden. Diese sollen mit den Proben, welche bei einer Feuchtigkeit von 0 ppm sowie von 50 ppm gelötet wurden, verglichen werden.

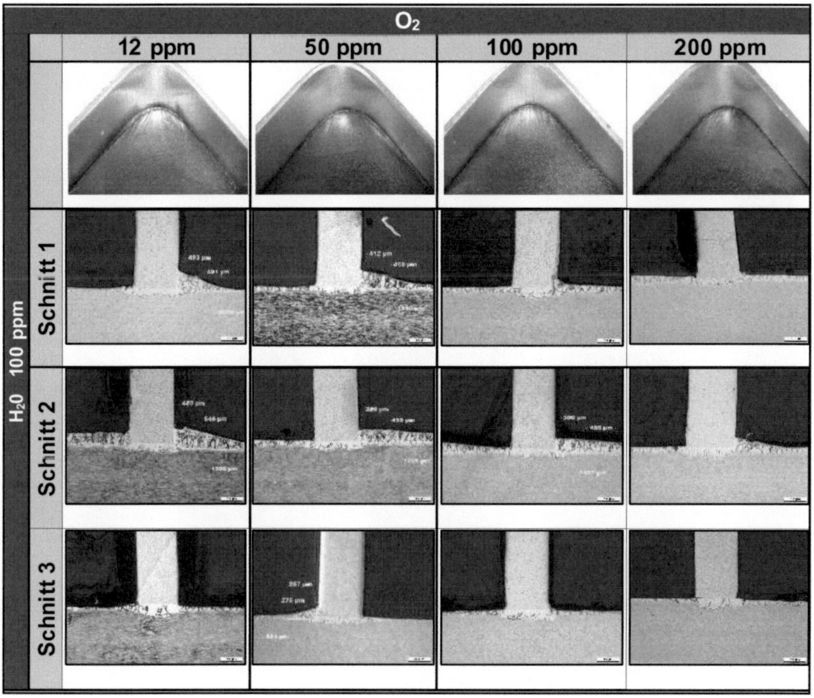

Abbildung 54: Auswertung der Lötproben mit 100 ppm Wasser in der Atmosphäre

Die in 12 ppm Sauerstoff gelötete Probe weist im Vergleich zu der bei 50 ppm Feuchtigkeit gelöteten Probe einen leichten Rückgang der Hohlkehle auf, diese ist jedoch einseitig ausgeprägt vorhanden. Mit einer Höhe der Hohlkehle von 493 µm und einer Diagonale von 491 µm wird diese Aussage bestätigt. Die Hohlkehle in Schliff 2 ist mit einer Höhe von 480 µm sowie einer Diagonale von 546 µm ebenfalls gut ausgeprägt. Wie schon bei der 50 ppm Probe, enthält Schliff 3 keine auswertbare Hohlkehle und zeigt somit einen schlechten Verlötungsgrad auf. Ein Kontakt zwischen Grundblech und Winkelblech ist jedoch vorhanden. Die bei 200 ppm Sauerstoff erzeugte Probe ist vergleichbar mit der bei 100 ppm Sauerstoff erzeugten Probe, jedoch ist bei dieser in Schliff 3 eine auswertbare Hohlkehle vorhanden. Diese ist mit einer Höhe von 267 µm und einer Diagonale von 275 µm zwar schlecht ausgeprägt, zeugt aber von einem besseren Verlötungsgrad im Vergleich zu der 100 ppm Probe. Die bei 100 ppm Sauerstoffgehalt gelötete Probe zeigt vergleichbare Resultate wie die Probe, welche bei 50 ppm Sauerstoff und 100 ppm Feuchtigkeit gelötet wurde. Die Schliffe 1 und 3 weisen keine auswertbaren Hohlkehlen auf. In Schliff 2 ist mit einer Höhe von 300 µm und einer Diagonale von 465 µm eine schwache, aber auswertbare Hohlkehle vorhanden. Der Kontakt zwischen Grundplatte und Winkelblech ist in allen drei Schliffen vorhanden. Die bei einem Sauerstoffgehalt von 200 ppm gelötete Probe enthält in allen Schliffen keine auswertbaren Hohlkehlen. Die Schliffe 1 und 2 weisen einen guten Kontakt zwischen den Komponenten auf, Schliff 3 zeigt Ansätze einer Spaltbildung zwischen Winkelblech und Grundplatte.

6.2.5 Zusammenfassung der Resultate zur Lötbarkeit

Auf Grund der bislang durchgeführten Versuche zur Lötbarkeit zeigt sich, dass Feuchtigkeit in der Atmosphäre eine verschlechternde Wirkung auf die Lötbarkeit hat. Der Einfluss von Feuchtigkeit kann im direkten Vergleich der Atomanteile zu Sauerstoff als stärker bezeichnet werden. Die Verlötung der Proben erfolgt bei der Versuchsreihe bei fast allen atmosphärischen Kombinationen nahezu vollständig, jedoch zeigen sich deutliche Unterschiede in der Ausprägung der Hohlkehlen, welche bei den Versuchen mit hohen Konzentrationen an Feuchtigkeit und Sauerstoff nur noch rudimentär vorhanden sind. Bei hohen Anteilen an Feuchtigkeit in Verbindung mit hohen Anteilen an Sauerstoff erfolgt keine Benetzung der Bauteile, auch ein Diffusionsprozess ist hierbei nicht zu erkennen. Bei diesen Bauteilen wurde somit keine Lötverbindung erzeugt. Im Gegensatz hierzu sind die Hohlkehlen in nahezu reinem Stickstoff auffallend groß ausgeprägt. Die durchgeführten Versuche zur Lötbarkeit zeigen gemäß den beschriebenen Grundlagen einen reziproken Zusammenhang der Oxidschichtdicke zur Lötbarkeit (siehe hierzu Abschnitt 3).

6.2.6 Diskussion der Versuchsergebnisse von Feuchtigkeit und Sauerstoff in der Schutzgasatmosphäre beim Aluminiumlöten

Die Versuchsergebnisse zeigen einen deutlichen Einfluss von Feuchtigkeit auf das Oxidationsverhalten. Hierbei kann festgehalten werden, dass Feuchtigkeit in der Atmosphäre deutlich den Gehalt an Sauerstoff reduzieren kann, welcher zur Erreichung der maximalen Oxidschichtdicke (bei sonst gleichen Bedingungen) erforderlich ist. Dies gilt unter der Voraussetzung, dass die Prozesse im oben dargestellten "ungesättigten Bereich" ablaufen. Aus dieser Beobachtung kann gefolgert werden, dass Feuchtigkeit ebenfalls einen Einfluss auf die Oxidationsgeschwindigkeit haben muss, was in weiterführenden Untersuchungen betrachtet werden soll. Weiter zeigen die Versuchsergebnisse, dass die temperaturabhängige maximale Oxidschichtdicke durch den Einfluss von Wasser nicht erhöht wird.

Die Feuchtigkeit ist ein primärer Einfluss auf die Lötbarkeit von Aluminiumwerkstoffen

Die Versuchsergebnisse bzgl. der Lötbarkeit zeigen eine deutliche Abnahme der Lötbarkeit bei steigendem Anteil an Feuchtigkeit in der Atmosphäre. Hierbei zeigt sich der Einfluss von Feuchtigkeit in der Atmosphäre als stärkerer Einfluss im Vergleich zu Sauerstoff. Abbildung 56 verdeutlicht anschaulich die Abnahme der Hohlkehlen bei Erhöhung des Sauerstoffs in der Schutzgasatmosphäre. Der Abbildung 56 ist ebenfalls zu entnehmen, dass bei Erhöhung der Feuchtigkeit die Hohlkehle nahezu vollständig fehlt. Dies bestätigt die Vermutung von Zähr [22], dass Feuchtigkeit in der Atmosphäre eine primäre Rolle für die Löteignung von Aluminiumwerkstoffen darstellt [22].

Um den direkten Einfluss von Feuchtigkeit auf die Lötbarkeit bestimmen zu können, wurden bei den verwendeten Proben die Oberflächen vor der thermischen Behandlung abgetragen. Dadurch konnten hydratisierte Schichten nahezu ausgeschlossen werden. Somit zeigt sich aus den Versuchsergebnissen ebenfalls, dass nicht das aus der Oberfläche verdampfende Wasser den primären Einfluss auf die Lötbarkeit darstellt, sondern die Feuchtigkeit in der Umgebung der Lötstelle.

Die Lötbarkeit im gesättigten und ungesättigten Bereich

Abbildung 55 visualisiert die in Abschnitt 6.2.3 dargestellte Sättigungslinie (Wachstum der Aluminiumoxidschicht) in Bezug auf die mit gleichen Parametern erstellten Lötproben. Hierbei zeigen alle Lötproben rechts der Sättigungslinie eine vergleichbar geringe Lötbarkeit. Dies gilt auch bei Erhöhung oder Verringerung der atmosphärischen Anteile an Sauerstoff und Feuchtigkeit innerhalb des gesättigten Bereichs. Dies entspricht dem in Abschnitt 6.2.6 nachgewiesenen Verhalten der Aluminiumoxidschichtdicke für den gesättigten Bereich.

Die Lötproben links der Sättigungslinie zeigen bei Reduzierung der Anteile an Feuchtigkeit und Sauerstoff eine deutliche Zunahme der Lötbarkeit (siehe hierzu auch Abbildung 56). Dies entspricht ebenfalls dem in Abschnitt 6.2.6 nachgewiesenen Verhalten der Aluminiumoxidschichtdicke. Somit korreliert die Lötbarkeit im gesättigten und ungesättigten Bereich direkt mit dem Verhalten der Oxidschicht.

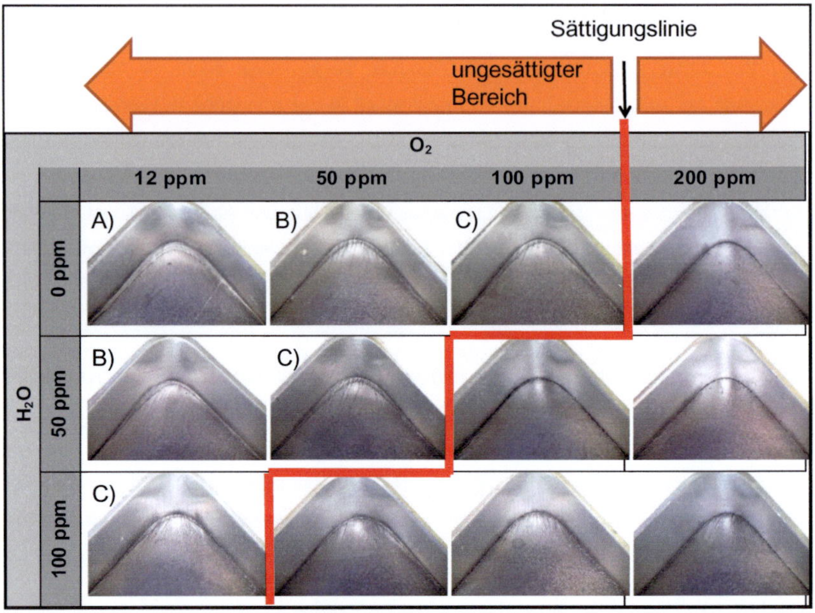

Abbildung 55: Darstellung der Lötproben, inklusive Sättigungslinie

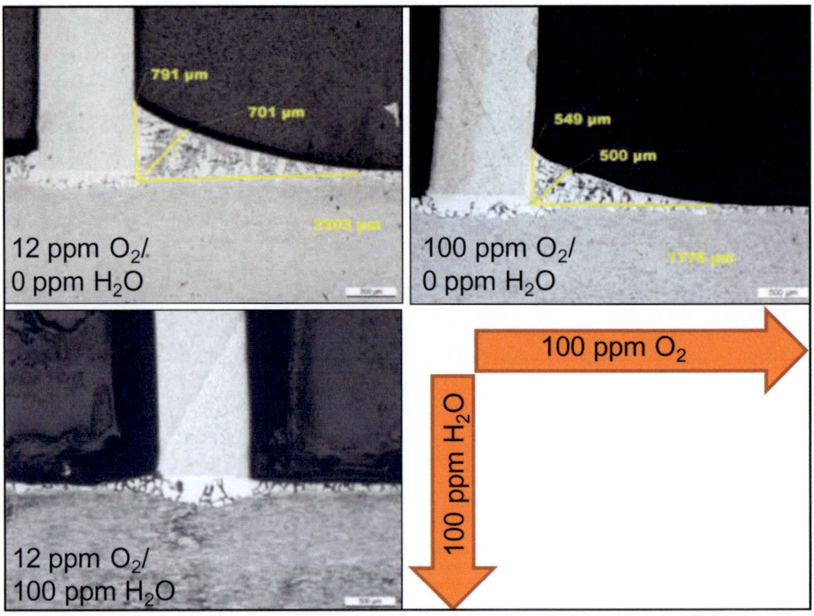

Abbildung 56: Einfluss der singulären Erhöhung von Feuchtigkeit bzw. Sauerstoff

Bedeutung der Sättigungslinie für die heutigen Schutzgaslötprozesse

Für die Potentiale hinsichtlich der Erhöhung der Lötbarkeit in den industriellen Schutzgaslötprozessen bedeutet dies, dass eine Steigerung des Reinheitsgrades der Schutzgasatmosphären nur dann zu einer Erhöhung der Lötbarkeit führt, wenn der Prozess innerhalb des ungesättigten Bereiches abläuft.

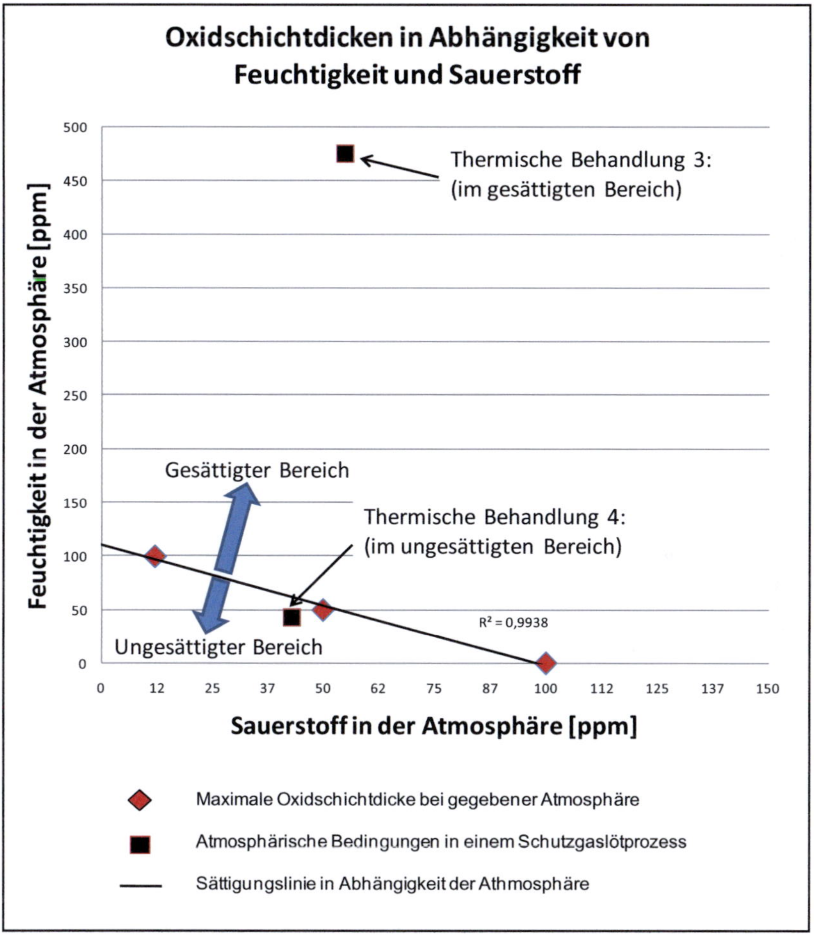

Abbildung 57: Exemplarische Darstellung der heutigen Schutzgaslötprozessschritte in Bezug zur Sättigungslinie

Dabei ist zu beachten, dass die heutigen industriellen Schutzgaslötprozesse für Aluminium (siehe Abschnitt 6.1) teilweise weit im gesättigten Bereich ablaufen (siehe Abbildung 57). Somit erfolgt eine Auswirkung auf die Oxidschicht und auch auf die

Lötbarkeit einzig durch eine deutliche Erhöhung des Reinheitsgrades der Schutzgasatmosphären hinsichtlich Feuchtigkeit und Sauerstoff. Weiter kann aufgezeigt werden, dass aufgrund der großen Hohlkehlen bei hochreinen Schutzgasatmosphären hinsichtlich Feuchtigkeit und Sauerstoff, eine generelle, deutliche Verbesserung der Lötbarkeit erreicht werden kann. Dies zeigt für die industriellen Fertigungsprozesse deutliches Potential zur Steigerung der Produktqualität hinsichtlich der Lötverbindung.

6.3 Einfluss von Feuchtigkeit und Sauerstoff in der Atmosphäre auf das Oxidschichtwachstum während des Aufheizvorganges

6.3.1 Versuchsbeschreibung

Während im vorangegangenen Experiment die maximalen Oxidschichtdicken nach erfolgter thermischer Behandlung bei verschiedenen atmosphärischen Bedingungen miteinander verglichen wurden, wird bei diesem Experiment der Einfluss von Feuchtigkeit und Sauerstoff auf die Oxidationsgeschwindigkeit während des Aufheizvorganges untersucht.

Hierzu werden Proben in einer Aufheizkammer eines FTIR-Messgeräts auf 605 °C erwärmt (siehe Abschnitt 5.5.3.1). Während des gesamten Aufheizvorgangs fließt Stickstoff durch die Aufheizkammer. Dieser ist mit unterschiedlichen Anteilen von Feuchtigkeit und Sauerstoff angereichert (siehe Tabelle 9). Die Aufheizanalysen wurden am Innoval technology Institute in Banbury (UK) [75] durchgeführt.

Tabelle 9: Atmosphärische Bedingungen zur Aufheizanalyse

	50 ppm [O_2]	100 ppm [O_2]
0 ppm [H_2O]	0 ppm H_20 50 ppm O_2 N_2 (Rest)	0 ppm H_20 100 ppm O_2 N_2 (Rest)
50 ppm [H_2O]	50 ppm H_20 50 ppm O_2 N_2 (Rest)	-----
100 ppm [H_2O]	-----	100 ppm H_20 100 ppm O_2 N_2 (Rest)

Die Gase werden für den Versuch mittels einer Mischvorrichtung entsprechend kombiniert und anhand von Messgeräten auf die entsprechenden Versuchsparameter eingestellt. Die Messungen hierbei erfolgen während des Aufheizvorganges alle 60 Sekunden. Die Probenentnahme erfolgt nach Abschluss der Messungen.

Die FTIR-Messungen (In-situ) wurden bei der Fa. Innoval in Banbury UK durchgeführt (siehe auch Abschnitt 5.4). Analog zur Bestimmung der Oxidschichtdicken des vorherigen Versuchs, werden Proben vom Material D (Tabelle 5) bei unterschiedlichen Atmosphären erwärmt und gleichzeitig bzgl. ihrer Oxidschichtdicken untersucht. Abbildung 58 zeigt beispielhaft 3 Messungen, die jeweils bei unterschiedlichen Temperaturen erfolgt sind (Linie „1“ bei 39,4 °C; Linie „2“ bei 495,9 °C; Linie „3“ bei 605,4 °C). Alle Messungen einer Probe werden bzgl. der Oxidschichtentwicklung über die Temperatur in einem Diagramm grafisch dargestellt (siehe Abbildung 67). Im Folgenden werden die Konzentrationen der Mischatmosphären immer im Format O_2/H_2O bezeichnet.

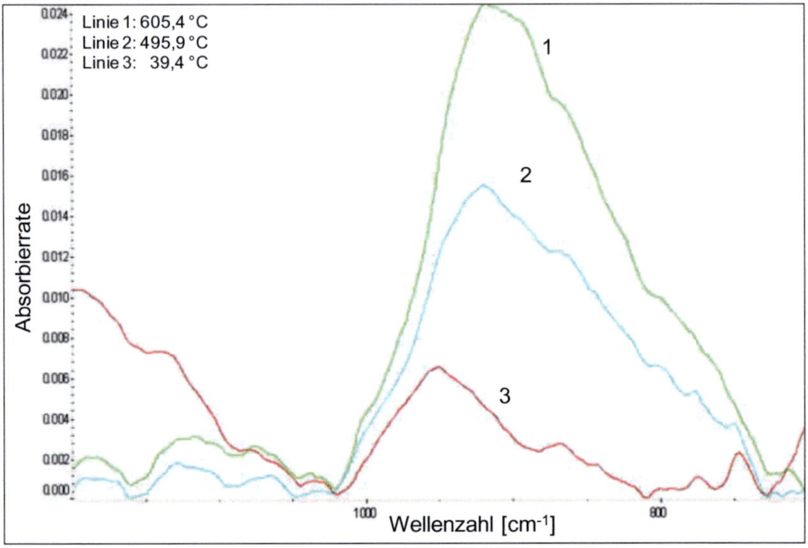

Abbildung 58: Beispielhaftes Spektrum einer in situ Analyse [75]

6.3.2 Versuchsergebnisse

Die Abbildungen 59 bis Abbildungen 66 zeigen die gemessenen Oxidschichtdicken bei unterschiedlichen Temperaturen während des Aufheizprozesses. Dargestellt ist jeweils der direkte Vergleich der Ergebnisse der Proben, welche mit bzw. ohne Feuchtigkeit in der Atmosphäre bei jeweils gleichem Anteil an Sauerstoff hergestellt wurden. Der restliche Bestandteil der Atmosphäre besteht aus Stickstoff. Die Versuchsergebnisse werden für Feuchtigkeitsanteile von 50 ppm und 100 ppm jeweils separat dargestellt.

6.3.2.1 Versuchsergebnisse - Einfluss 50 ppm Feuchtigkeit

Die Proben wurden mit Feuchtigkeit und ohne Feuchtigkeit in der Atmosphäre aufgeheizt. Der Feuchtigkeitswert beträgt hierbei 50 ppm. Der Sauerstoffanteil beträgt bei allen Proben 50 ppm.

Temperaturanstieg auf 300 °C

Die unbehandelten Proben werden als Referenzwert herangezogen. Die Messwerte der Oxidschichten bei 31 °C Kammertemperatur liegen bei Integralwerten von jeweils 0,5 (siehe Abbildung 59). Bei der Erwärmung der Probe auf 300 °C wächst die Oxidschicht bei einem O_2 Gehalt von 50ppm ohne Feuchtigkeit in der Atmosphäre um

100 % auf einen Integralwert von 1,0 an (siehe Abbildung 60). Hingegen wächst bei der gleichen Temperatur die Oxidschicht der Probe bei einem O_2 Gehalt von 50 ppm und 50 ppm Feuchtigkeit in der Atmosphäre geringfügig stärker an, als die Probe ohne Feuchtigkeit. Das Wachstum steigt hierbei um 130 % auf einen Integralwert von 1,15 an.

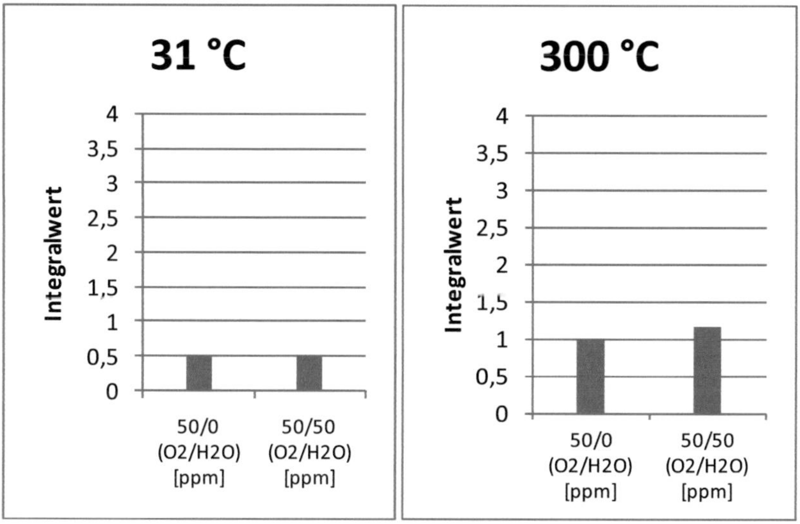

Abbildung 59: Oxidschichtdicken unbehandelter Proben (links)

Abbildung 60: Oxidschichtdicken bei 300 °C und 50 ppm Feuchtigkeit (rechts)

Temperaturanstieg auf 500 °C

Bei Erwärmung der Proben von 300 °C auf 500 °C ist zu erkennen, dass die Oxidschicht der in Feuchtigkeit erwärmten Probe geringfügig stärker wächst als die Probe in der feuchtigkeitsfreien Schutzgasatmosphäre (siehe Abbildung 61). Die Probe, die in Schutzgas bei 50 ppm Sauerstoff erwärmt wird, besitzt eine Oxidschicht von 1,75 [Integralwert]. Dies entspricht einem Wachstum von 250% gegenüber der unbehandelten Probe. Die Probe, welche in Schutzgas bei 50 ppm Sauerstoff und 50 ppm Feuchtigkeit erwärmt wird, besitzt eine Oxidschicht von 2,15 [Integralwert]. Dies entspricht einem Wachstum von 330% gegenüber der unbehandelten Probe.

Temperaturanstieg auf 605 °C

Bei Erwärmung der Proben von 500 °C auf 605 °C ist zu erkennen, dass die maximal erreichte Oxidschichtdicke bei beiden Proben auf ungefähr gleichem Niveau liegen, bei einem Integralwert von ca. 3,5 (siehe Abbildung 62). Dies entspricht dem Maximalwert der Oxidschichtdicke bei der Zieltemperatur von 605 °C (vgl. Abschnitt 6.2). Somit erfolgt bei beiden Proben ein Wachstum der Oxidschicht um ca. 600%. Der bei einer Temperatur von 500 °C bestehende Unterschied der Oxidschichtdicke wird im weiteren Erwärmungsprozess und während der Haltezeit bei 605 °C geschlossen (siehe auch Abbildung 67).

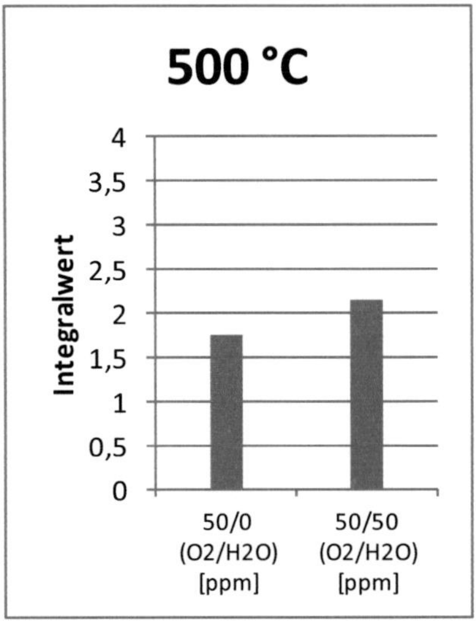

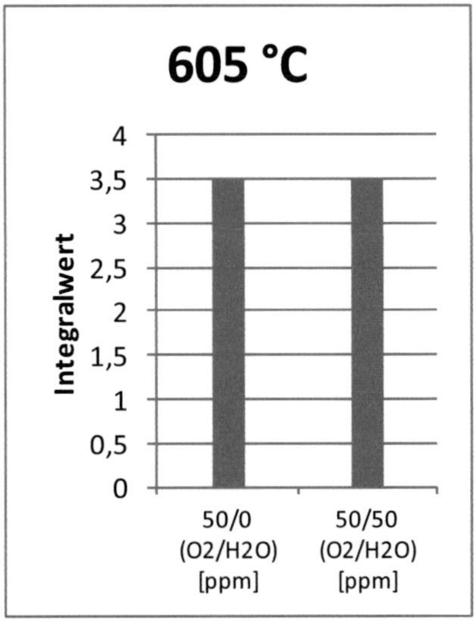

Abbildung 61: Oxidschichtdicken bei 500 °C und 50 ppm Feuchtigkeit (links)

Abbildung 62: Oxidschichtdicken bei 605 °C und 50 ppm Feuchtigkeit (rechts)

6.3.2.2 Vergleich 100 ppm Feuchtigkeit

Nachfolgend dargestellt ist der Vergleich der Proben mit und ohne Feuchtigkeit. Der Feuchtigkeitswert wurde auf 100 ppm erhöht. Der Sauerstoffanteil wurde ebenfalls erhöht und beträgt bei allen Proben 100 ppm. Abbildung 63 bis Abbildung 66 zeigen die Ergebnisse zu den Messungen.

Temperaturanstieg auf 300 °C

Die Versuchsergebnisse im Temperaturbereich bis 300 °C sind vergleichbar mit denjenigen Ergebnissen der 50 ppm Versuche.

Die Messwerte der unbehandelten Proben liegt bei 31 °C Kammertemperatur bei Integralwerten von jeweils 0,5 (siehe Abbildung 63). Bei der Erwärmung der Probe auf 300 °C wächst die Oxidschicht bei einem O_2 Gehalt von 100 ppm ohne Feuchtigkeit in der Atmosphäre um 100% auf einen Integralwert von 1,0 an. Hingegen wächst bei der gleichen Temperatur die Oxidschicht der Probe, bei einem O_2 Gehalt von 100 ppm und

100 ppm Feuchtigkeit in der Atmosphäre geringfügig stärker an als die Probe ohne Feuchtigkeit (siehe Abbildung 64). Das Wachstum erfolgt hierbei um 140% auf einen Integralwert von 1,2 an. Die Messwerte in diesem Temperaturbereich sind somit nahezu identisch mit den Ergebnissen des vorherigen Versuchs mit 50 ppm Feuchtigkeit.

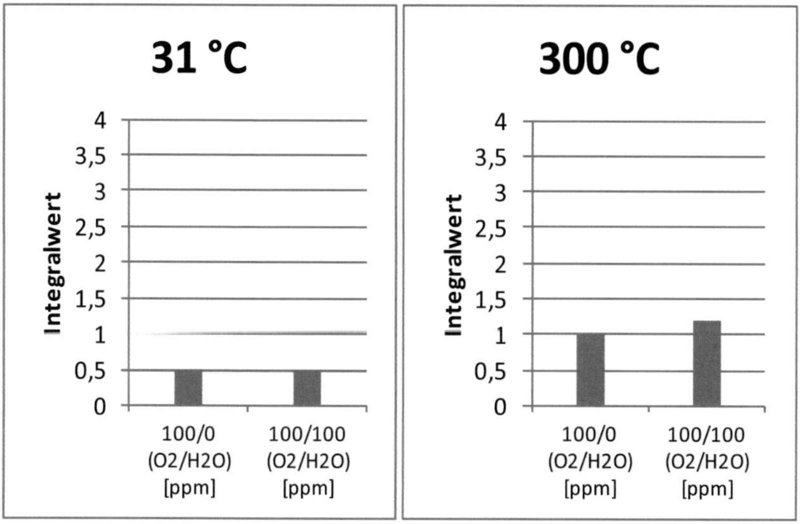

Abbildung 63: Oxidschichtdicken unbehandelter Proben (links)

Abbildung 64: Oxidschichtdicken bei 300 °C und 100 ppm Feuchtigkeit (rechts)

Temperaturanstieg auf 500 °C

Bei Erwärmung der Proben von 300 °C auf 500 °C ist, wie auch bereits im vorherigen Versuch mit 50 ppm Feuchtigkeit, zu erkennen, dass die Oxidschicht der in Feuchtigkeit erwärmten Probe stärker wächst, als die Probe in der feuchtigkeitsfreien Schutzgasatmosphäre. Die Probe, welche in Schutzgas bei 100 ppm Sauerstoff erwärmt wird, besitzt eine Oxidschicht von 1,9 [Integralwert]. Dies entspricht einem Wachstum von 280% gegenüber der unbehandelten Probe. Die Probe, welche in Schutzgas bei 100 ppm Sauerstoff und 100 ppm Feuchtigkeit erwärmt wird, besitzt eine Oxidschicht von 2,35 [Integralwert]. Dies entspricht einem Wachstum von 370% gegenüber der unbehandelten Probe (siehe Abbildung 65).

Temperaturanstieg auf 605 °C

Bei Erwärmung der Proben von 500 °C auf 605 °C ist zu erkennen, dass die maximal erreichte Oxidschichtdicke bei beiden Proben auf ungefähr gleichem Niveau liegt, bei einem Integralwert von ca. 3,5 (siehe Abbildung 66). Dies entspricht dem Maximalwert der Oxidschichtdicke bei der Zieltemperatur von 605 °C (vgl. Abschnitt 6.2).

Somit erfolgt bei beiden Proben ein Wachstum der Oxidschicht um ca. 600%. Der bei 500 °C bestehende Unterschied der Oxidschichtdicke wird, wie im vorherigen Versuch, im weiteren Erwärmungsprozess und während der Haltezeit bei 605 °C nahezu geschlossen.

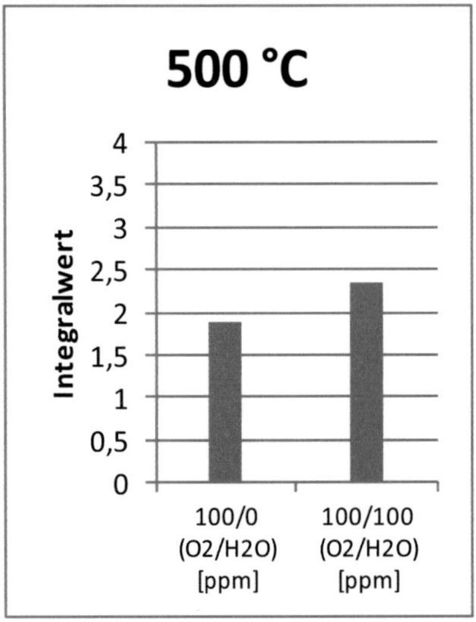

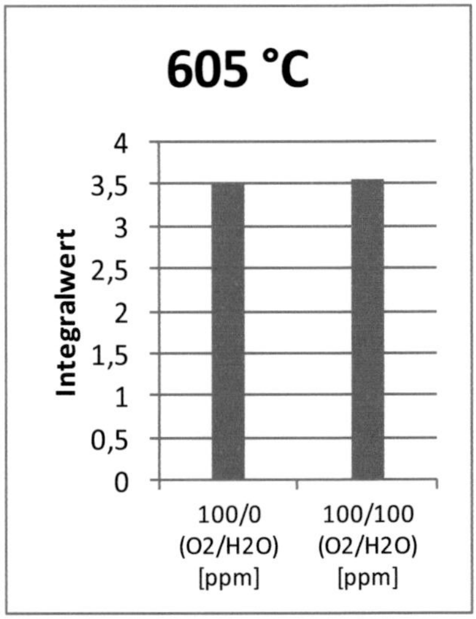

Abbildung 65: Oxidschichtdicken bei 500 °C und 100 ppm Feuchtigkeit (links)

Abbildung 66: Oxidschichtdicken bei 605 °C und 100 ppm Feuchtigkeit (rechts)

6.3.3 Zusammenfassung der Resultate zur Oxidationsgeschwindigkeit

Die Versuchsergebnisse zeigen eine Zunahme der Oxidationsgeschwindigkeit von Aluminium unter Einfluss von Feuchtigkeit in einer Schutzgasatmosphäre. Hierbei zeigt sich, dass im Temperaturbereich bis 300 °C nur ein geringer Einfluss auf die Oxidationsgeschwindigkeit vorhanden ist. Im Temperaturbereich von 300 bis ca. 490 °C ist ebenfalls ein geringer Unterschied in den Oxidationsraten ersichtlich, der mit Annäherung an eine Temperatur von 490 °C stärker wird. Bei einer Temperatur von ca. 500 °C liegt ein deutlich sichtbarer Unterschied der Oxidschichtdicke vor, welcher mit Annäherung an die Maximaltemperatur von 605 °C wieder geringer wird (siehe Abbildung 67). Der Einfluss von Feuchtigkeit in der Atmosphäre auf die Oxidschicht, bzw. auf die Oxidationsgeschwindigkeit, ist im Bereich von 500 °C am größten.

Ein Einfluss auf die maximale Oxidschichtdicke durch Feuchtigkeit in der Atmosphäre kann aufgrund der Versuchsergebnisse ausgeschlossen werden. Die Oxidschichtdicken beider Proben nähern sich mit unterschiedlichen Oxidationsgeschwindigkeiten im Temperaturbereich oberhalb von 550 °C einem Maximalwert von jeweils 3,5 [Integralwert] an.

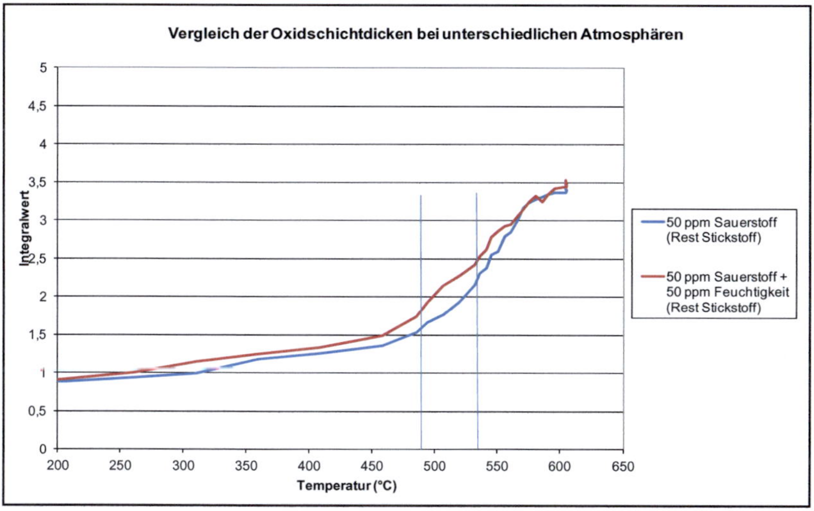

Abbildung 67: Oxidationsgeschwindigkeit unter Einfluss von Feuchtigkeit.

Die Ergebnisse zeigen auch, dass mit zunehmender Konzentration an Feuchtigkeit in der Atmosphäre die oxidationsbeschleunigende Wirkung von Feuchtigkeit größer wird. Dies zeigen die bei 100 ppm Feuchtigkeit erzeugten Oxidschichten, im Vergleich zu den bei 50 ppm Feuchtigkeit erzeugten Oxidschichten (bei 500 °C). Dies gilt für die untersuchten Parameter und atmosphärischen Bedingungen. Ob dieser Effekt auch für höhere Konzentrationen gilt, kann aus den durchgeführten Experimenten nicht abgeleitet werden.

6.4 Bestimmung der Hydroxidschicht nach Wasserlagerung

Bei den Experimenten, die im Rahmen dieser Arbeit durchgeführt werden, bildet die Einflussanalyse von Feuchtigkeit auf das Oxidschichtwachstum und die hieraus resultierende Lötbarkeit den Schwerpunkt. Hierbei wird zum einen der Einfluss von Feuchtigkeit in der Umgebungsatmosphäre einer Probe während einer thermischen Behandlung und zum anderen der Einfluss einer Wasserlagerung in Verbindung mit einer nachgelagerten thermischen Behandlung untersucht. Bei den wasserbehandelten Proben stellt sich die Frage, ob während der Wasserlagerung das Wasser in die Oberfläche eindringt und dort ungebunden verbleibt, oder ob das Wasser während der Wasserlagerung mit der Aluminiumoxidschicht zu hydroxidischem Oxid reagiert.

Die Reaktionen und Abläufe zum Hydratisierungsprozess wurden in Kapitel 3 ausführlich beschrieben. Hierbei wurde aufgezeigt, dass Luftfeuchtigkeit sowie Kondensation auf der Aluminiumoberfläche die Aluminiumoxidschicht hydratisieren kann (siehe hierzu Gleichung 2.18 bis Gleichung 2.22). Ebenfalls wurde dargestellt, dass sich die hydratisierte Schicht bei höheren Temperaturen in kristallines Aluminiumoxid umwandelt und hierbei das Wasser als Teil des Reaktionsprodukts entsteht.

Somit kann bei den Aluminiumoxidmessungen, die während der thermischen Behandlung erfolgen, sowie bei den Messungen, die nach einer thermischen Behandlung erfolgen, das detektierte Aluminiumoxid zum einen aus der direkten Reaktion mit Sauerstoff entstanden sein, oder zum anderen als Reaktionsprodukt der Entwässerung der hydratisierten Deckschicht. Eine Kombination beider Vorgänge kann aufgrund der in Kapitel 3 vorgestellten Zusammenhänge ebenfalls erfolgen.

Im Rahmen dieser Arbeit werden grundsätzlich Zeiträume einer Wasserbehandlung von bis zu 24 Stunden untersucht. Anhand des nun vorgestellten Experiments soll aufgezeigt werden, ob eine Hydratisierung innerhalb dieses Zeitraums erfolgt und in welchem Maß. Diese Information ist für die Bewertung der später beschriebenen Wasserlagerungsversuche von entscheidender Bedeutung.

Die Messung der Hydroxidschicht erfolgt anhand einer XPS-Analyse mit der die Unterscheidung von Aluminiumoxid und Hydroxid möglich ist. In den weiteren Experimenten wird zur Oxidschichtbestimmung das FTIR-Messverfahren verwendet, da insbesondere die In-situ-Messung während einer thermischen Behandlung erforderlich ist (siehe hierzu auch Abschnitt 5.4).

6.4.1 Versuchsbeschreibung

Um Kenntnis über den Umfang der Hydratisierung zu erlangen, sollen Proben für unterschiedlich lange Zeiten einer Wasserbehandlung unterzogen und anschließend die Oxidschicht- und Hydroxidschichtdicke bestimmt werden. Hierzu werden Aluminiumproben für eine Zeit von 5 Minuten, sowie für 24 Stunden bei Raumtemperatur mit Wasser benetzt und in verschlossenen Glasbehältern gelagert. Für die Proben wird der unplattierte Werkstoff D verwendet.

6.4.2 Versuchsergebnisse zur Bestimmung der Hydroxidschicht

Abbildung 68 bis Abbildung 71 zeigen die Signallinien der XPS-Messung für wassergelagerte Proben. Abbildung 69 und Abbildung 71 verdeutlichen hierbei hochaufgelöst die Signallinien des Al-Peaks. Anhand der Verteilung der Signallinien kann durch eine mathematische Aufteilung der Verhältnisse von Al, Al_2O_3 und Hydroxiden eine Schichtdicke der Oxide errechnet werden [73].

Tabelle 10 zeigt diese Verteilung für eine 5 Minuten und eine 24 Stunden dauernde Wasserbehandlung. Bei der Betrachtung der Resultate fällt auf, dass die gleichen Anteile des Al_2O_3 bei beiden Behandlungsdauern vorliegen. Somit besteht kein Schichtwachstum des Aluminiumoxids durch die Wasserlagerung. Dieses Verhalten entspricht den in Kapitel 3 beschrieben Zusammenhängen, welche zeigen, dass ein Oxidschichtwachstum durch Reaktion von Sauerstoff und Aluminium entsteht.

Der Wert der hydratisierten Schicht $Al(OH)_3$ und $AlO(OH)$ steigt hingegen von einem Wert von 8,3 % auf 12.6 %, was einem Wachstum von ca. 50 % entspricht. Der zunehmende hydratisierte Bestandteil der Oberfläche reduziert den vorhandenen Anteil an Aluminium. Diese Reaktion entspricht ebenfalls den in Kapitel 3 beschriebenen Zusammenhängen.

Tabelle 11 zeigt die Umrechnung der Werte aus Abbildung 68 und Abbildung 70 zu Schichtdicken. Für beide Wasserbehandlungen liegt eine Schichtdicke vor, die einer natürlichen Deckschicht entspricht. Die Schichtdicke der Hydroxidschicht liegt für beide Behandlungszeiträume im Bereich von 1,0 nm - 1,5 nm. Die Berechnung dieser Schichtdicke ist aufgrund von statistischen Elementen potentiell fehlerbehaftet, das Ergebnis kann aber als Indikator für ein generell geringes Schichtdickenniveau der Hydroxidschicht herangezogen werden. Eine Unterscheidung von $Al(OH)_3$ zu $AlO(OH)$ ist mit dieser Methode nicht möglich, ist aber für das hier vorliegende Untersuchungsziel nicht bedeutend.

Somit kann festgehalten werden, dass durch die Lagerung in Wasser kein Aluminiumoxid entsteht. Die hydratisierte Schicht hingegen wächst während einer Wasserlagerung. Die 24 Stunden Wasserlagerung erhöht die Schichtdicke um ca. 50 %. Jedoch ist das absolute Schichtniveau sehr gering und mit einem Bereich von 1 - 1,5 nm auf dem Niveau einer natürlichen Deckschicht.

Festgehalten werden kann auch, dass der Einfluss einer Wasserlagerung unter den beschriebenen Bedingungen einen generell geringen Einfluss auf die Hydroxidschichtdicke erzeugt und somit für die weitere Untersuchungen vernachlässigt werden kann. Unbeantwortet bleibt hierbei die Frage, ob Wasser in der Aluminiumoberfläche eingelagert werden kann. Dies wird im Rahmen eines weiteren Experiments zu einem späteren Zeitpunkt der Arbeit dargestellt (siehe Abschnitt 6.8).

Tabelle 10: Messdaten XPS

	Al	Al_2O_3	$Al(OH)_3$ bzw. AlO(OH)
5 Minuten Wasserbehandlung	29,9 %	61,8 %	8,3 %
24 Stunden Wasserbehandlung	25,6 %	61,8 %	12,6 %

Tabelle 11: Schichtdicke (Deckschicht)

Dauer der Wasserlagerung	Schichtdicke der Deckschicht
5 Minuten Wasserbehandlung	1,0 - 1,5 nm
24 Stunden Wasserbehandlung	1,0 - 1,5 nm

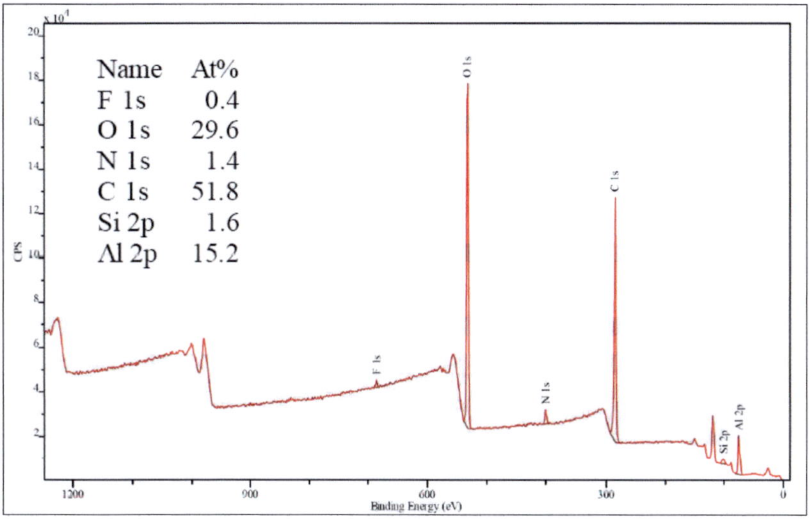

Abbildung 68: XPS Analyse – nach 5 Minuten Wasserbehandlung (^{18}O) [72]

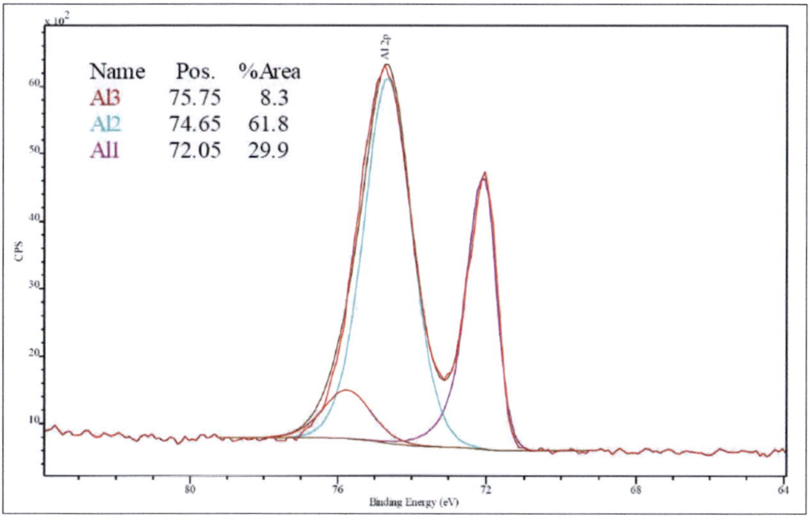

Abbildung 69: XPS Analyse – hochaufgelöster Al-Peak nach 5 Minuten Wasserbehandlung (^{18}O) [72]

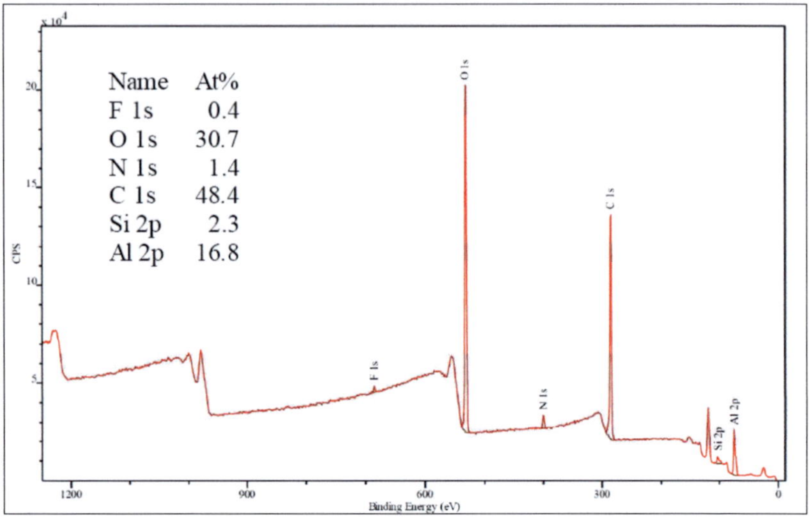

Abbildung 70: XPS Analyse – nach 24 Stunden Wasserbehandlung (^{18}O) [72]

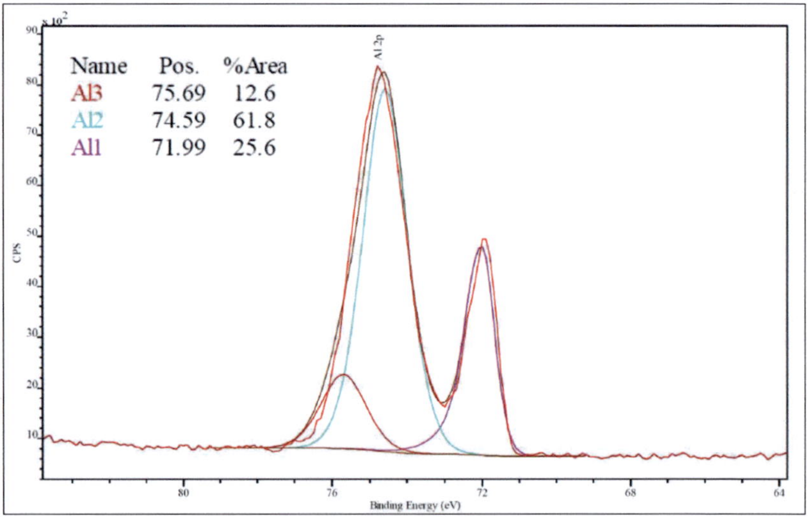

Abbildung 71: XPS Analyse – hochaufgelöster Al-Peak nach 24 Stunden Wasserbehandlung (^{18}O) [72]

6.5 Einfluss von Wasserlagerung auf das Oxidschichtwachstum und deren Einfluss auf die Lötbarkeit

6.5.1 Versuchsbeschreibung

Mit diesem Experiment soll die Auswirkung unterschiedlich langer Wasserbehandlungen bei anschließender thermischer Behandlung auf das Oxidationsverhalten, sowie die hieraus resultierende Lötbarkeit bestimmt werden. Bei den zuvor durchgeführten Experimenten lag der Schwerpunkt auf der Analyse des Einflusses von Feuchtigkeit in der Atmosphäre. Hierzu wurden trocken gelagerte Aluminiumproben in unterschiedlich feuchten Atmosphären einer thermischen Behandlung unterzogen. Somit konnte gezielt der Einfluss von Feuchtigkeit in der Atmosphäre bewertet werden.

Bei diesem Experiment liegt der Schwerpunkt auf der Analyse des Einflusses von Feuchtigkeit in der Aluminiumoberfläche. Hierzu werden Aluminiumproben für unterschiedlich lange Zeiten in Wasser gelagert und anschließend in einer trockenen Stickstoffatmosphäre einer thermischen Behandlung unterzogen. Somit kann gezielt der Einfluss von Feuchtigkeit aus der Aluminiumoberfläche bestimmt werden.

Hierfür werden Aluminiumproben in Wasser gelagert und anschließend im Glasofen auf eine Temperatur von 605 °C erwärmt. Als Schutzgas kommt Stickstoff zum Einsatz, mit einem Sauerstoffanteil von 12 ppm. Die Lagerung der Proben erfolgt in deionisiertem Wasser bei einem konstanten pH-Wert von 6,4 und Normalatmosphäre sowie Normaldruck. Die Lagerdauer unter Wasser variiert zwischen 5 Minuten und 24 Stunden bei einer Wassertemperatur von 25 °C.

Es werden bewusst kurze Lagerungszeiträume gewählt, da zum einen der Einfluss von Wasserbehandlungsvorgängen in der industriellen Verarbeitung, wie zum Beispiel wässrige Entfettungen oder Sprühbehandlungen mit Suspensionen in ihrer Auswirkung auf die Aluminiumoberfläche untersucht werden und zum anderen das Entstehen von hydratisierten Schichten und deren Einfluss nicht im Vordergrund der Untersuchung stehen. Tabelle 12 zeigt die Lagerzeiten der jeweiligen Werkstoffe unter Wasser. Der Aufheizvorgang erfolgt unmittelbar nach der Probenentnahme aus dem Wasserbad. Eine weitere Auslagerung an der Sauerstoffatmosphäre nach dem Wasserbad wird bewusst vermieden, damit keine Reaktion der feuchten Oberfläche mit der Normalatmosphäre erfolgt.

Um die Auswirkung der Wasserbehandlung auf die Oxidschichtdicke bestimmen zu können, werden die erzeugten Proben nach Abkühlung auf Raumtemperatur mittels FTIR-Analyse untersucht. Hierbei kommen der bereits in den vorherigen Experimenten eingesetzte magnesiumfreie Werkstoff D, sowie der magnesiumhaltige Werkstoff A zum Einsatz. Letzterer wird verwendet, um die Auswirkung der Wasserlagerung auf magnesiumhaltige Aluminiumlegierungen bewerten zu können.

Um die Auswirkung der Wasserbehandlung auf die Lötbarkeit der hieraus resultierenden Oberflächen bestimmen zu können, werden Winkelproben erstellt. Anhand dieser erfolgt die Auswertung hinsichtlich der Hohlkehlen, sowie des Verlötungsgrades (siehe Abschnitt 5.5.4). Die Materialauswahl hierbei erfolgt wie bei den vorherigen Versuchen zur Beurteilung der Lötbarkeit. Somit bestehen diese Proben aus dem Grundmaterial B1 mit Lotplattierung B 2 sowie aus dem Winkelblech D (Tabelle 5).

Tabelle 12: Lagerdauer unter Wasser für Oxidschichtmessungen

	Lagerdauer unter Wasser [Minuten]						
	0	5	30	60	600	1200	1440
Werkstoff D ohne Mg	X	X	X	X	X	X	X
Werkstoff A mit Mg	X	X	-	X	-	-	X
Winkelprobe	X	X	-	X	-	-	X

Versuchsergebnisse zur Wasserlagerung (Mg-freier Aluminiumwerkstoff)

Abbildung 72 zeigt die grafische Auswertung der Spektren der D Proben. Als Referenz wird eine Probe ohne vorherige Wasserlagerung auf 605 °C erhitzt und unter Zuhilfenahme der FTIR-Spektroskopie auf ihre Oxidschicht untersucht. Die Oxidschicht hat hierbei einen Integralwert von 2,7 und wird für die folgenden Auswertungen als Referenz verwendet.

Bei einer Lagerungszeit unter Wasser von 5 sowie von 30 Minuten zeigt sich eine Erhöhung der Oxidschichtdicke auf einen Integralwert von jeweils 3,2. Dies entspricht einem Wachstum von ca. 19 %. Eine Lagerung von 60 Minuten bewirkt ein Wachstum der Oxidschicht auf einen Integralwert von 3,4 was einem Wachstum von ca. 26 % entspricht. Bei einer Lagerung von 600 Minuten liegt ein Integralwert von 3,6 vor, was einem Oxidschichtwachstum von ca. 33 % entspricht. Eine Erhöhung der Lagerungszeit auf 1200 und 1440 Minuten führt zu einem Anstieg des Integralwerts auf jeweils 3,7 was einem Wachstum von ca. 37 % entspricht. Ein Unterschied zwischen der 1200 Minuten und 1440 Minuten gelagerten Probe ist nicht zu messen.

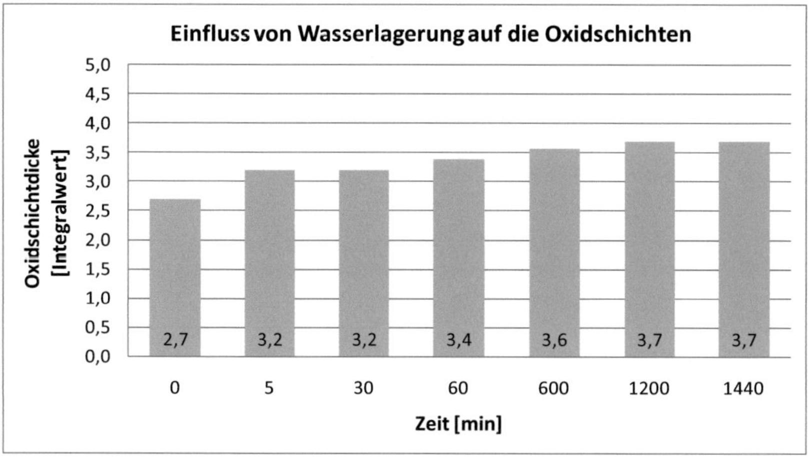

Abbildung 72: Oxidschichtdicken nach Wasserlagerung (Material D)

Versuchsergebnisse zur Wasserlagerung (Mg-haltiger Aluminiumwerkstoff)

Abbildung 73 zeigt die Auswertung der Spektren der magnesiumhaltigen A-Proben. Der Versuchsumfang wurde aufgrund der Erkenntnisse aus dem Mg-freien Werkstoff entsprechend reduziert. Die Lagerungszeiten wurden daher auf 0, 5, 60 und 1440 Minuten gesetzt. Die auf der Probe 0 Minuten vorhandene Oxidschicht wird als Referenzwert für die Auswertung verwendet. Dieser liegt für Aluminiumoxid bei 2,7 und für Magnesiumoxid bei 4,9.

Bei der Probe, welche für eine Dauer von 5 Minuten in Wasser gelagert wurde, wächst während der thermischen Behandlung die Aluminiumoxidschicht gegenüber der nicht wasserbehandelten Probe um 15 %, auf einen Integralwert von 3,1. Das gemessene Magnesiumoxid liegt bei dieser Probe bei einer Peakhöhe von 4,5. Dies entspricht einer ca. 8 % geringeren Magnesiumoxidschichtdicke, verglichen mit der Referenzprobe.

Bei einer Lagerzeit von 60 Minuten unter Wasser erhöht sich der gemessene Wert der Aluminiumoxidschicht auf einen Integralwert von 3,7. Dies entspricht einer Erhöhung von ca. 37 % gegenüber der nicht wasserbehandelten Probe. Die gemessene Magnesiumoxidschicht ist bei dieser Probe nochmals geringer, der Peakwert liegt diesmal bei 2,3. Dies bedeutet eine um 53 % geringere Magnesiumoxidschicht, verglichen mit der Referenzprobe.

Nach einer Lagerzeit von 1440 Minuten unter Wasser liegt eine um ca. 119 % dickere Aluminiumoxidschicht vor, im Vergleich zur Referenzprobe. Der Integralwert liegt bei dieser Probe bei 5,8. Die Magnesiumoxidschicht liegt bei dieser Probe auf ungefähr dem Niveau der Probe mit 60 Minuten Wasserlagerung. Die gemessene Magnesiumoxidschichtdicke liegt bei einem Peakwert von 2,2, was einer um 55 % geringeren Magnesiumoxidschichtdicke gegenüber der Referenzprobe entspricht.

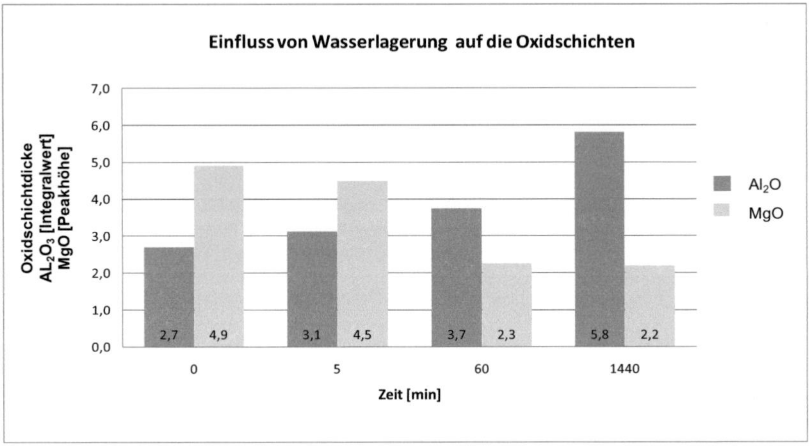

Abbildung 73: Oxidschichtdicken nach Wasserlagerung (Material A)

6.5.2 Zusammenfassung der Resultate zum Oxidschichtwachstum

Die Versuchsergebnisse zum Mg-freien Aluminium zeigen, dass bereits bei einer Lagerdauer von 5 Minuten in Wasser ein deutlicher Einfluss auf die maximale Oxidschichtdicke nach einer thermischen Behandlung erzeugt wird. Hierbei zeigt sich eine Zunahme der maximalen Aluminiumoxidschichtdicken von ca. 19 %. Aufgrund der kurzen Kontaktzeit mit Wasser kann eine Hydratisierung der Aluminiumoberfläche vor der thermischen Behandlung ausgeschlossen werden (siehe hierzu Kapitel 6.4).

Bei den Proben mit Lagerzeiten von 600 Minuten bis 1440 Minuten kann die Stärke der hydratisierten Deckschicht als gering eingestuft werden. Die gemessenen maximalen Aluminiumoxidschichtdicken von 3,7 (Intergralwert) deuten ebenfalls nicht auf relevante Mengen an hydratisierten Oxidschichten hin. Diese würden im Aufheizprozess entwässern und zu Al_2O_3 umwandeln. Aus vergangenen Arbeiten ist bekannt, dass dies zu erheblich dickeren maximalen Oxidschichten führen kann, in Abhängigkeit von der Stärke der hydratisierten Deckschicht [22]. Ab einer Lagerzeit in Wasser von ca. 600 Minuten zeigen die Versuche ein vergleichbares Niveau, bezogen auf die Oxidschichtdicke nach der thermischen Behandlung (siehe Abbildung 72).

Die Versuchsergebnisse deuten auf eine Wasseraufnahme der Aluminiumoberfläche hin, welches während des Aufheizungsprozesses aus der Oberfläche ausgetrieben wird. Hierfür spricht insbesondere der deutliche Einfluss der 5 Minuten Wasserlagerung auf die Oxidschichtdicke nach der thermischen Behandlung. Bei dieser Dauer der Wasserbehandlung kann eine Reaktion von Aluminiumoxid und Wasser zu Aluminiumhydroxid, in relevanten Dimensionen, ausgeschlossen werden. Die Differenz der Oxidschichtdicken nach dem Aufheizen einer Probe, welche 5 Minuten unter Wasser gelagert wurde, zu einer Probe welche 1440 Minuten unter Wasser gelagert wurde, beträgt 9 %. Dieser Einfluss, bezogen auf die hierbei deutlich längere Lagerdauer, ist eher gering, verglichen mit dem Einfluss einer 5 Minuten in Wasser gelagerten Probe. Dieser Einfluss könnte durch ein tieferes Eindringen des Wassers in die Werkstoffoberfläche begründet sein, wodurch die Menge des eingelagerten Wassers erhöht wird, und während des Aufheizens zu einer stärkeren und oder längeren Anreicherung an Feuchtigkeit der Umgebungsatmosphäre führt.

In einem später dargestellten Experiment wird die Menge an eingelagertem Wasser in der Werkstoffoberfläche und deren Bindungsform dargestellt und in Zusammenhang mit diesen Ergebnissen gestellt (siehe Abschnitt 6.8).

Die Versuchsergebnisse zum Mg-haltigen Aluminium zeigen bei der nicht wasserbehandelten Probe einen deutlich stärkeren Peakwert der Schichtdickenmessung für Magnesiumoxid, als für Aluminiumoxid. Diese Reaktion ist in den aktuell verfügbaren Arbeiten ausführlich beschrieben und ist im Wesentlichen begründet in der höheren Mobilität von Magnesium gegenüber Aluminium bei Temperaturen oberhalb von 400 °C [22]. Dadurch diffundiert das Magnesium an die Werkstoffoberfläche und bildet Magnesiumoxid durch die Reaktion mit Sauerstoff. Die Ausbildung des Magnesiumoxids erfolgt somit direkt auf der Werkstoffoberfläche, teilweise auch auf dem Aluminiumoxid [22]. Der Sauerstoff kann hierbei direkt aus der Umgebungsatmosphäre stammen, oder in gebundener Form in CO_2 oder H_2O vorliegen [59].

Bei den wassergelagerten Proben erhöht sich die Dicke der Aluminiumoxidschicht mit zunehmender Dauer der Wasserlagerung. Umgekehrt verhält sich die Dicke des Magnesiumoxids. Hier nimmt der gemessene Wert mit zunehmender Dauer der Wasserlagerung ab. Die Autorin Zähr [22] erwähnt dieses rückläufige Verhalten in ihrer Arbeit und vermutet, dass hydroxidische Bindungsformen die Diffusion und Oxidation von Magnesium an der Werkstoffoberfläche verringern, untersucht dies aber nicht weiter [22].

Aus den Versuchsergebnissen in Abschnitt 6.3 und den Ergebnissen der Wasserlagerung von Mg-freiem Aluminium ist ersichtlich, dass unter den gegebenen Prozessbedingungen sich eine maximale Aluminiumoxidschichtdicke von ca. 3,5 (Integralwert) einstellt (siehe Abbildung 74). Die Messwerte der Aluminiumoxidschicht des Mg-haltigen Aluminiumwerkstoffes zeigen deutlich höhere Werte. Die maximale Dicke der Aluminiumoxidschicht liegt hier bei einem Integralwert von 5,8.

Unter Annahme der von Zähr [22] vermuteten Verringerung der Mg-Diffusion durch hydroxidische Bindungsformen wäre ein Einbau der Mg-Oxide in die Aluminiumoxidschicht möglich, was zu einer Reduzierung sowohl des Mg-Peaks bei der FTIR-Analyse, als auch zu einem erhöhten Messergebnis der Aluminiumoxidschicht führen würde. Die Untersuchung dieser Reaktion und der damit verbundenen Zusammenhänge werden in dieser Arbeit nicht weiter verfolgt. Festgehalten werden kann jedoch, dass die verwendete Mg-haltige Aluminiumlegierung bei Wasserlagerung deutlich stärkere Aluminiumoxid-schichten erzeugt, als die verwendete Mg-freie Aluminiumlegierung (siehe Abbildung 74).

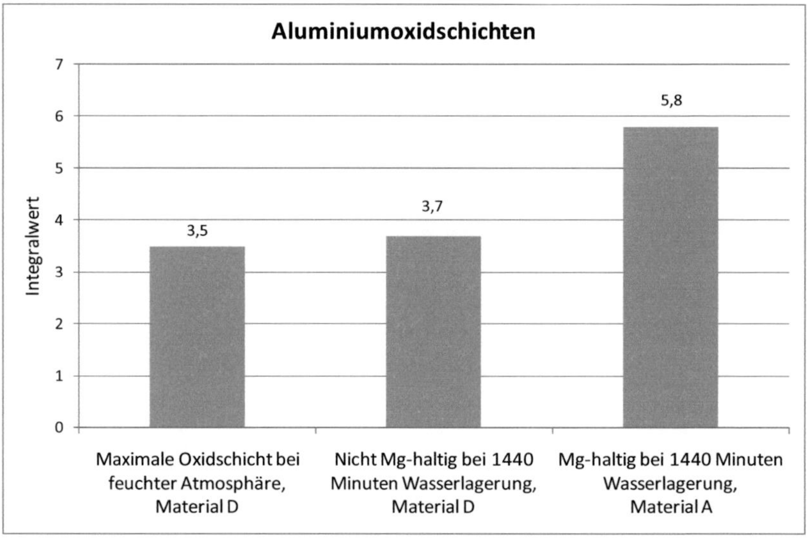

Abbildung 74: Dicke der Aluminiumoxidschichten

6.5.3 Versuchsergebnisse zur Lötbarkeit

Im Rahmen dieses Experiments wurden Winkelproben in Zeitperioden von 5, 60 und 1440 Minuten in deionisiertem Wasser gelagert und anschließend mittels eines Labor-Glasofens gelötet. Die Bewertung der Proben erfolgt anhand von metallographischen Schliffen, wie in Abschnitt 5.5.4 dargestellt. Alle Einzelbilder befinden sich vergrößert im Anhang. Die bei allen Proben gut sichtbaren Hohlkehlen lassen auf eine generell gute Lötqualität schließen (siehe Abbildung 72). Die nicht wasserbehandelte Probe wird als Referenz für die Bewertung der Lötbarkeit herangezogen.

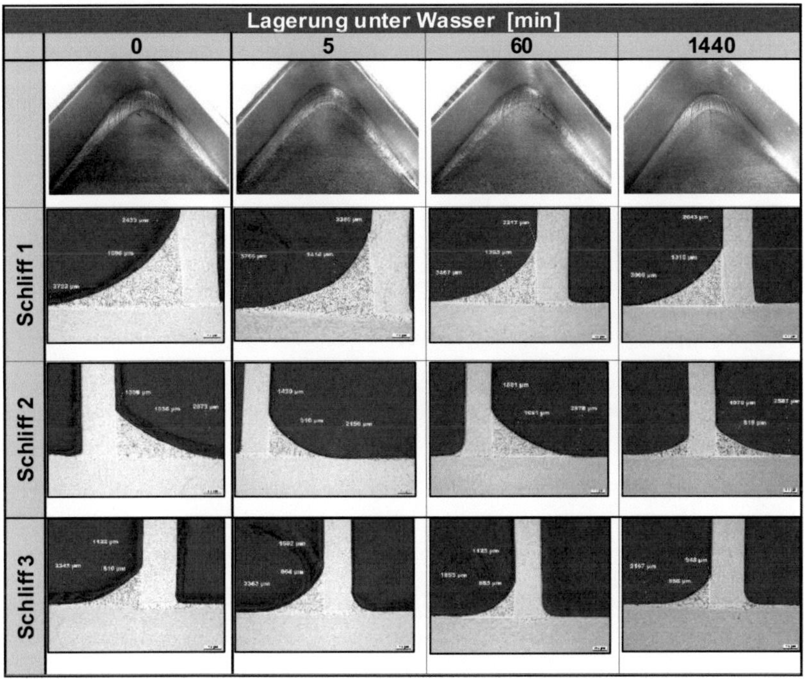

Abbildung 75: Auswertung von in Wasser gelagerten Lötproben

Die Schliffposition 1 befindet sich im Radius des Winkelprofils (siehe Abschnitt 5.5.4). Die Ergebnisse zeigen, dass bei zunehmender Lagerungsdauer in Wasser die Ausprägung der Hohlkehle abnimmt. Die nicht in Wasser gelagerte Referenzprobe hat eine Diagonale der Hohlkehle von 1596 µm, die 5 Minuten Probe von 1414 µm, die 60 Minuten Probe von 1365 µm und die 1440 Minuten von Probe 1310 µm. Somit hat die Probe, welche 1440 Minuten in Wasser gelagert wurde, eine um 18% geringe Hohlkehle als die Referenzprobe.

Die Schliffposition 2 befindet sich in der Mitte des linken Schenkels des Winkelprofils. Hier zeigt sich ein ähnlicher Rückgang der Hohlkehlen wie bei Schliffposition 1. Die nicht in Wasser gelagerte Referenzprobe besitzt eine Diagonale der Hohlkehle von 1036 µm, die 5 Minuten Probe von 910 µm, die 60 Minuten Probe von 1091 µm und die 1440 Minuten von Probe 819 µm. Somit hat die Probe, welche 1440 Minuten in Wasser gelagert wurde, eine um 21% geringere Hohlkehle als die Referenzprobe.

Bei der Schliffposition 3, in der Mitte des rechten Schenkels des Winkelprofils, zeigt sich ebenfalls ein Rückgang der Hohlkehlen auf vergleichbarem Niveau wie zuvor beschrieben. Die Referenzprobe hat hier eine Diagonale der Hohlkehle von 810 µm.

Bei der 5 Minuten Probe liegt eine Diagonale von 954 µm vor, bei der 60 Minuten Probe eine Diagonale von 685 µm, bei der 1140 Minuten Probe eine Diagonale von 666 µm. Somit hat die Probe, welche 1440 Minuten in Wasser gelagert wurde, eine um 18% geringere Hohlkehle als die Referenzprobe.

6.5.4 Zusammenfassung der Resultate zur Lötbarkeit

Abbildung 76 zeigt den Rückgang der Hohlkehlen bei zunehmender Wasserlagerung. Die durchschnittliche Hohlkehlenreduzierung bei einer Probe mit 1440 Minuten Wasserlagerung beträgt ca. 19% gegenüber einer unbehandelten Probe.

Bezüglich der Lötbarkeit nach einer Wasserbehandlung kann zusammenfassend festgehalten werden, dass der Einfluss einer Wasserlagerung, ohne anschließende Auslagerung an Normalatmosphäre, zwar eine Reduzierung der Hohlkehlen bewirkt, daher die Lötbarkeit reduziert wird, dies jedoch im Rahmen der untersuchten Parameter nicht zu einer fehlerbehafteten Lötverbindung führt. Die erzeugten Lötproben sind alle gut verlötet und besitzen eine deutlich sichtbare Hohlkehle.

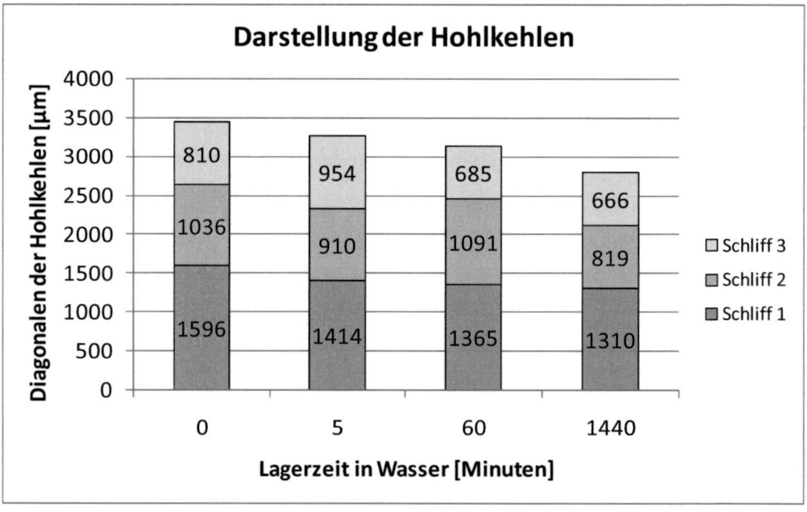

Abbildung 76: Darstellung der Hohlkehlen bei Wasserlagerung

6.6 Einfluss der Wasserlagerung mit anschließender Lagerung an Normalatmosphäre auf die Oxidschicht und deren Auswirkung auf die Lötbarkeit

6.6.1 Versuchsbeschreibung zur Oxidschichtdicke

Bei den zuvor beschriebenen Experimenten bezüglich des Einflusses der Wasserlagerung auf das Oxidschichtverhalten sowie auf die Lötqualität, wurden die Versuche unmittelbar nach erfolgter Wasserlagerung durchgeführt. Eine weitere Lagerung an der Sauerstoffatmosphäre ist hierbei bewusst nicht erfolgt, um insbesondere die Einflüsse des in der Werkstoffoberfläche eingelagerten Wassers bewerten zu können.

Bei diesem Experiment wird der Einfluss des hydroxidisch gebundenen Wassers in der Aluminiumoberfläche untersucht. Der Schwerpunkt der Untersuchung liegt hierbei auf der resultierenden Oxidschichtdicke nach erfolgter thermischer Behandlung, sowie der hieraus resultierenden Lötbarkeit.

Hierzu werden alle Aluminiumproben für eine von Dauer 24 Stunden in deionisiertem Wasser gelagert, bei einem konstanten pH-Wert von 6,4 während Normalatmosphäre und unter Normaldruck bei 25 °C Raumtemperatur. Im Anschluss daran erfolgt eine Lagerung an Normalatmosphäre für unterschiedliche Zeiträume:

- 1 Tag an Normalatmosphäre
- 3 Tage an Normalatmosphäre
- 7 Tage an Normalatmosphäre

Die thermische Behandlung auf eine maximale Temperatur von 605 °C erfolgt wie bei den vorherigen Versuchen im Glasofen unter Schutzgas bei einem Sauerstoffanteil von 12 ppm (siehe Abschnitt 5.3). Für die Oxidschichtmessungen wird der unplattierte Werkstoff D eingesetzt (Tabelle 5). Für die Bewertung der Lötbarkeit werden Winkelproben verwendet. Die Grundplatte der Winkelprobe besteht aus dem Material B1 mit Lotplattierung B2 und der Winkel aus dem Material D (siehe Tabelle 5).

Nach Wasserlagerung und anschließender Sauerstofflagerung von 1, 3 und 7 Tagen wurden die Proben im Glasofen gelötet. Das Temperaturprofil hierbei entsprach wiederum der typischen Aufheizkurve eines thermischen Fügevorgangs bis 605 °C. Nach dem Löten wurden die Proben wie in Experiment 2 mittels der Metallographie bewertet.

6.6.2 Versuchsergebnisse zur Oxidschichtdicke

Abbildung 77 zeigt die gemessenen Oxidschichtdicken nach 24 Stunden Wasserlagerung und anschließender Auslagerung an Normalatmosphäre für die jeweils dargestellten Zeiten. Auffällig ist, dass die Probe, welche nach der Wasserbehandlung für drei Tage an Normalatmosphäre ausgelagert wurde, die höchste Oxidschichtdicke nach der thermischen Behandlung aufzeigt. Die Probe, welche nach der Wasserbehandlung für 7 Tage an Normalatmosphäre ausgelagert wurde, besitzt eine geringere Oxidschichtdicke, als die Probe, welche nach der Wasserlagerung für einen Tag an Normalatmosphäre ausgelagert wurde.

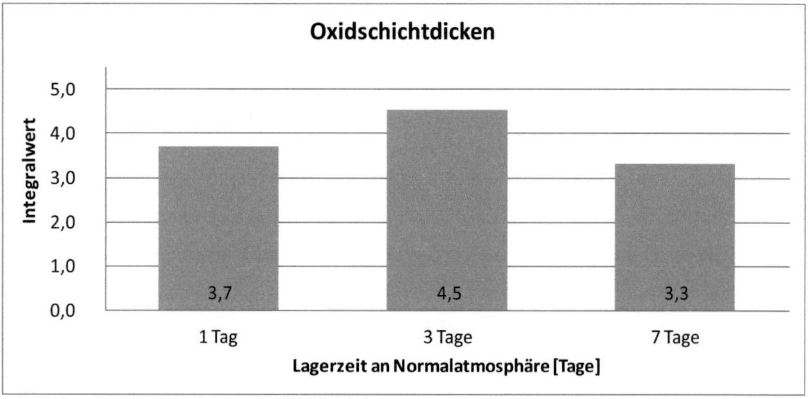

Abbildung 77: Auswertung des Einflusses der Lagerung in Wasser mit anschließender Sauerstofflagerung

6.6.3 Versuchsergebnisse zur Lötbarkeit

Abbildung 78 zeigt die Lötresultate wassergelagerter Proben. Alle Einzelbilder befinden sich vergrößert im Anhang. Die Probe, welche nach 24 Stunden Wasserlagerung noch einen Tag an Normalatmosphäre gelagert wurde, zeigt im Schnitt 1 eine deutliche Hohlkehle mit einer Diagonalen von 912 µm. Hierbei ist zwischen der Grundplatte und dem Winkelblech eine Porenbildung zu erkennen. Ein deutlicher Rückgang der Hohlkehle ist in Schnitt 2 mit einer Diagonale von 339 µm und Schnitt 3 mit einer Diagonale von 473 µm zu erkennen. Schnitt 2 weist, wie Schnitt 1 ebenfalls, dazwischen eine leichte Porenbildung auf.

Die Probe, welche nach 24 Stunden Wasserlagerung noch drei Tage an Normalatmosphäre gelagert wurde, zeigt im Schnitt 1 ebenfalls eine deutliche Hohlkehle mit einer Diagonalen von 824 µm. Wesentlich geringere Hohlkehlen liegen in Schnittposition 2 mit 360 µm und Schnittposition 3 mit 335 µm vor.

Die Probe, welche nach 24 Stunden Wasserlagerung noch 7 Tage an Normalatmosphäre gelagert wurde, zeigt im Schnitt 1 eine Hohlkehle mit einer Diagonalen von 749 µm. An dieser Stelle zeigt sich eine Spaltbildung zwischen Grundplatte und Winkelblech, was auf eine Benetzungsstörung an dieser Stelle hindeutet. Im Schnitt 2 ist keine Hohlkehle vorhanden. Eine Benetzung und gering ausgeführte Diffusionszone sind jedoch vorhanden. In Schnitt 3 liegt eine deutliche Hohlkehle vor, mit einer Diagonalen von 580 µm. Der Kontakt zwischen Grundplatte und Winkel ist an dieser Stelle als gut zu bewerten.

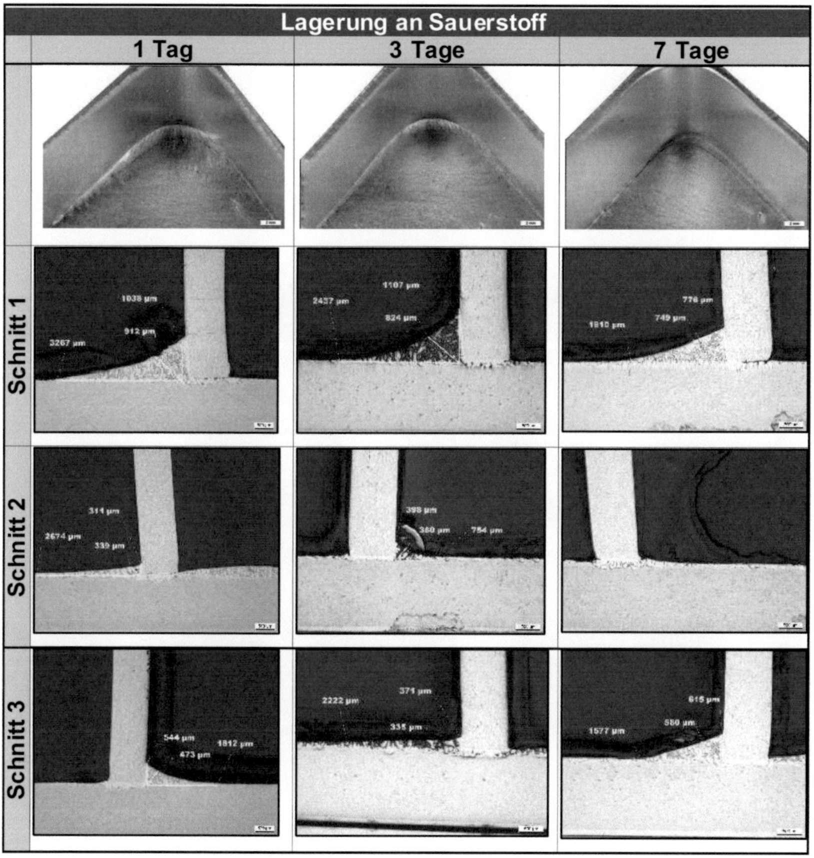

Abbildung 78: Auswertung der Lötproben nach Lagerung in H_2O und Normalatmosphäre

Abbildung 79 zeigt eine Übersicht der Diagonalen der Hohlkehlen. Als Referenz wird eine Probe mit gleicher Wasserlagerung, aber ohne zusätzliche Auslagerung an Normalatmosphäre dargestellt. Die Abbildung verdeutlicht die reduzierte Lötbarkeit durch die zusätzliche Auslagerung an Normalatmosphäre. Die Ausprägung der Hohlkehlen erfolgt bei den an Normalatmosphäre ausgelagerten Proben auf deutlich geringerem Niveau.

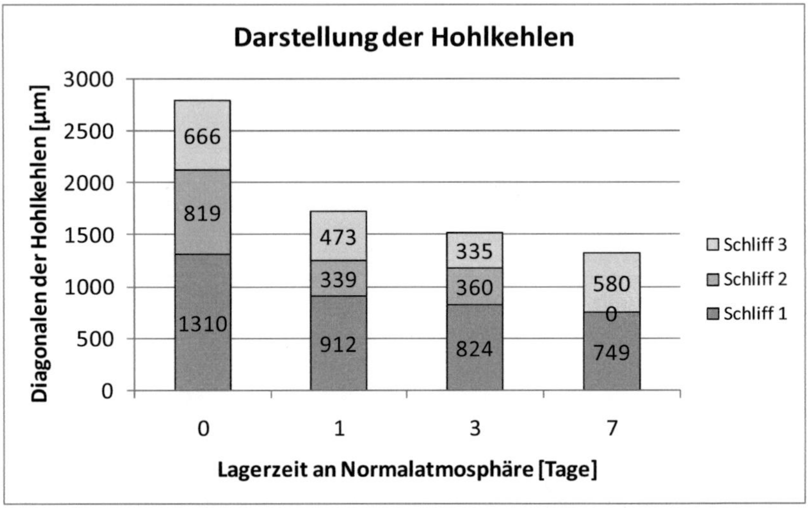

Abbildung 79: Hohlkehlen bei 24 Stunden Wasserlagerung und Auslagerung an Normalatmosphäre

6.7 Einfluss der Wasserlagerung auf das Oxidschichtwachstum während des Aufheizvorgangs

6.7.1 Versuchsbeschreibung

In den beiden vorangegangenen Experimenten zur Wasserlagerung wurden die Oxidschichtdicken nach erfolgter thermischer Behandlung gemessen und verglichen.

Bei diesem Experiment wird der Einfluss der Wasserlagerung auf die Oxidationsgeschwindigkeit während des Aufheizprozesses untersucht. Hierbei soll aufgezeigt werden, welcher Einfluss durch die Lagerung der Aluminiumproben unter Wasser auf das Verhalten der Oxidschicht sowie auf die Oxidationsgeschwindigkeit während des Aufheizprozesses besteht. Die Aufheizanalysen wurden am Innoval Institute in Banbury (UK) [75] durchgeführt.

Hierzu werden Aluminiumproben aus dem Material D in Wasser gelagert und anschließend in der Aufheizkammer eines FTIR-Messgeräts (siehe Abschnitt 5.5.3.1) auf eine Temperatur von 605 °C erwärmt (siehe Abschnitt 5.5.3.1). Hierbei wird Stickstoff mit einem Sauerstoffanteil von 12 ppm als Schutzgas verwendet.

Die Wasserbehandlung der Proben erfolgt in einem temperierten Wasserbad bei 25 °C für folgende Zeiten:

- Ohne Behandlung (Referenzprobe)
- 5 Minuten
- 60 Minuten
- 1440 Minuten (24 Stunden)

Der Aufheizvorgang erfolgt unmittelbar nach der Probenentnahme aus dem Wasserbad, um eine Hydratisierung der Aluminiumoxidschicht während des Kontaktes mit der Umgebungsatmosphäre zu verhindern. Der pH-Wert des Wassers beträgt pH 4,8. Um eine Veränderung des pH-Werts durch eine Reaktion von Wasser und Kohlendioxid zu verhindern, werden die Wasserbehälter während der Lagerung verschlossen, da andernfalls ein Absinken des pH-Werts eintreten würde (siehe Abbildung 80). Eine Veränderung des pH-Werts soll bei diesem Versuch ausgeschlossen werden, da das Reaktionsprodukt auf der Aluminiumoberfläche und deren Löslichkeit in Abhängigkeit des pH-Werts entsteht (siehe Abschnitt 3.14).

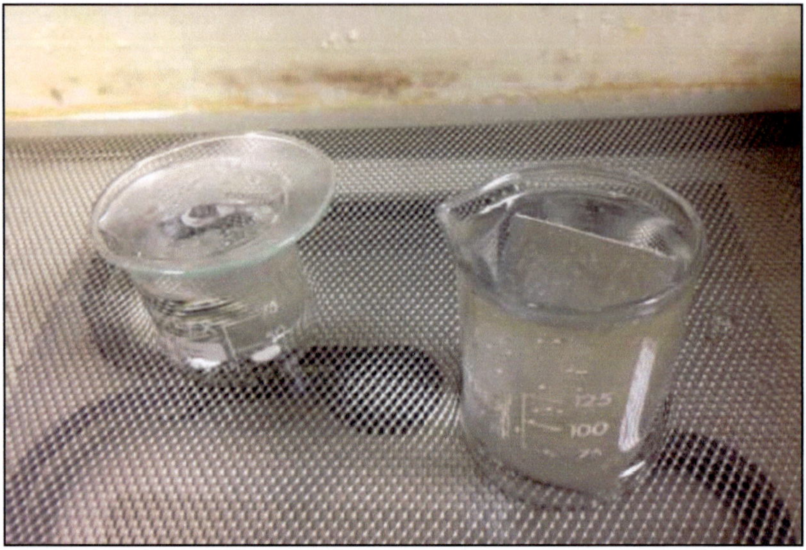

Abbildung 80: Lagerung der Proben unter Wasser (links mit Abdeckung)

6.7.2 Versuchsergebnisse

Abbildung 81 zeigt die Oxidschichtdicken nach unterschiedlich langen Lagerzeiten in Wasser. Die mit 0 Minuten gekennzeichnete Probe ist nicht wasserbehandelt und wird als Referenz zu den wasserbehandelten Proben herangezogen.

Ohne thermische Behandlung, 31 °C

Eine thermische Behandlung dieser Proben ist noch nicht erfolgt. Die Messwerte der Oxidschichten bei einer Kammertemperatur von 31 °C liegen bei Integralwerten von 0,4 bis 0,5. Die Ergebnisse zeigen, dass eine Wasserlagerung unter den gegebenen Parametern bei einer Dauer von bis zu 24 h keine Auswirkung auf die Oxidschichtdicke erzeugt (siehe Abbildung 81).

Temperaturanstieg auf 300 °C

Abbildung 82 zeigt die Oxidschichtdicken bei einer Temperatur von 300 °C. Anhand dieser Darstellung ist zu erkennen, dass die Oxidschichten der in Wasser gelagerten Proben stärker wachsen, als diejenigen der unbehandelten Referenzprobe. Der Messwert der Referenzprobe liegt bei einem Integralwert von ca. 1,0. Die Messwerte der wasserbehandelten Proben liegen einheitlich auf einem Niveau von ca. 1,2. Dies entspricht einem durchschnittlich ca. 25 % stärkeren Wachstum der Oxidschicht der wasserbehandelten Proben im Vergleich zur Referenzprobe.

Temperaturanstieg auf 500 °C

Bei Erwärmung der Proben von 300 °C auf 500 °C ist der deutlichste Unterschied zwischen der Referenzprobe und den wasserbehandelten Proben zu erkennen (siehe Abbildung 83). Die nicht wasserbehandelte Probe besitzt einen Integralwert von ca. 1,6. Im Vergleich hierzu liegen alle wasserbehandelten Proben auf ungefähr gleichem, jedoch deutlich höherem Niveau, die Integralwerte liegen bei ca. 2,2 und 2,3. Somit besteht bei einer Temperatur von 500 °C ein stärkeres Wachstum der wasserbehandelten Proben gegenüber der Referenzprobe von ca. 39 %.

Temperaturanstieg auf 605 °C

Abbildung 84 zeigt die Oxidschichtdicken bei einer Temperatur von 605 °C. Der Darstellung ist zu entnehmen, dass die Oxidschichtdicken der wasserbehandelten Proben auf ungefähr gleichem Niveau liegen. Der gemessene Integralwert liegt zwischen 3,6 und 3,7. Die nicht wasserbehandelte Probe hat bei dieser Temperatur eine gemessene Oxidschichtdicke von 3,5 (Integralwert). Somit liegt bei den wasserbehandelten Proben und einer Temperatur von 605 °C eine geringfügig dickere Oxidschicht vor. Diese ist, bezogen auf den Durchschnitt der wasserbehandelten Proben, um ca. 4 % dicker als die Oxidschicht der Referenzprobe. Somit gleichen sich die unterschiedlichen Oxidschichtdicken im weiteren Temperaturverlauf sowie der Haltezeit bei 605 °C im Wesentlichen aus.

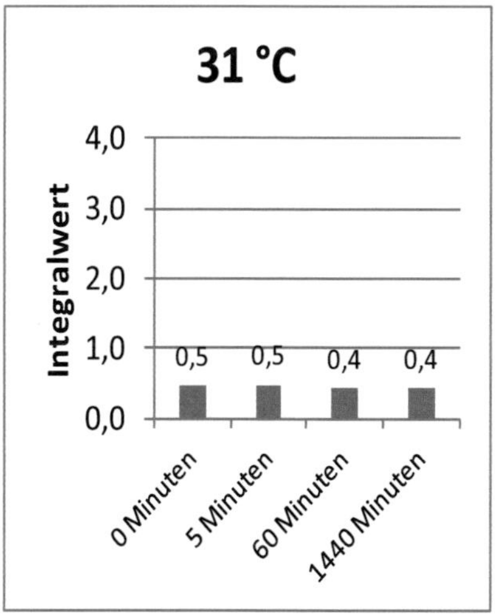

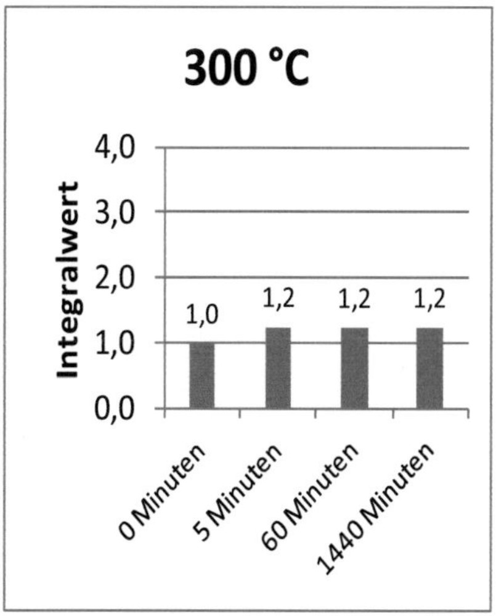

Abbildung 81: Oxidschichtwachstum bei Wasserlagerung und 31 °C (links)

Abbildung 82: Oxidschichtwachstum bei Wasserlagerung und 300 °C (rechts)

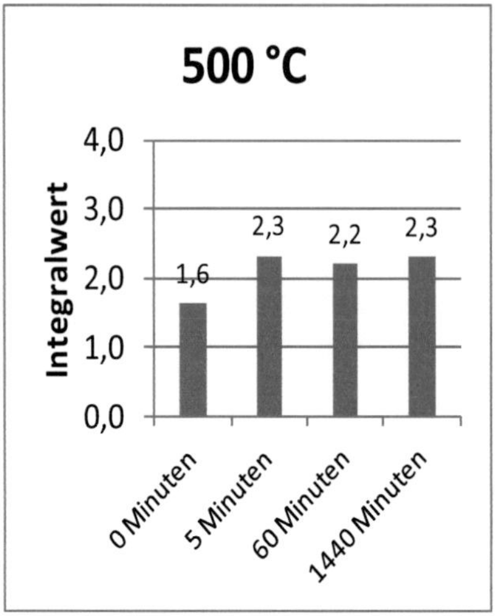

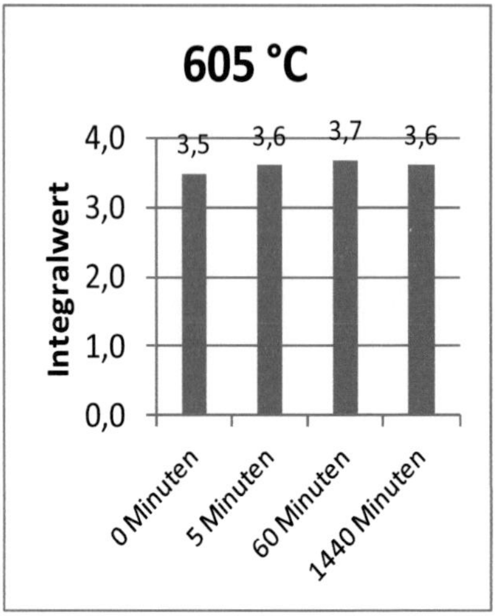

Abbildung 83: Oxidschichtwachstum bei Wasserlagerung und 500 °C (links)

Abbildung 84: Oxidschichtwachstum bei Wasserlagerung und 605 °C (rechts)

6.7.3 Zusammenfassung der Resultate

Die Versuchsergebnisse zeigen eine Zunahme der Oxidationsgeschwindigkeit von Aluminium nach erfolgter Wasserbehandlung. Hierbei zeigt sich, dass im Temperaturbereich bis 300 °C ein geringer Einfluss auf die Oxidationsgeschwindigkeit vorhanden ist. Im Temperaturbereich von 300 bis ca. 490 °C ist ebenfalls ein geringer Unterschied in den Oxidationsraten ersichtlich, der mit Näherung an eine Temperatur von 490 °C stärker wird. Bei einer Temperatur von ca. 500 °C liegt ein deutlich sichtbarer Unterschied der Oxidschichtdicke vor, welcher mit Näherung an die Maximaltemperatur von 605 °C wieder geringer wird. Abbildung 85 verdeutlicht dies und zeigt die unterschiedlichen Verläufe der Oxidationsschichtstärken während des Aufheizvorganges.

Folgende Punkte können aufgrund der Versuchsergebnisse festgehalten werden:

1. Die Versuchsergebnisse zeigen, dass eine Wasserbehandlung von bis zu 24 Stunden ohne anschließende thermische Behandlung, bei den im Versuch geltenden Prozessparametern, keine Veränderung der Oxidschicht erzeugt.
2. Der Einfluss einer Wasserbehandlung erfolgt während einer späteren thermischen Behandlung. Hierbei spielt die Dauer der Wasserbehandlung eine untergeordnete Rolle. Bereits kurze Wasserbehandlungen können große Unterschiede der Oxidschichtdicken bei höheren Temperaturen zur Folge haben.
3. Wassergelagerte Aluminiumproben zeigen im Temperaturbereich von ca. 500 °C ein deutlich beschleunigtes Oxidationsverhalten.

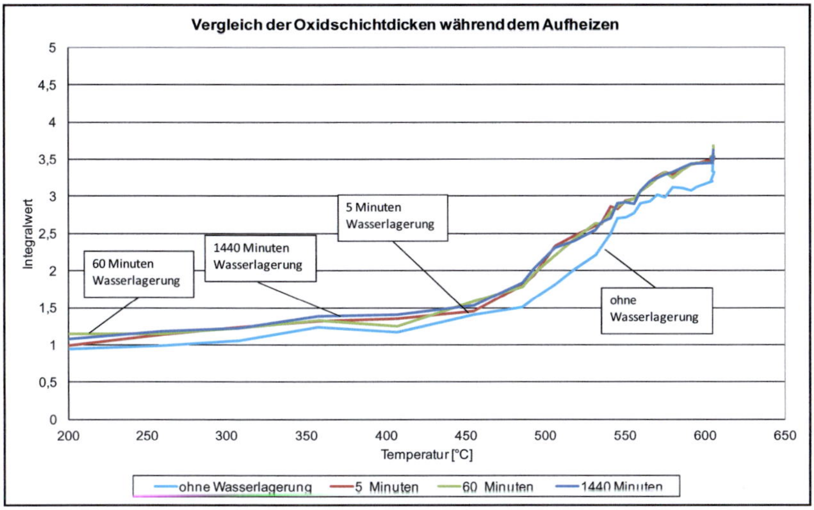

Abbildung 85: Oxidschichtdicken während dem Aufheizen nach Wasserlagerung

Die Ergebnisse bzgl. des Oxidschichtwachstums der wassergelagerten Proben bei anschließender thermischer Behandlung sind vergleichbar mit den Resultaten der Versuche mit feuchter Atmosphäre während einer thermischen Behandlung. In beiden Fällen wächst die Aluminiumoxidschicht während dieser Behandlung deutlich schneller. Beim Einsatz von Wasserbehandlungen ist zu beachten, dass unmittelbar nach der Wasserbehandlung keine messbare Oxidschichtdickenveränderung erfolgt, somit auch keine Möglichkeit zur Messung der Lötbarkeit vorliegt. Diese Veränderung erfolgt erst während einer thermischen Behandlung.

Die Ergebnisse dieses Versuchs deuten nochmals mehr darauf hin, dass interkristallin eingelagertes Wasser, welches während der thermischen Behandlung verdampft und aus der Oberfläche entweicht, die Ursache für die Veränderung der Oxidschicht darstellt. Hauptindiz hierfür ist die verhältnismäßig große Auswirkung einer sehr kurzen Wasserbehandlung von nur 5 Minuten und in Relation hierzu der nur wenig steigernde Einfluss einer Verlängerung der Wasserlagerung auf bis zu 1440 Minuten (24 Stunden). Dies kann aufgrund der vorliegenden Daten nur durch Wasser erzeugt werden, welches, während auch kurzer Wasserbehandlungen, in die Aluminiumoberfläche eindringt.

6.8 Bestimmung der Wasseraufnahme von Aluminiumoberflächen

Anhand dieses Experiments sollen Erkenntnisse bezüglich der Wasseraufnahme von Aluminiumoberflächen gewonnen werden. Bei dem nachfolgend beschriebenen Experiment stehen folgende Fragen im Vordergrund.

a) Kann Wasser in der Oberfläche eingelagert werden und bis zu welcher Tiefe erfolgt dies?
b) Welche Bindungsform des Wassers liegt in der Oberfläche nach einer Wasserbehandlung von bis zu 24 Stunden bei Raumtemperatur vor?

Um Wasser in der Oberfläche nachweisen und bezüglich dessen Menge ein Tiefenprofil erstellen zu können, kann eine gewichtsbestimmende Methode wie zum Beispiel die Thermogravimetrie nicht verwendet werden. Hierbei würde die verdampfende Menge an Wasser exakt bestimmbar sein, jedoch können nur bedingt Rückschlüsse auf die eingelagerte Wassermenge gezogen werden, da hierbei keine Unterscheidung zwischen ungebundenem Wasser und dem frei werdenden Wasser aus den hydratisierten Schichten möglich ist (siehe auch Entwässerungsfunktion in Kapitel 3). Auch Rückschlüsse über die Eindringtiefe des Wassers sind hiermit nicht möglich. Ähnliche Nachteile ergeben sich bei der Gasspektroskopie.

Um dennoch die gewünschten Aussagen treffen zu können, wird bei diesem Experiment die Wasserbehandlung mit einem künstlich veränderten Wasser durchgeführt. Dieses Wasser ist mit einem Sauerstoffisotop angereichert, welches mit Hilfe der Massenspektroskopie bestimmt werden kann. Bei diesen sogenannten „Tracer-Experimenten“ kommen Isotope zum Einsatz, welche an Reaktionen teilnehmen und anschießend gezielt analysiert werden können. Die Isotope dienen somit als markierende Elemente. Durch die meist gering eingesetzte Menge an Isotopen wird eine Reaktion meist nicht beeinflusst. Tracer werden häufig in der Humandiagnostik eingesetzt, eignen sich aber auch für Experimente in der Chemie [58] [31].

Isotope sind Elemente mit gleicher Anzahl an Protonen im Atomkern, jedoch mit unterschiedlicher Anzahl an Neutronen. Die Isotope eines Elementes besitzen somit abweichende Massenzahlen. Das eingesetzte Isotop ^{18}O gehört zu den stabilen Sauerstoffisotopen und kommt in Wasser zu einem Anteil von 0,2 % natürlich vor. Somit besitzt es keinen Zerfall und ist daher nicht radioaktiv, was den Aufwand der Versuchsdurchführung reduziert.

6.8.1 Versuchsbeschreibung

Die Proben werden zunächst einer Wasserbehandlung unterzogen. Hierzu werden die Proben für die Dauer von

- 5 Minuten und
- 24 Stunden

mit dem ^{18}O Wasser benetzt (siehe Abbildung 86 und Abbildung 87). Der Anteil der ^{18}O Atome ist in dem eingesetzten Wasser von 0,2 Atom % auf 97 Atom % erhöht. Die Wasserbehandlung der Proben erfolgt unter Normalatmosphäre und Raumtemperatur. Um ein Verdunsten der Flüssigkeit zu vermeiden, werden die Proben in geschlossenen Gefäßen aufbewahrt.

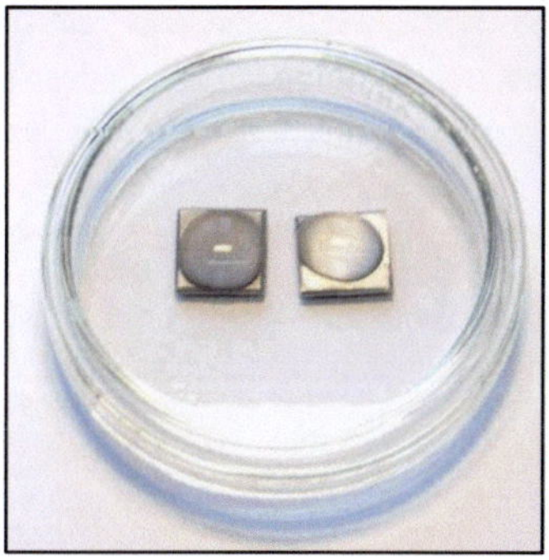

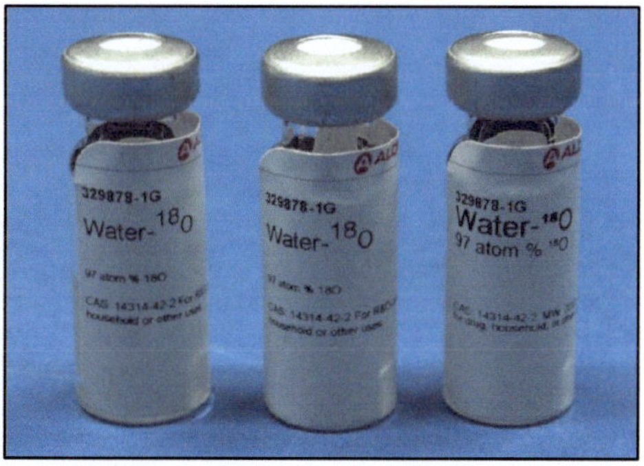

Abbildung 86: Proben benetzt mit ^{18}O Wasser [72]

Abbildung 87: Ampullen ^{18}O Wasser [72]

<u>Nachweis der Wassereinlagerung</u>

Der direkte Nachweis von Wasser ist grundsätzlich nicht ohne weiteres möglich. Daher werden bei der Analyse nicht die Wassermoleküle, sondern die ^{18}O-Atome detektiert. Aus dem Verhältnis der detektierten ^{18}O-Atomen zu ^{16}O-Atomen lässt sich bestimmen, ob es sich um ein natürlich vorkommendes Verhältnis handelt oder um ein künstlich verändertes Verhältnis. Das natürlich vorkommende Verhältnis liegt bei 1 zu 0,002 (entspricht einen Vorkommen von 0,2% an ^{18}O Atomen). Bei zusätzlich vorhandenen ^{18}O-Atomen, aus der durchgeführten Wasserbehandlung, ist der Wert entsprechend höher.

Da eine Anreicherung der ^{18}O Atome nur erfolgen kann, wenn ^{18}O Wasser in der Oberfläche vorhanden ist oder eine Reaktion zwischen dem Wasser und den Elementen stattgefunden hat, kann der Nachweis von ^{18}O Atomen gleichzeitig als Nachweis für das Eindringen von Wasser angesehen werden. Die Tiefe, bis zu welcher die ^{18}O Atome in einem unnatürlichen Verhältnis zu den ^{16}O Atomen detektiert werden, entspricht somit der Eindringtiefe des Wassers in die Aluminiumoberfläche. Ebenfalls gilt, je höher die Anzahl der ^{18}O Atome in Relation zu den ^{16}O Atomen, desto mehr Wasser ist in der Oberfläche eingelagert bzw. desto mehr Wasser hat mit der Oberfläche reagiert, was als indirekter Indikator für die eingedrungene Wassermenge betrachtet werden kann.

Die Bestimmung der ^{16}O Atome und ^{18}O Atome erfolgt anhand der TOF-SIMS-Analyse. Da mit diesem Messverfahren nur die obersten Moleküllagen bestimmt werden können, erfolgt ein Oberflächenabtrag durch Beschuss der Messstelle mit Cs-Ionen (Sputtern). Die Abtragleistung hierbei liegt bei ca. 0,5 - 0,6 nm pro Sekunde für reines Aluminium, für Aluminiumoxide sind die Abtragleistungen um Größenordnungen niedriger. Durch den großen Unterschied in der Abtragleistung ist eine direkte Tiefenangabe im Bereich der Oberfläche mit einer potentiell großen Fehlerwahrscheinlichkeit versehen. Daher werden alle Tiefenangaben in Abhängigkeit der Sputterzeit dargestellt.

Nachweis von modifiziertem Aluminiumoxid

Um Kenntnis über den Bindungszustand des Wassers in der Aluminiumoberfläche zu erhalten, wird das Verhältnis der Aluminiumoxide mit eingebauten ^{18}O-Atomen zum Aluminiumoxid mit eingebauten ^{16}O-Atomen bestimmt. Erfolgt weder eine Reaktion mit Aluminium noch mit vorhandenem Aluminiumoxid/-Hydroxid, so würde das natürliche Verhältnis von 1 zu 0,002 vorliegen, wie dies auch auf unbehandelten Proben zu erwarten ist.

6.8.2 Versuchsergebnisse

Detektion von ^{18}O-Atomen an der Oberfläche von Aluminiumwerkstoffen

Die Messung der Probenoberfläche mit TOF-SIMS erfolgt ohne Oberflächenabtrag. Somit entspricht die zunächst analysierte Tiefe den obersten 1-2 Moleküllagen. Die Tabelle 13 zeigt das Verhältnis der gemessenen ^{18}O Atome zu den ^{16}O Atomen. Die Abbildung 88 bis Abbildung 90 zeigen graphisch die Peakwerte der jeweiligen Messungen hierzu. Die detektierten ^{18}O Atome stammen hierbei aus allen Molekülen und Molekülgruppen, die sich an der Oberfläche befinden.

Bei der unbehandelten Probe entspricht das gemessene ^{18}O Vorkommen auf der Oberfläche dem natürlichen Vorkommen in Wasser von 0,2%. Somit zeigt sich, dass die eingesetzte Methode zur Messung der Isotope in der Aluminiumoberfläche eingesetzt werden kann.

Die Probe, welche für eine Dauer von 5 Minuten wasserbehandelt wurde, zeigt bereits den 210-fachen Wert der natürlichen Menge an ^{18}O-Atomen. Hierbei sind bereits 42 % der nachgewiesenen Sauerstoffatome in der Oberfläche das ^{18}O Isotop.

Die Probe, welche für eine Dauer von 24 Stunden einer Wasserbehandlung unterzogen wurde, zeigt einen prozentualen Anteil der ^{18}O-Atome von 50 %.

Dies bedeutet, dass in der Aluminiumoberfläche bereits nach einer Wasserbehandlung von 5 Minuten eine deutliche Wasseranreicherung in der Oberfläche erfolgt ist. Eine längere Dauer der Wasserbehandlung hat die Wassermenge in der Oberfläche nur gering erhöht. Dies lässt vermuten, dass bereits nach 5 Minuten Wasserlagerung die äußerste Schicht mit Wasser angereichert ist und alle Poren und Spalten mit Wasser soweit gefüllt sind, dass eine weitere Wasseraufnahme in diesem Bereich auch bei längerer Wasserbehandlung nur noch in geringem Umfang erfolgen kann.

Tabelle 13: Anteil der O18 Atome in der Oberfläche [72]

	Ohne Wasserbehandlung	5 Minuten Wasserbehandlung	24 Stunden Wasserbehandlung
Verhältnis ($^{18}O/^{16}O$)	0,002	0,42	0,50

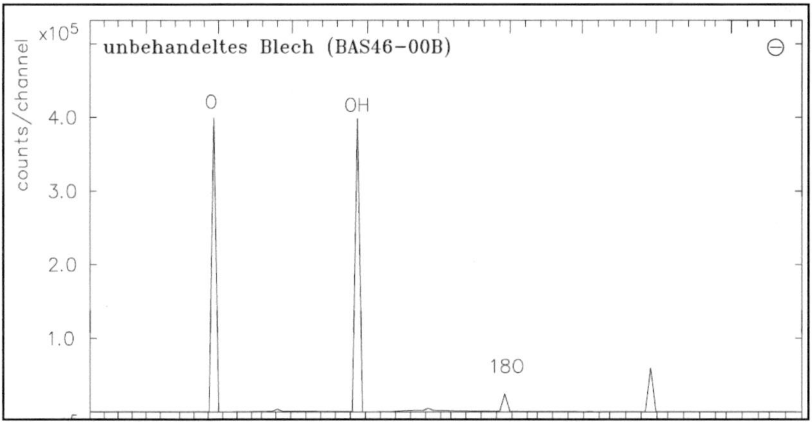

Abbildung 88: TOF-SIMS-Analyse, ohne Wasserbehandlung [72]

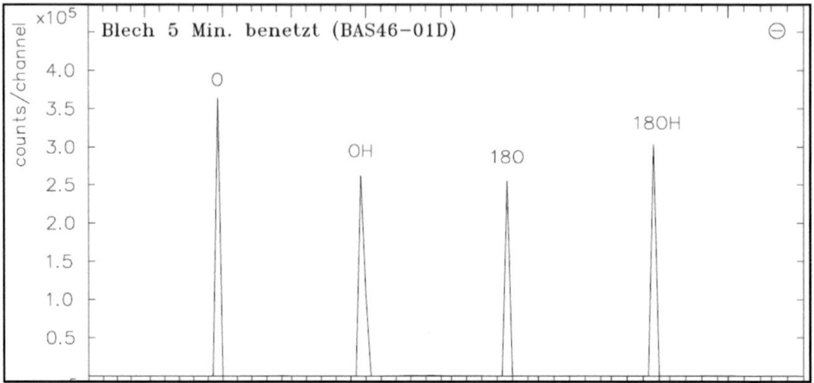

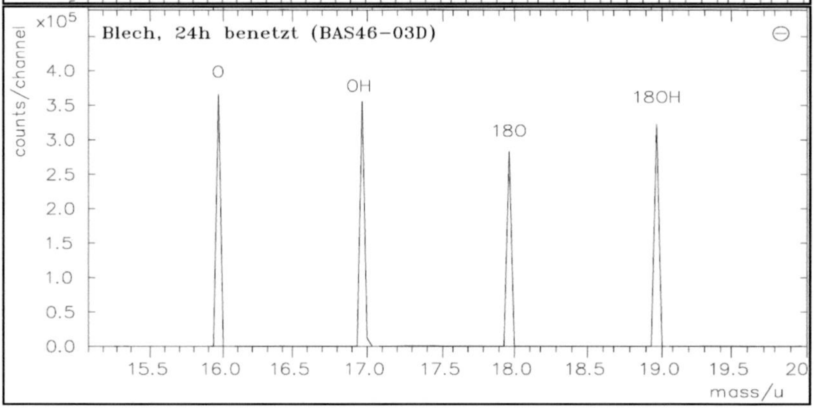

Abbildung 89: TOF-SIMS-Analyse, 5 Minuten Wasserbehandlung (oben) [72]

Abbildung 90: TOF-SIMS-Analyse, 24 Stunden Wasserbehandlung (unten) [72]

Modifiziertes Aluminiumoxid

Die Tabelle 14 zeigt das Verhältnis der Aluminiumoxidmoleküle mit eingebauten ^{18}O-Atomen im Verhältnis zu den Aluminiumoxidmolekülen mit eingebauten ^{16}O-Atomen. Damit zeigt diese Darstellung den Anteil der modifizierten Aluminiumoxidmoleküle bei verschiedenen Wasserbehandlungen.

Tabelle 14: Anteil der ^{18}O Atome im Aluminiumoxid [72]

	Ohne Wasserbehandlung	5 Minuten Wasserbehandlung	24 Stunden Wasserbehandlung
Verhältnis ($Al^{18}O/Al^{16}O$)	0,0015	0,49	0,60

Tiefenanalyse der Aluminiumoberfläche nach 5 Minuten Wasserlagerung:

Abbildung 91 zeigt den Verlauf der Signallinien einer Probe, welche für die Dauer von 5 Minuten mit ^{18}O haltigem Wasser behandelt wurde. Die Auswertung erfolgt nach den folgenden Signallinien:

- Natürliches Aluminiumoxid
- ^{18}O modifiziertes Aluminiumoxid
- ^{16}O Atome
- ^{18}O Atome

Bei der Darstellung ist allgemein zu beachten, dass die Signallinien für "^{16}O" und "^{18}O" alle ^{16}O Atome und ^{18}O Atome, welche in Molekülen eingebaut sind, beinhalten. Dies bedeutet, dass der Unterschied zwischen den vorliegenden Intensitäten von ^{18}O zu $Al^{18}O$ nicht eindeutig geklärt werden kann. Der Unterschied könnte zum einen durch hydratisierte Oxide entstehen, zum anderen aber auch durch eingeschlossenes Wasser in der Oberfläche erzeugt werden, welches sich bei der Evakuierung im Messgerät nicht gelöst hat. Letzteres sollte eher eine untergeordnete Rolle spielen.

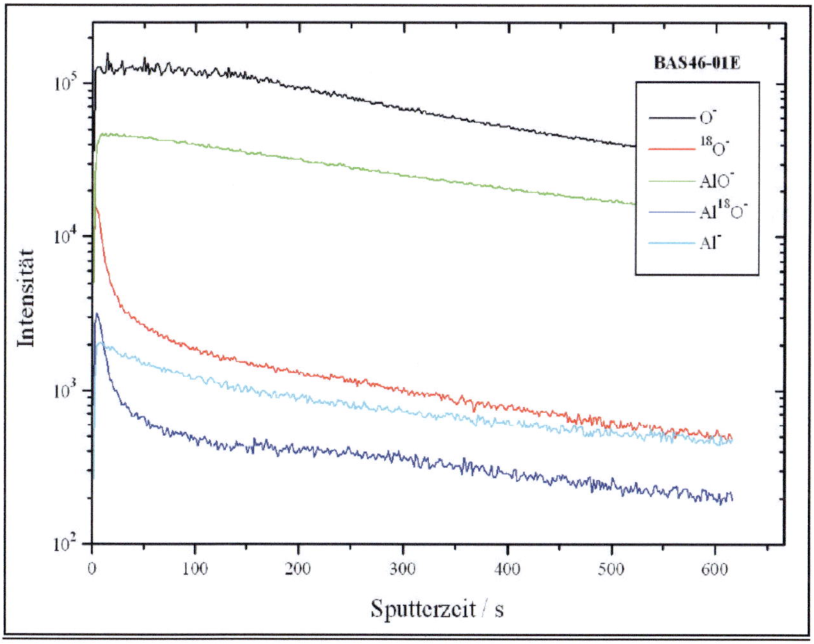

Abbildung 91:TOF SIMS Analyse, 5 Minuten Wasserbehandlung [72]

Die Abbildung 91 zeigt einen starken Anfangsabfall der ^{18}O und $Al^{18}O$ Signale, gefolgt von einem gleichmäßigen, langsamen Abfall der Intensitäten. Die Intensität der ^{18}O Signallinie liegt um eine Größenordnung höher als die $Al^{18}O$ Signallinie. Abbildung 92 zeigt die Signallinien aus Abbildung 91 in einer geänderten Darstellung und höheren Auflösung. Hierbei sind die maximalen Intensitätswerte der dargestellten Signallinien jeweils auf den Wert 1 normiert. Dadurch ist deutlich der hohe Anstieg der ^{18}O Atome innerhalb der ersten 3 Sekunden Sputterzeit ersichtlich, gefolgt von einem steilen Anfangsabfall, welcher nach einer Sputterzeit von ca. 20 Sekunden in einen flachen und gleichmäßigen Abfall der Signalintensität übergeht. Die Signallinie des modifizierten Aluminiumoxids verläuft annähernd ähnlich, jedoch mit einem Versatz von ca. 2 Sekunden Sputterzeit.

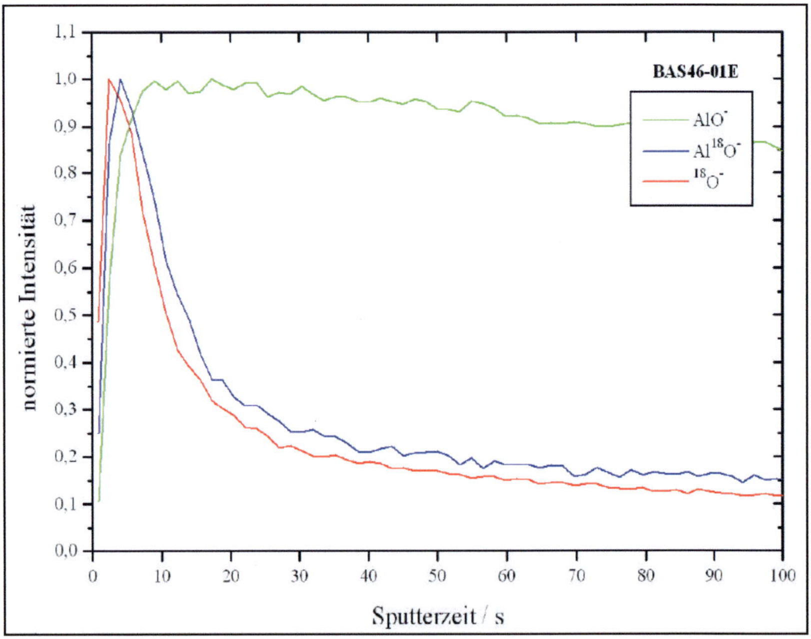

Abbildung 92: TOF SIMS Analyse, 5 Minuten Wasserbehandlung (normierte Skala) [72]

Die Signallinie des natürlichen Aluminiumoxids hingegen steigt in den ersten Sekunden geringfügig flacher auf den maximalen Wert, welcher bei einer Sputterzeit von ca. 8 Sekunden liegt. Dies zeigt, dass die äußerste Schicht während der Wasserbehandlung von Al-O zu $Al^{18}O$ modifiziert wurde. Im weiteren Verlauf sinkt die Intensität dieser Al-O Signallinie stetig bei einer geringen Abnahme der Intensität.

Tiefenanalyse der Aluminiumoberfläche nach 24 Stunden Wasserlagerung:

Abbildung 93 visualisiert den Verlauf der Signallinien einer Probe, welche für die Dauer von 24 Stunden mit ^{18}O haltigem Wasser behandelt wurde. Diese zeigt, wie bereits bei der 5 Minuten Probe, einen starken Anfangsabfall der ^{18}O und $Al^{18}O$ Signale. Dieser ist jedoch geringer ausgeprägt als bei der 5 Minuten Probe. Bei der 24 Stunden Probe liegt nach dem Anfangsabfall eine grundsätzlich höhere Intensität beider Signallinien vor, was auf eine größere Eindringtiefe des Wassers hinweist.

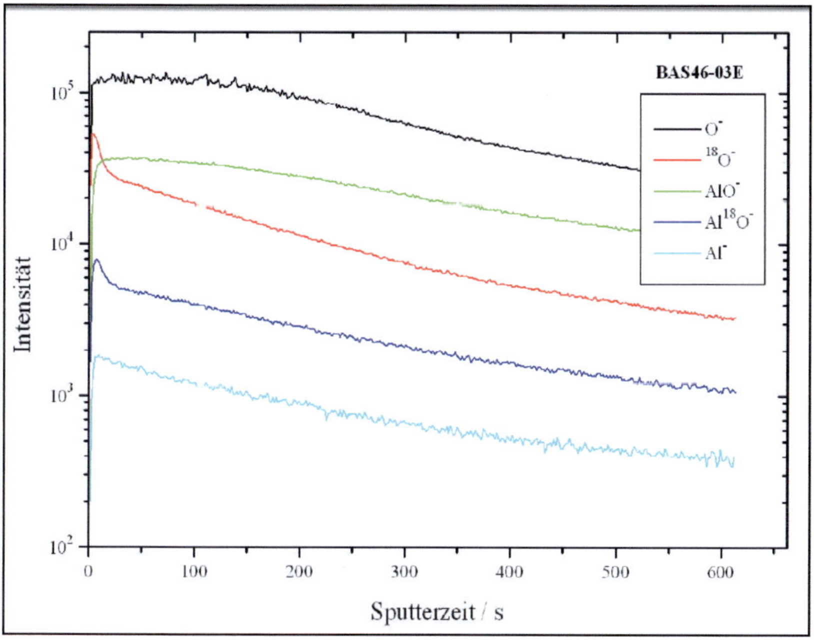

Abbildung 93: TOF SIMS Analyse, 24 Stunden Wasserbehandlung [72]

Abbildung 94 stellt die Signallinie der 24 Stunden Probe ebenfalls normiert auf den Wert 1 dar. Der Anstieg der ^{18}O Signallinie erfolgt wie bei der 5 Minuten Probe innerhalb von 3 Sekunden Sputterzeit auf den Maximalwert, welcher jedoch im Gegensatz zur 5 Minuten Probe nicht sofort steil abfällt sondern für eine Zeit von ca. 3 Sekunden auf diesem Niveau bleibt und anschließend wesentlich langsamer abfällt bis auf ein Intensitätsniveau von ca. 0,6. Ab dieser Intensität sinkt die Signallinie in vergleichbarer Größe wie bei der 5 Minuten Probe. Der Anstieg der Al-O Signallinie verläuft gegenüber der 5 Minuten Probe nochmals flacher, was in einer größeren Anzahl der ^{18}O modifizierten Moleküle begründet ist. Dies zeigt auch der deutlich breitere Peak der $Al^{18}O$ Linie.

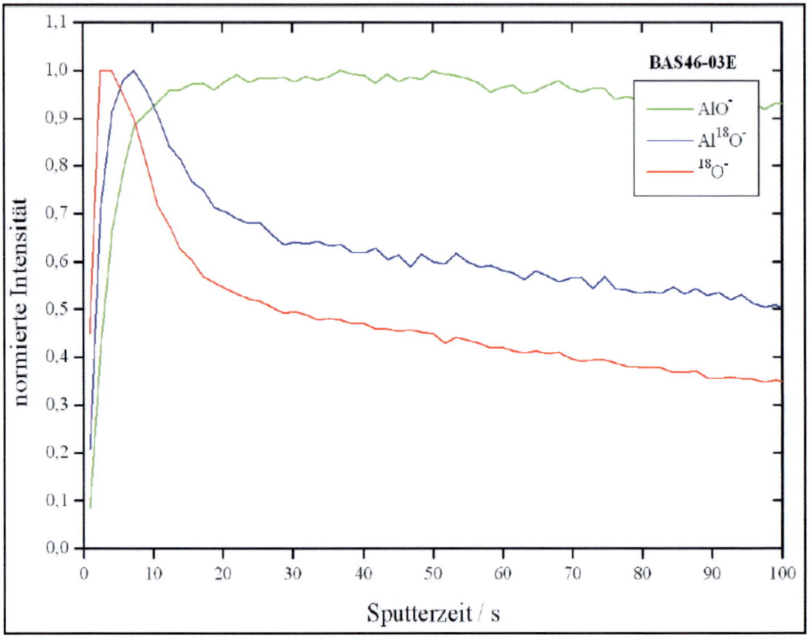

Abbildung 94: TOF-SIMS-Analyse, 24 Stunden Wasserbehandlung (normierte Skala) [72]

6.8.3 Zusammenfassung der Resultate

Die Resultate dieses Versuches zeigen deutlich die Einlagerung von Wasser in der Aluminiumoberfläche. Hierbei zeigt sich, dass ein Großteil der Wassereinlagerung bereits nach 5 Minuten Wasserbehandlung erfolgt ist. Eine längere Wasserbehandlung, für bis zu 24 Stunden, erhöht die Wassermenge in der äußeren Oberfläche nur gering, erhöht jedoch die Eindringtiefe des Wassers in den Aluminiumwerkstoff.

Somit lassen die Resultate des Experiments auf folgendes schließen:

1. Es wird während einer Wasserbehandlung von bereits 5 Minuten der größte Teil des einlagerbaren Wassers in der Oberfläche eingelagert.
2. Die Einlagerung des Wassers erfolgt im äußersten Bereich der Aluminiumoberfläche und nimmt anschließend steil ab.
3. Es findet ein Austausch der ^{18}O Atome des Wassers mit den ^{16}O Atome des Aluminiumoxids statt.
4. Der flachere Anstieg der natürlichen Oxidschicht basiert auf der Modifikation des Aluminiumoxids im Bereich des eingelagerten Wassers.

7 Modell der Wassereinlagerung

Die Versuche zur Wasserlagerung zeigen, dass während einer Wasserbehandlung im untersuchten Zeitraum von bis zu 24 Stunden während Raumtemperatur kein Wachstum der Aluminiumoxidschicht und ein nur sehr geringes Wachstum der hydratisierten Schicht entsteht. Die hydratisierte Deckschicht ist hierbei vor und nach erfolgter Wasserlagerung unter 2 nm dick.

Bei anschließender thermischer Behandlung zeigt sich in Bezug auf die Lötbarkeit eine sich verringernde Hohlkehle mit zunehmender Dauer der Wasserbehandlung. Hierbei liegt bei allen Proben jedoch ein noch guter Verlötungsgrad vor.

Die Oxidschichtdickenmessung wasserbehandelter Proben nach erfolgter thermischer Behandlung zeigt bereits nach einer Wasserbehandlungszeit von 5 Minuten einen deutlichen Unterschied im Vergleich zu unbehandelten Proben. Hier konnte aufgezeigt werden, dass bei wasserbehandelten Proben, im Temperaturbereich um ca. 500 °C, eine erhöhte Oxidationsrate vorliegt. Ebenfalls konnte aufgezeigt werden, dass der Unterschied einer 5 Minuten Wasserbehandlung gegenüber einer unbehandelten Probe bereits sehr stark ist. Im Vergleich hierzu jedoch der Unterschied einer 24 Stunden Wasserlagerung, zu einer 5 Minuten Wasserlagerung relativ gering ausfällt.

Dieses Verhalten weist, wie auch das Messergebnis der Hydroxidschichtdicke, nicht auf einen Einfluss durch eine hydratisierte Schicht hin, da zum einen der Einfluss bei einer 5 Minuten Probe hierfür bereits zu groß ist und zum anderen ein stärkerer Unterschied zu der 24 Stunden Wasserlagerung zu erwarten wäre.

Damit führen der deutliche Einfluss einer kurzen Wasserlagerungsdauer, welcher auch bei deutlich längerer Wasserbehandlung nur gering steigerbar ist, sowie die Messergebnisse zu folgenden Erkenntnissen (siehe auch Abbildung 95):

1. In der Aluminiumoberfläche kann durch eine Wasserbehandlung Wasser in der Oberfläche eingelagert werden.
2. Das in der Oberfläche eingelagerte Wasser ist nicht durch eine Reaktion zu Hydroxid gebunden.
3. Die Dauer der Wasserbehandlung ist für die eingelagerte Wassermenge von untergeordneter Bedeutung.
4. Die während der Dauer von 5 Minuten eingelagerte Wassermenge besitzt deutlichen Einfluss auf die Oxidschichtdicke während des Aufheizvorganges.

Abbildung 95: Bildung des Modells zur Wassereinlagerung

Aufgrund dieser Schlussfolgerung erfolgte ein Tracerversuch, anhand dessen eine Wassereinlagerung in der Aluminiumoberfläche nachgewiesen werden konnte. Hier zeigt sich, dass die Wassereinlagerung in der äußeren Schicht der Aluminiumoberfläche erfolgt. Ein Unterschied zwischen einer 5 Minuten Wasserbehandlung und einer 24 Stunden Wasserbehandlung in dieser Schicht ist sehr gering. Nach einer 24 Stunden Wasserbehandlung zeigt sich eine deutlich größere Eindringtiefe des Wassers in die Oberfläche, als nach 5 Minuten Wasserbehandlung (siehe Abbildung 96).

Da die eingelagerte Wassermenge in der äußeren Schicht nahezu unabhängig von der Dauer der Wasserlagerung ist, kann daraus geschlossen werden, dass die zur Verfügung stehenden Kavitäten in der äußeren Schicht mit Wasser gefüllt sind und somit diese Schicht mit Wasser gesättigt ist. Eine weitere Steigerung der Wassereinlagerung während einer längeren Wasserbehandlung erfolgt durch das Eindringen von Wasser in tiefere Schichten. Hierbei sind jedoch die Wassermengen geringer als in der direkten Oberfläche.

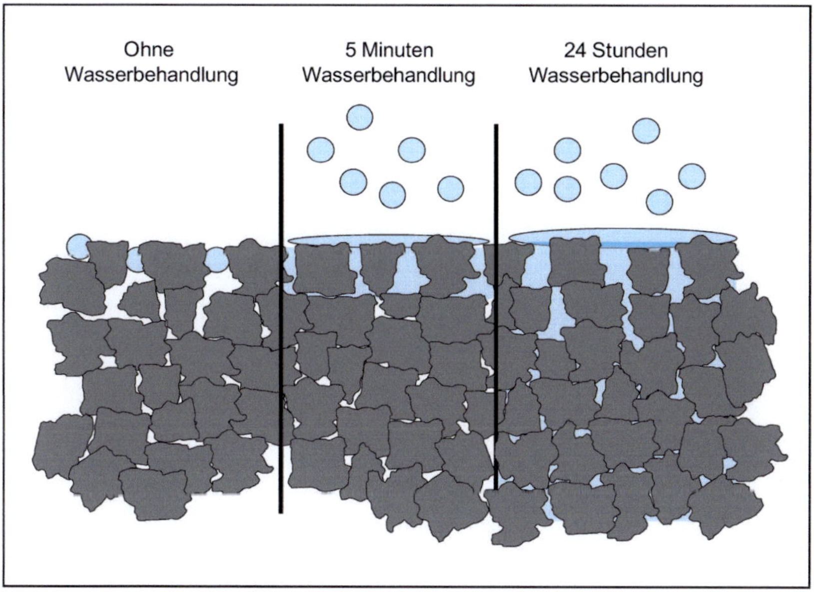

Abbildung 96: Wassereinlagerung in der Aluminiumoberfläche [8]

Es zeigt sich, dass die eingelagerte Wassermenge in Abhängigkeit der Behandlungszeit vergleichbar zum Einfluss auf das Oxidschichtwachstum ist. Nach einer kurzen Wasserbehandlung ist bereits eine gesättigte äußere Schicht vorhanden, was zu einem deutlichen Einfluss auf die Oxidschicht während einer thermischen Behandlung führt. Eine Steigerung der Wasserbehandlungsdauer führt nur unwesentlich zu einer weiteren Erhöhung der Wassermenge und somit nur zu einer unwesentlichen, weiteren Erhöhung des Einflusses auf die Oxidschicht während der thermischen Behandlung.

8 Zusammenfassung der Erkenntnisse und Ausblick

Das Ziel dieser Arbeit war es, den Schutzgaslötprozess hinsichtlich der Wechselwirkung zwischen Fertigungsprozess und Werkstoff zu untersuchen. Die Arbeit basiert dabei auf den Forschungsergebnissen der Autorin Zähr [22], welche u. a. die Beeinflussung der Aluminiumoberfläche bei verschiedenen klimatischen Bedingungen untersuchte, die während Lagerungs- und Transportzeiten vorkommen können. Der Schwerpunkt ihrer Arbeit lag dabei auf der Bestimmung des hierbei resultierenden Einflusses auf die Löteignung des Aluminiumwerkstoffes.

Bei Betrachtung der Prozesskette von der Herstellung des Aluminiumwerkstoffes, über den Transport zur verarbeitenden Industrie, bis zum fertigen, schutzgasgelöteten Aluminiumbauteil, untersuchte Zähr [22] im Wesentlichen die Einflüsse, welche auf das Material einwirken, die **vor dem Schutzgaslötprozess** erfolgen. Zähr [22] spricht in diesem Kontext gemäß DIN 8505 von der Löteignung [22].

Das Ziel dieser Arbeit konzentriert sich auf die Untersuchung der klimatischen und atmosphärischen Bedingungen **während des Schutzgaslötprozesses,** sowie der hieraus resultierenden Lötbarkeit. Da in dieser Arbeit die Wechselwirkung zwischen einem lötgeeigneten Werkstoff und dem Fertigungsprozess betrachtet wird, wird in diesem Kontext nicht von der Löteignung, sondern von der Lötbarkeit gesprochen [24].

Hierzu wird in der Einleitung dargestellt, in welchem industriellen Kontext diese Arbeit zu betrachten ist, und wodurch der Bedarf dieser wissenschaftlichen Arbeit entstand. Im zweiten Kapitel werden grundlegende und aktuell Aspekte zur Lötbarkeit aufgezeigt. Im nachfolgenden Kapitel werden allgemeine Grundlagen der Oxidation aufgezeigt und die Oxidationsmechanismen von Aluminium, sowie deren Modifikationen ausführlich beschrieben. Im anschließenden vierten Kapitel wird die Notwendigkeit weiteren Forschungsbedarfs aufgezeigt. Hier stehen die Untersuchung des Einflusses von Feuchtigkeit in der Atmosphäre während einer thermischen Behandlung, sowie des Einflusses einer Wasserbehandlung bei nachfolgender thermischer Behandlung im Vordergrund, die zugleich die Schwerpunkte dieser Arbeit bilden. Das fünfte Kapitel gibt einen Überblick über die hierbei eingesetzte Technik und Messtechnik. Dabei wird insbesondere auf die Auswertung der FTIR-Spektren näher eingegangen und eine Methode zur Bestimmung der Oxidschichten ausführlich erläutert und erweitert. Im sechsten Kapitel werden Versuche beschrieben und die Ergebnisse hierzu dargestellt. Im siebten und achten Kapitel werden die neu gewonnenen, wesentlichen Erkenntnisse zusammengetragen und diskutiert.

8.1 Erkenntnisse aus den Versuchen zur Feuchtigkeit in der Lötatmosphäre

Hierbei wurden unterschiedliche Kombinationen an Feuchtigkeit und Sauerstoff in einer Schutzgasatmosphäre untersucht, welche während eines Schutzgaslötprozesses im Durchlaufofenverfahren vorkommen können.

Bei den Untersuchungen bezüglich der Lötbarkeit konnte festgestellt werden, dass Feuchtigkeit in der Lötatmosphäre einen deutlich negativen Einfluss auf die Lötbarkeit erzeugt. Hier zeigen Feuchtigkeitswerte von 100 ppm bereits in Kombination mit sehr geringen Mengen an Sauerstoff (12 ppm) eine signifikante Reduzierung der Lötbarkeit (siehe Abschnitt 6.2). Ein Sauerstoffanteil von 100 ppm (ohne Anteile an Feuchtigkeit) zeigt einen deutlich besseren Verlötungsgrad.

Die Untersuchungen bezüglich des Einflusses auf die Oxidschicht zeigen, dass sich in einem Schutzgaslötprozess eine maximale Oxidschichtdicke in Abhängigkeit von Temperatur, Zeit und atmosphärischer Zusammensetzung ausbildet. Ebenfalls zeigen die Ergebnisse, dass sich ab einer bestimmten Konzentration an Feuchtigkeit und Sauerstoff eine maximale Oxidschicht ausbildet, welche bei weiterer Steigerung dieser Anteile zu keiner weiteren Zunahme der Oxidschichtdicke führt. Diese Reaktionsgrenze wird im Rahmen dieser Arbeit als prozessabhängige Sättigungslinie bezeichnet.

Es konnte ebenfalls aufgezeigt werden, dass durch Feuchtigkeit in der Atmosphäre eine oxidationsbeschleunigende Wirkung entsteht, welche im Temperaturbereich um ca. 500 °C am deutlichsten vorliegt (siehe hierzu Abschnitt 6.3). Durch die Versuchsergebnisse konnte unter den verwendeten Prozessparametern ein stärkerer Einfluss durch Feuchtigkeit auf die Oxidschichtdicke nachgewiesen werden, als durch Sauerstoff.

8.2 Erkenntnisse aus dem Modell der Wassereinlagerung

In der vorliegenden Arbeit wird umfangreich der Einfluss von Feuchtigkeit auf die Lötbarkeit untersucht. Dabei stellte sich heraus, dass die Feuchtigkeit in der Lötatmosphäre eine primäre Größe in Bezug auf die Lötbarkeit darstellt.

Hierbei wurde dargestellt, dass das Wasser in der Schutzgasatmosphäre durch verdampfendes Wasser aus der Oberfläche angereichert wird. Dabei wurde die Einlagerung von Wasser in der Oberfläche, welche durch eine Wasserbehandlung entsteht, untersucht und deren Einfluss dargestellt. Somit kann festgehalten werden, dass der Wassereintrag in die Schutzgasatmosphäre primär über drei Wege erfolgen kann.

1. Die Entstehung von Feuchtigkeit als Reaktionsprodukt gemäß der bekannten Entwässerungsfunktion, während der Umwandlung von Hydroxid in kristallines Aluminiumoxid während einer thermischen Behandlung (siehe hierzu auch Kapitel 3)
2. Durch Verdampfen von ungebunden eingelagertem Wasser, welches sich während auch nur kurzer Wasserbehandlungen in der Oberfläche eingelagert hat (siehe hierzu auch Versuchsergebnisse in Kapitel 6).
3. Durch im Schutzgas bereits vorhandene Feuchtigkeit.

Bei einer Wasserlagerung ist zu beachten, dass hierdurch vor einer thermischen Behandlung kein Einfluss auf die Oxidschichtdicke erfolgt, und somit die Messung der Oxidschichtdicke vor einer thermischen Behandlung nicht zur alleinigen Aussage bzgl. der Lötbarkeit herangezogen werden kann. Hierfür sind andere geeignete Messverfahren einzusetzen bzw. zu entwickeln.

8.3 Ausblick

Die in dieser Arbeit gewonnenen neuen Erkenntnisse zeigen, dass eine Wasserbehandlung vor einem Schutzgaslötprozess generell zu vermeiden ist, und dass hochreine Lötatmosphären, hinsichtlich Feuchtigkeit und Sauerstoff, eine deutliche Steigerung der Lötbarkeit ermöglichen. Hierbei zeigen die Versuchsergebnisse deutliche Potentiale für die industrielle Aluminiumlötung. Dies zeigen die deutlichen Größenunterschiede der Hohlkehlen in Abschnitt 6.2.

Ein Bestandteil dieser Arbeit ist die Untersuchung der Ursachen für die aufgezeigten Einflüsse von Feuchtigkeit auf die Lötbarkeit. Eine mögliche Erklärung hierzu wäre die Entstehung von Multilayer Oxidschichten (siehe auch Abbildung 8). Somit könnte eine Kombination aus beispielweise Aluminiumoxid mit darüber liegender gelatinöser Deckschicht, und einer hierüber liegenden kristallinen Oxidschicht (Böhmit) entstehen, die äußerst widerstandsfähig ist, und somit beim Löten nur schwer zu beseitigen wäre.

Eine weitere mögliche Erklärung könnte durch die „oxidationsbegünstigende“ Wirkung von Feuchtigkeit gegeben werden. Dies wurde in der Literatur unter anderem in der Arbeit von Pinhero [51] erwähnt. Pinhero [51] berichtet von selektiver Oxidation bei niedrigen Feuchtigkeitswerten und der Oxidation weiterer Elemente bei höheren Feuchtigkeitswerten. Hierbei zeigte er auf, dass bei höheren Feuchtigkeitswerten auf einer Aluminiumlegierung keine rein selektive Oxidation vorlag, sondern auch das Mangan oxidierte [51]. Auch Onal [76] berichtet in seiner Arbeit von verstärktem Wachstum weiterer Legierungselemente bei vorhandener Feuchtigkeit in der Atmosphäre. Ein vergleichbarer Effekt wurde während der Analyse des Tracer Experiments beobachtet (siehe Abschnitt 6.8). Hierbei wurde gezielt das

Aluminiumoxid analysiert, jedoch zeigt sich bei zunehmender Wasserlagerungsdauer eine Zunahme der Anzahl von einzelnen Peaks, was auf eine allgemein stärkere Oxidation der vorhandenen Elemente hindeutet und weniger auf eine rein selektive Oxidation der Aluminiumelemente (siehe Abbildung 173 im Anhang).

Somit sollte bei der Bewertung der Lötbarkeit nicht alleine der Einfluss des Wassers auf die Aluminiumoxidschicht betrachtet werden, da nicht weiter von einer primär selektiven Oxidation ausgegangen werden kann. Vielmehr muss die Wirkung von Feuchtigkeit auf die Elemente der Werkstoffoberfläche untersucht werden, bzw. der Einfluss dieser Elemente auf die Lötbarkeit.

Durch die vorliegende Arbeit, und den Forschungsergebnissen der Autorin Zähr [22], rückt bei der Betrachtung der Lötbarkeit des Aluminiumwerkstoffes die Dicke der Aluminiumoxidschicht stärker in den Hintergrund und zeigt, dass die Lötbarkeit von Aluminiumwerkstoffen von weiteren Faktoren deutlich beeinflusst wird, wie zum Beispiel der Feuchtigkeit in der Umgebungsatmosphäre oder der Menge an eingelagertem Wasser in der Aluminiumoberfläche.

Der im Kapitel 3 angeführte Pilling-Bedworth-Faktor zeigt, dass Magnesiumoxid unter permanenten Zugspannungen steht. Interessant ist dieser Punkt im Kontext zu den Untersuchungen Zährs [22] bezüglich der oxidschichtschwächenden Wirkung des Magnesiumoxids. Sie führt dies auf die deutlich niedrigere Biegespannungsfestigkeit gegenüber dem Aluminiumoxid zurück. Hier beschreibt Zähr [22] das Aufbrechen der Aluminiumoxidschicht an den Stellen des Magnesiumoxids in Folge von aufgebrachten Druckspannungen.

Eine andere Möglichkeit für die oxidschichtschwächende Wirkung des Magnesiumoxids könnten die permanenten Zugspannungen darstellen, die sich während des Aufheizens durch die Längenausdehnung des Grundmaterials noch weiter erhöhen und zu einem Aufreißen der Oxidschicht führen könnten. Die in der Literatur beschriebenen Zusammenhänge hierzu sind teilweise widersprüchlich, beziehungsweise nicht eindeutig geklärt. Dies könnte jedoch ein wichtiger Aspekt zur Beseitigung vorhandener Oxidschichten im Lötprozess darstellen.

Die im Rahmen der vorliegenden Arbeit gewonnenen Erkenntnisse eröffnen weitere Forschungsfelder für die Wissenschaft, um den industriellen Einsatz der Löttechnik von Aluminiumwerkstoffen zu begleiten und weiterzuentwickeln.

9 Literaturverzeichnis

[1] OETTING, H.: *Leichtbau im Antriebsstrang*. Renningen-Malmsheim: Expert Verlag, 1996. - ISBN 3-8169-1336-9.

[2] SVIRIDOV, A.: *Leichtbau Aluminiumschaumsandwich, Prozessketten zur Herstellung von Bauteilen.* Cottbus: Technische Universität Cottbus, 2011.

[3] ROMMEL, S.; GEIGER, R.; SCHNEIDER, R.; BERGOLD, D.; SCHNEIDER, M.; GROßMANN, M.; KOPP, G.; SCHMITT; A.: *Leichtbau in Mobilität und Fertigung*. Stuttgart: e-mobil BW GmbH, 2012.

[4] *Light cars in large Volumes - an Audi core competence*. In: International Aluminium (Volume 87). Hannover: Giesel Verlag GmbH, 2011.

[5] *The new Mercedes-Benz SL - Almost entirely made of aluminium*. In: International Aluminium (Volume 88). Hannover: Giesel Verlag GmbH, 2012.

[6] LOHREY, M.; FÜSSEL, U.; TÜRPE, M.: *Protective atmosphere brazing of aluminium material.* Dresden: Fraunhofer IWS, Symposium - Tailored Joining, 2012.

[7] ECKHARD, K.; JANSSENS, H.; SICKING, R.: *Recent developments in fluxless brazing in aluminium heat exchangers.* In: Brazing, High Temperature Brazing and Diffusion Bonding, DVS-Berichte Band 293. Düsseldorf: DVS Media, 2013. S. 182 - 183. ISBN 978-3-87155-611-1

[8] LOHREY, M.; FÜSSEL, U.; TÜRPE, M.: *Behaviour of the aluminium oxide layer during heat treatment and the resulting effect on brazeability.* In: Brazing, High Temperature Brazing and Diffusion Bonding, DVS-Berichte Band 293. Düsseldorf: DVS Media, 2013. S. 192 - 198. ISBN 978-3-87155-611-1

[9] MAREK, S. G.; DARLING. C. F.: *Optimal brazing and soldering conditions and consumables for copper to aluminium transition joints.* In: Brazing, High Temperature Brazing and Diffusion Bonding, DVS-Berichte Band 293. Düsseldorf: DVS Media, 2013. S. 184 - 191. ISBN 978-3-87155-611-1

[10] LANGOHR, A.; SWIDER, E.; WULF, E.; MÖHWALD, K.; HASSEL, T.; MAIER, H. J.; MÖLLER, F.: *Development of flux free filler metals and processes for brazing aluminium.* In: Brazing, High Temperature Brazing and Diffusion Bonding, DVS-Berichte Band 293. Düsseldorf: DVS Media, 2013. S. 205 - 211. ISBN 978-3-87155-611-1

[11] DIN 8505: *Löten*. Ausgabe 01.1983. Berlin: Beuth Verlag

[12] DORN, L.: *Hartlöten und Hochtemperaturlöten*. Renningen: Expert Verlag, 2007. ISBN 3-8169-2545-6.

[13] OSTERMANN, F.: *Anwendungstechnologie Aluminium*. London: Springer Verlag, 2007. ISBN 3540238824.

[14] HABENICHT, G.: *Kleben - Grundlagen, Technologie, Anwendungen*. Berlin: Springer Verlag, 1997. ISBN 3-540-62445-7.

[15] KÄSCHE, K.: *Die Korrosion der Metalle*. Erlangen: Springer Verlag, 1990. ISBN 3-540-51569-0.

[16] PETRUNIN, I. E.: *Handbuch Löttechnik*. Berlin: Verlag Technik GmbH, 1991. ISBN 3-341-00445-9.

[17] MATTHES, K.-J.; RIEDEL, F.: *Fügetechnik - Überblick - Löten - Kleben - Fügen durch Umformen*. Leipzig: Fachbuchverlag Leipzig, 20013. ISBN 3-446-22133-6.

[18] TÜRPE, M.: *Wechselwirkungen Löttechnik und Werkstoff, Bedeutung und Potenzial*. Habilitationsschrift. Dresden: w.e.b., 2004. ISBN 3-937672-74-5

[19] ZAREMBA, P.: *Hart- und Hochtemperaturlöten*. Düsseldorf: DVS Verlag, 1988. ISBN - 3871555266.

[20] WITTKE, K.; FÜSSEL, U.: *Kombinierte Fügeverbindung*. Heidelberg: Springer Verlag. 1996. ISBN 3-540-54469-0.

[21] KLOCK, H.; SCHÖR, H.: *Schweißen und Löten von Aluminiumwerkstoffen*. Düsseldorf: DVS Verlag, Fachbuchreihe Schweißtechnik, 1977. ISBN 3871550787

[22] ZÄHR, J.: *Einfluss des Oberflächenzustandes auf das thermische Fügen von Aluminium*. Promotionsschrift. Dresden: TUDpress Verlag, 2011. ISBN 3942710285.

[23] ALTENPOHL, D. *Aluminium und Aluminiumlegierungen*. Berlin: Springer Verlag, 1955.

[24] DIN 8514: *Lötbarkeit*. Ausgabe 05.2006. Berlin: Beuth Verlag

[25] WITTKE, K.; SCHEEL, W.; NOWOTTNICK, M.: *Lötverbindungen - Buch 2.* Templin: Dr. Markus Detert Verlag, 2008. ISBN 978-3-934142-55-8.

[26] SINDEL, M.: *Keimbildung und Wachstum der gerichteten Schmelzoxidation von Al-Mg-Legierungen.* Promotionsschrift. Düsseldorf: VDI Verlag, 1995.

[27] MENNICKE, C.: *Untersuchungen zur Hochtemperaturoxidation von FeCrAl-Legierungen.* Promotionsschrift. Stuttgart: Max-Planck-Institut für Metallforschung, 1997.

[28] BARROW, G. M.: *Physikalische Chemie - Thermodynamische und kinetische Behandlung chemischer Reaktionen.* Wien: Vieweg Verlag, 1982. ISBN 3-528-53548-2.

[29] WEHNER, I.: *Oxidation von Quasikristallen und kristallinen Phasen im System Al-Cu-Fe.* Dissertationsschrift. Düsseldorf: VDI Verlag, 1999. ISBN 3-18-354205-6

[30] BARROW, G. M.: *Physikalische Chemie - Gase, Flüssigkeiten, Festkörper und Mischphasen.* Wien: Vieweg Verlag, 1982. ISBN 3-528-43531-3.

[31] HEUMANN, T.: *Diffusion in Metallen.* Berlin: Springer Verlag, 1992. ISBN 3-540-55379-7.

[32] HAUFE, K.: *Reaktionen in und an festen Stoffen.* Berlin: Springer Verlag, 1955.

[33] BÜRGEL, R.: *Handbuch Hochtemperatur-Werkstofftechnik.* Braunschweig: Vieweg Verlag, 2001. ISBN 3-528-13107-7.

[34] GOTTSTEIN, G.: *Physikalische Grundlagen der Materialkunde.* Heidelberg: Springer Verlag, 2007. ISBN 978-3540711049.

[35] KAMMER, C.: *Aluminium-Taschenbuch.* Düsseldorf: Aluminium-Verlag, 1998. ISBN 3-87017-241-X.

[36] JELINEK, T.: *Oberflächenbehandlung von Aluminium.* Saulgau: Eugen Leuze Verlag, 1997. ISBN 3874801152.

[37] REIPRICH, J.; NIELSON, H.; ZWEHL, W.: *Aluminium Taschenbuch.* Düsseldorf: Aluminium-Verlag, 1963.

[38] PETZOLD, A.; ULBRICHT, J.: *Aluminiumoxid: Rohstoff, Werkstoff, Werkstoffkomponente.* Leipzig: Deutscher Verlag für Grundstoffindustrie, 1991.

[39] VARGEL, C.: *Corrosion of Aluminium*. Oxford: Elesevier Ltd., 2004. ISBN 0-080-33395-4.

[40] WINSTON REVIE, R.: *Uhligßs Corrosion Handbook*. New Jersey: Wiley Intersience, 2000. ISBN 0-471-78494-X.

[41] ENGEL, T.; REID, P.: *Physikalische Chemie*. München: Person Studium, 2006. ISBN 3-8273-7200-3.

[42] ATKINS, P. W.: Paula, J.: *Physikalische Chemie*. Weinheim: Wiley-VCH Verlag, 2006. ISBN 3-527-31546-2.

[43] STUCKI, A.: *Elektronenspektroskopische Untersuchung der Oxidation von festem und flüssigem Aluminium*. Promotionsschrift Eidgenössischen Technischen Hochschule Zürich, 1985.

[44] WEFER, K.; MISRA, C.: *Oxides and Hydroxides of Aluminium*. Pennsilvania, USA: ALCOA Laboratories, 1987.

[45] DACHILLE, F.; WHITE, E. W.; GIGL, P.D.: *Tech. Rep. No. 7*. s.l.: Office of Naval Research, 1971. ONR 032-502.

[46] BECK, A. F.; HEINE, M. A.; CAULE, E. J.; PRYOR, M. J.: *The kinetics of the Oxidation of Al in oxygen at high temperature*. In: Corrosion Science. 7, 1967. S. 1 - 22.

[47] REICHEL, F.: *The effect of substrate orientation on the kinetics and thermodynamics of initial oxide-film growth on metals*. Promotionsschrift. Stuttgart: Universität Stuttgart, 2007.

[48] MAKOLKIN, I. A.: In: Z. angew. Chemie. UDSSR: 1951

[49] HAUFFE, K.: *Oxidation von Metallen und Metalllegierungen*. Frankfurt: Springer Verlag, 1956.

[50] CABRERA, N.; HAMON, J.: In: Revue d. Metallurgie 45. 1948

[51] PINHERO, P.J.: *Effect of water on the surface oxidation of an Al-Pd-Mn quasicristal*. Iowa, USA: In Philosophical Magazin Part B, 1997.

[52] ALTENPOHL, D.: *Zur Frage des Auftretens von Böhmit bei der Reaktion zwischen Aluminium und kochendem oder überhitztem Wasser*. In: Aluminium (36), 1960.

[53] DOMONY, A.; LICHTENBERGER-BAJZA, A.: *Untersuchung des Bildungsmechanismus und der Eigenschaften der durch verschiedene äußere Energieverhältnisse auf Aluminium entstehenden Schutzschichten*. In: Metalloberfläche (15), 1961.

[54] ALTENPOHL, D.: *Korrosionsschutz des Aluminiums durch natürliche oder verstärkte Oxidschichten: Neuere Untersuchungen*. In: Metall (9), 1955.

[55] FYFE, W. S.; HOLLANDER, M. A.: In: American Journal of Science (Volume 262), 1964.

[56] HAAS, H.; HOLDAWAY, M. J.: In: EOS, Transactions, Geophysical Union (Volume 51), 1970.

[57] GINSBERG H.; KÖSTER, M.: In: Zeitschrift für anorganische und allgemeine Chemie (271). s.l.: Wiley (VCH), 1952.

[58] PRESCOTT, R.; GRAHAM, M. J.: *The formation of Aluminium Oxide Scales on High-Temperature Alloys*. Canada: Institute of microstructural science - national research council of canada, 1961.

[59] MÜLLER, W.: *Metallische Lotwerkstoffe*. Leipzig: Deutscher Verlag für Grundstoffindustrie, 1960. ISBN 3-342-00530-0

[60] SCAMANS, G. M.; BUTLER, E. P.: *IN Situ Observation of Crystalline Oxide Formation During Aluminium and Aluminium Alloy Oxidation*. In: Metallurgical Transactions A, 1975.

[61] DIN 10204: *Metallische Erzeugnisse - Arten von Prüfbescheinigungen*. Ausgabe 01.2005. Berlin: Beuth Verlag.

[62] DIN 576: *Aluminium und Aluminiumlegierungen - Chemische Zusammensetzung und Form von Halbzeug*. Ausgabe 05.2004. Berlin: Beuth Verlag.

[63] BEHR GmbH & Co. KG: Chemische Werkstoffanalayse, nicht veröffentlichter Bericht, Stuttgart, 2011.

[64] GÜNZLER, H.; BÖCK, H.: *IR-Spektroskopie - eine Einführung*. Weinheim: Verlag Chemie, 1990. ISBN 3-527-21095-4.

[65] OTTO, M.: *Analytische Chemie*. Weinheim: Wiley-VCH Verlag, 2006. ISBN 3-527-31416-4.

[66] GRAY, A.; BUTLER, C.; BOSLAND, A.: *Real Time study of the Oxidation Behaviour of Clad Sheet during Controlled Atmosphere Brazing*. In: 2nd international Congress, Aluminium Brazing Technologies for HVAC&RA. Düsseldorf: DVS Media, 2011.

[67] MEINL, D.: *Produktivitätssteigerung am Beispiel des Löt- sowie des Dichtprüfprozesses* (nicht veröffentlichter Bericht). Pforzheim: Hochschule Pforzheim, 2012.

[68] DOYMUS, A.: *Untersuchung des Trocknungsprozesses in einer Nocolok Lötanlage, insbesondere des Oxidschichtverhaltens auf einer Aluminiumoberfläche* (nicht veröffentlichter Bericht). Karlsruhe: KIT Karlsruhe, 2012.

[69] Bernt Messtechnik GmbH: *Laser GasTM II.* Düsseldorf: Bernt Messtechnik, 2009.

[70] TÜV, Süd: *Bericht Fa. Behr GmbH - Erstellung von Schliffbildern* (nicht veröffentlichter Bericht). Münster: TÜV Süd, 2012.

[71] LOHREY, M.; MEINL, D.: *Inbetriebnahme eines Diodenlaser-Spektromenters zur Messung des HF und H_20 gehalts des Trockners und der Vorheizzone von Ofen 3* (nicht veröffentlichter Bericht). Mühlacker: Behr GmbH & Co. Kg, 2012.

[72] OFG Analytik: *Analysen an mit 18O-Wasser behandelten Al-Blechen* (unveröffentlichter Bericht), Münster: OFG Analytik, 2012.

[73] ZÄHR, J.; FÜSSEL, U.; ULLRICH, H.-J.; TÜRPE, M.; GRÜNENWALD, B.; WALD, A.; OSWALD, S.: *Aufbau und Beeinflussung der natürlichen Al-Oxidschicht sowie deren Auswirkung auf das thermische Fügen*. In: Brazing, High Temperature Brazing and Diffusion Bonding, DVS-Berichte Band 263. Düsseldorf: DVS Media, 2010. S. 296 - 303. ISBN 978-3-87155-589-3

[74] BLUMENAUER, H.: *Werkstoffprüfung*. Stuttgart: Deutscher Verlag für Grundstoffindustrie, 1994. ISBN 3-342-00547-5.

[75] Innoval Technology: *FTIR Aufheizanalyse* (nicht veröffentlichter Bericht). Banbury, 2012.

[76] ONAL, K.; MARIS-SIDA, M. C.; MAIER, G.H.; PETITT, F.S.: *Water vapor effects on the cyclic oxidation resistance of Alumina forming alloys*. UK: Materials at high temperature, 2003.

[77] Sigma-Aldrich Chemie GmbH: *Sicherheitsdatenblatt für 18O Wasser gemäß Verordnung (EG) Nr. 1907/2006*. Steinheim: Sigma-Aldrich Chemie GmbH, 2012.

[78] CREBER, D. K.; BALL, J.; FIELD, D. J.: *A Mechanistic Study of Aluminum Vacuum Brazing*. Kingsten, Ontario (Kanada): Society of Automotive Engeneers, Inc., 1988.

10 Abbildungsverzeichnis und Tabellenverzeichnis

10.1 Abbildungsverzeichnis

10.2 Tabellenverzeichnis

Anlage

11 Anlagen

11.1 Anlagenverzeichnis

11.2 Winkelproben gelötet in Atmosphären mit unterschiedlichen Zusammensetzungen

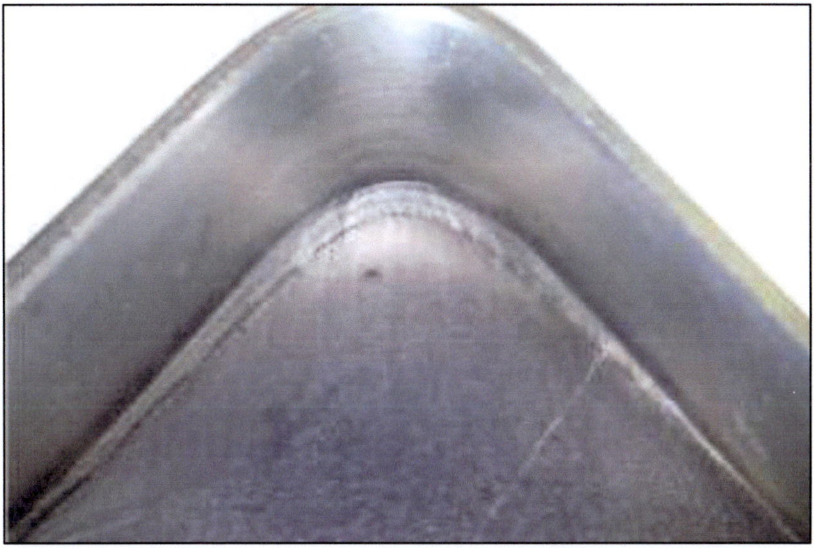

Abbildung 97: Winkelprobe gelötet bei 12 ppm Sauerstoff, 0 ppm Wasser, Rest Stickstoff

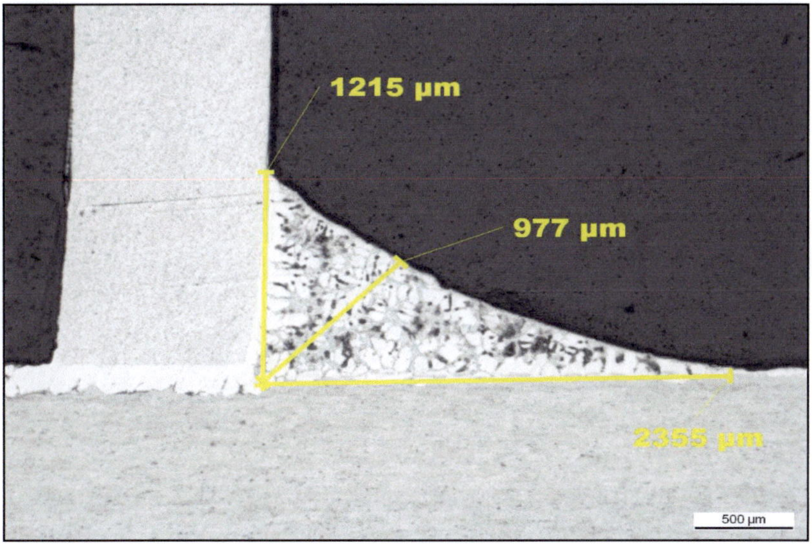

Abbildung 98: Schliffposition 1, zu Winkelprobe gelötet bei 12 ppm Sauerstoff, 0 ppm Wasser, Rest Stickstoff [70]

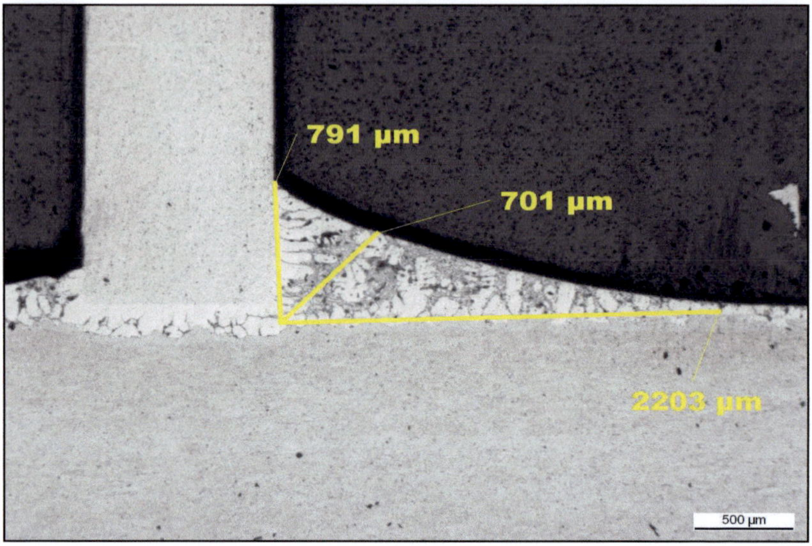

Abbildung 99: Schliffposition 2, zu Winkelprobe gelötet bei 12 ppm Sauerstoff, 0 ppm Wasser, Rest Stickstoff [70]

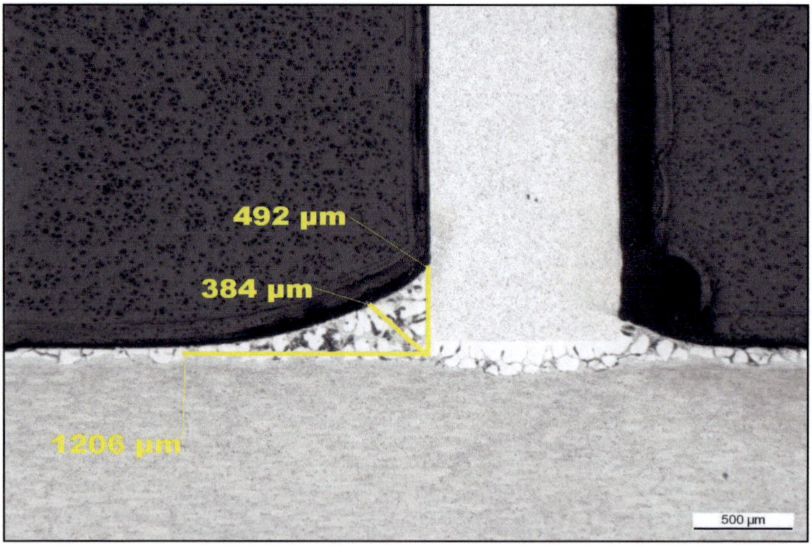

Abbildung 100: Schliffposition 3, zu Winkelprobe gelötet bei 12 ppm Sauerstoff, 0 ppm Wasser, Rest Stickstoff [70]

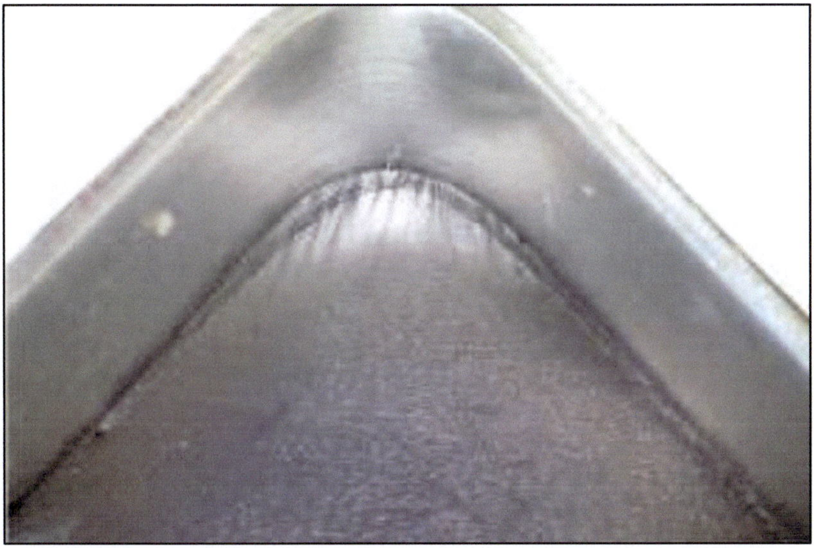

Abbildung 101: Winkelprobe gelötet bei 50 ppm Sauerstoff, 0 ppm Wasser, Rest Stickstoff

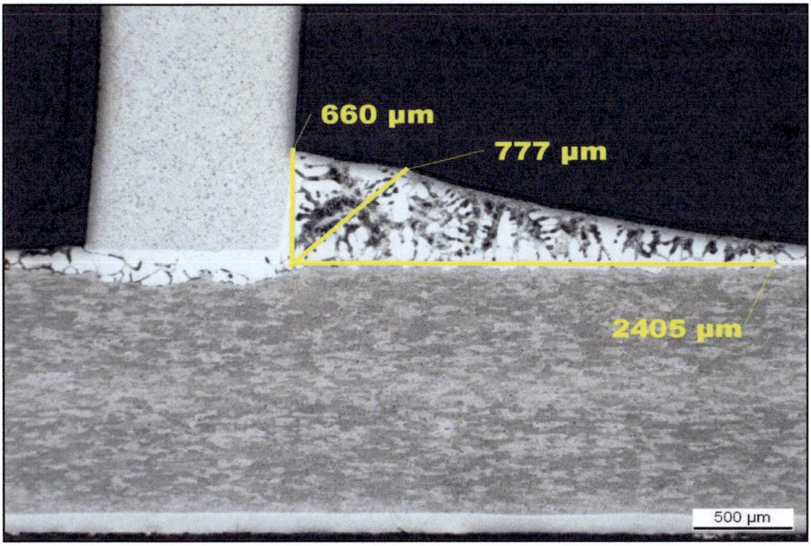

Abbildung 102: Schliffposition 1, zu Winkelprobe gelötet bei 50 ppm Sauerstoff, 0 ppm Wasser, Rest Stickstoff [70]

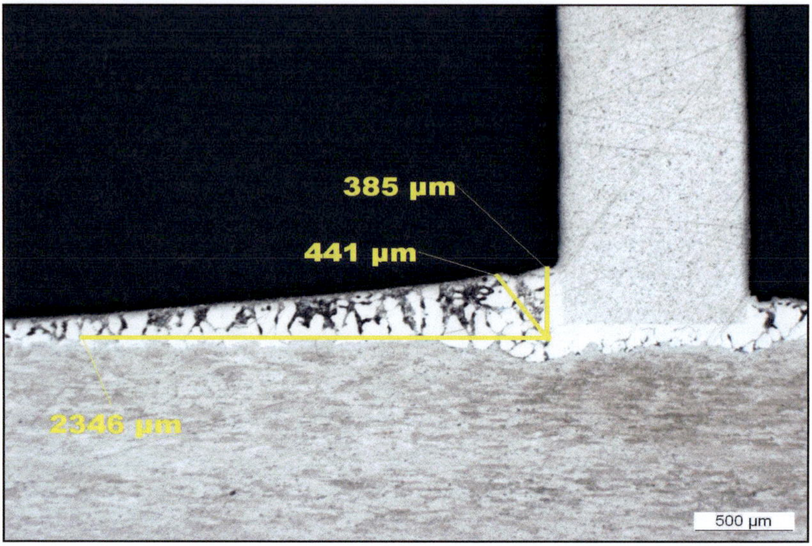

Abbildung 103: Schliffposition 2, zu Winkelprobe gelötet bei 50 ppm Sauerstoff, 0 ppm Wasser, Rest Stickstoff [70]

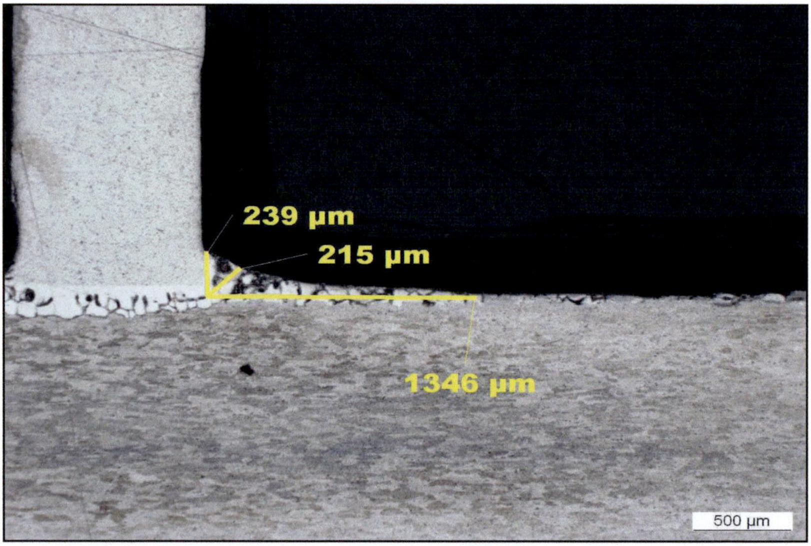

Abbildung 104: Schliffposition 3, zu Winkelprobe gelötet bei 50 ppm Sauerstoff, 0 ppm Wasser, Rest Stickstoff [70]

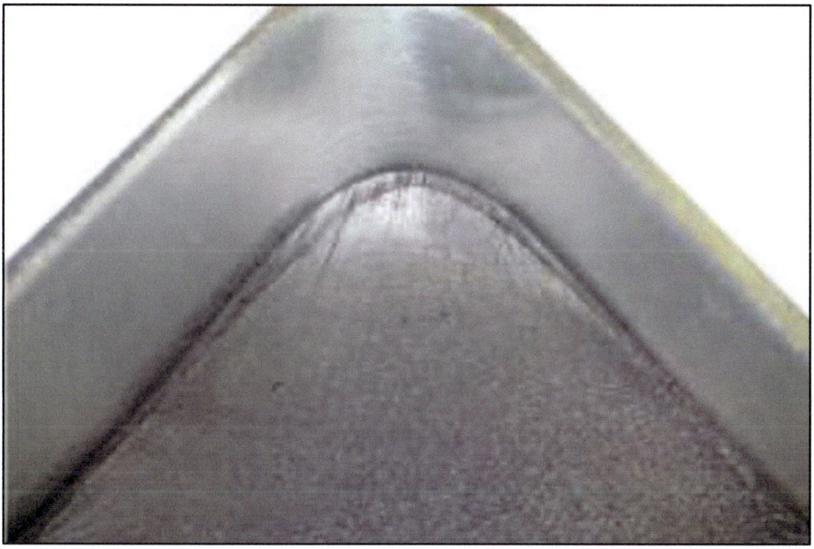

Abbildung 105: Winkelprobe gelötet bei 100 ppm Sauerstoff, 0 ppm Wasser, Rest Stickstoff

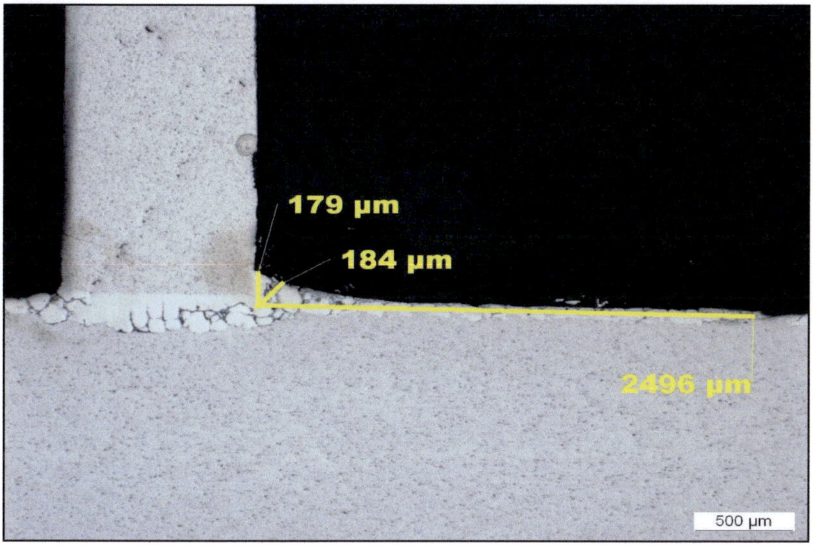

Abbildung 106: Schliffposition 1, zu Winkelprobe gelötet bei 100 ppm Sauerstoff, 0 ppm Wasser, Rest Stickstoff [70]

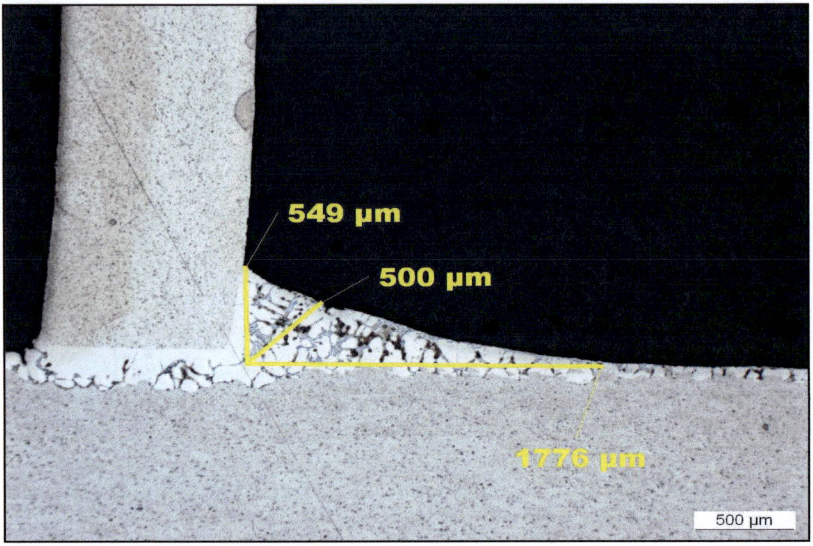

Abbildung 107: Schliffposition 2, zu Winkelprobe gelötet bei 100 ppm Sauerstoff, 0 ppm Wasser, Rest Stickstoff [70]

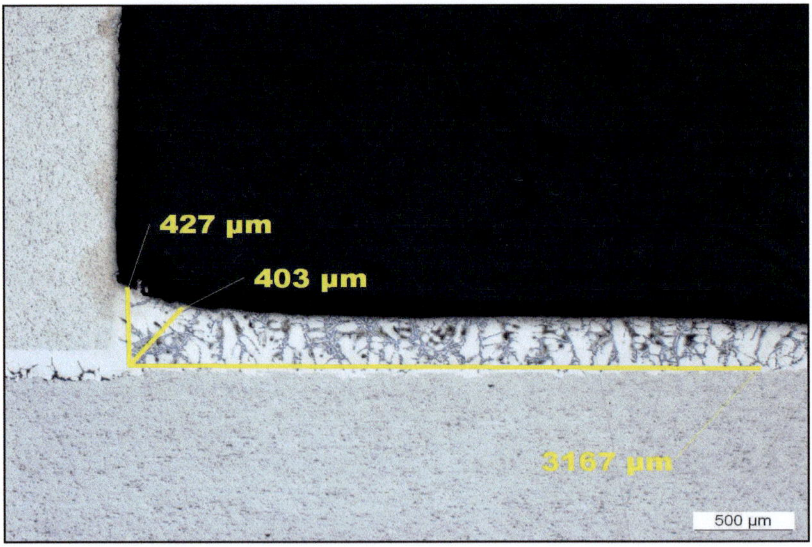

Abbildung 108: Schliffposition 3, zu Winkelprobe gelötet bei 100 ppm Sauerstoff, 0 ppm Wasser, Rest Stickstoff [70]

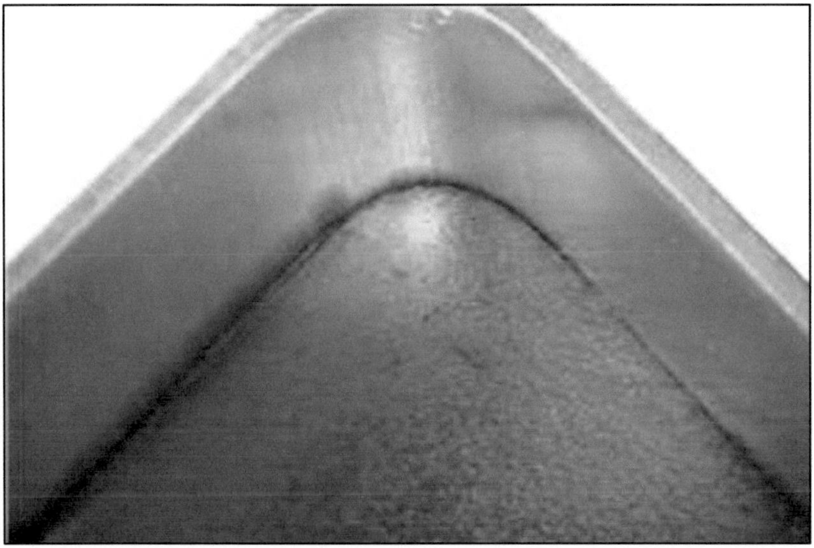

Abbildung 109: Winkelprobe gelötet bei 200 ppm Sauerstoff, 0 ppm Wasser, Rest Stickstoff

Abbildung 110: Schliffposition 1, zu Winkelprobe gelötet bei 200 ppm Sauerstoff, 0 ppm Wasser, Rest Stickstoff [70]

Abbildung 111: Schliffposition 2, zu Winkelprobe gelötet bei 200 ppm Sauerstoff, 0 ppm Wasser, Rest Stickstoff [70]

Abbildung 112: Schliffposition 3, zu Winkelprobe gelötet bei 200 ppm Sauerstoff, 0 ppm Wasser, Rest Stickstoff [70]

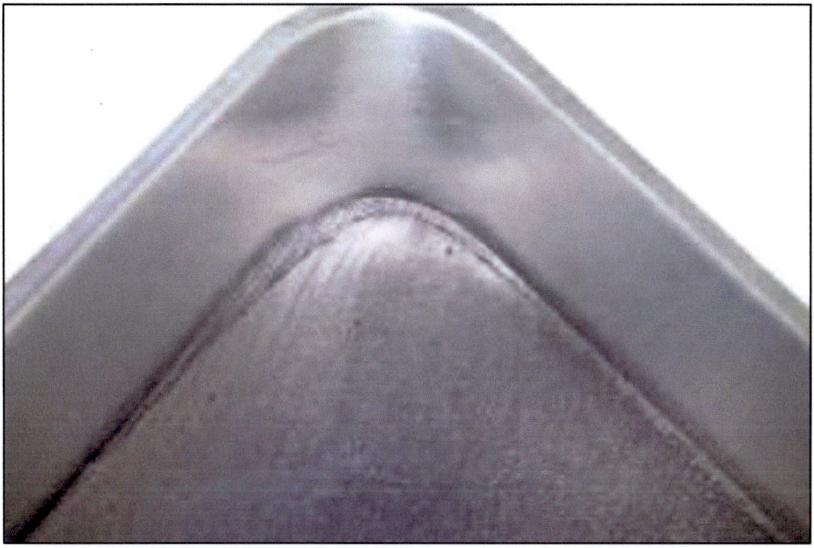

Abbildung 113: Winkelprobe gelötet bei 12 ppm Sauerstoff, 50 ppm Wasser, Rest Stickstoff

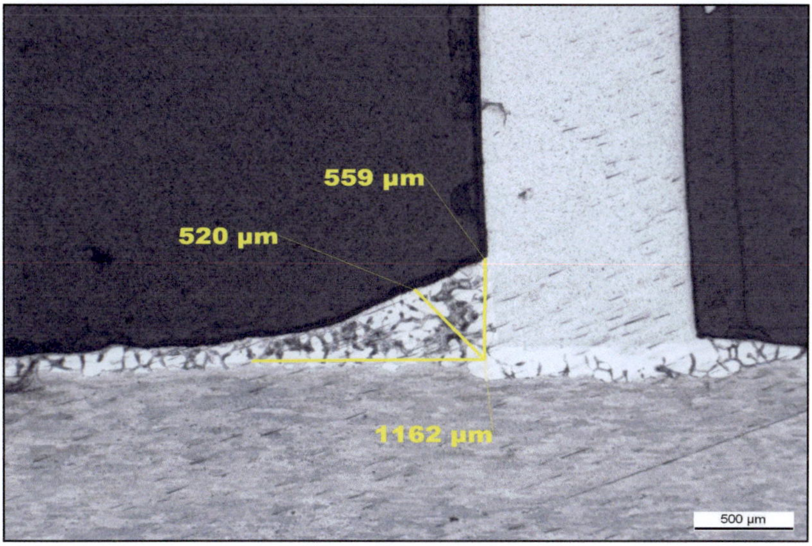

Abbildung 114: Schliffposition 1, zu Winkelprobe gelötet bei 12 ppm Sauerstoff, 50 ppm Wasser, Rest Stickstoff [70]

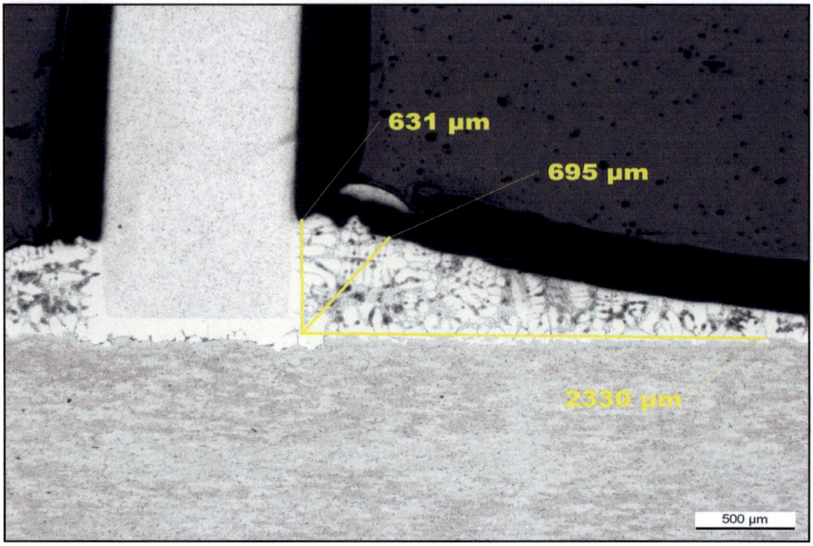

Abbildung 115: Schliffposition 2, zu Winkelprobe gelötet bei 12 ppm Sauerstoff, 50 ppm Wasser, Rest Stickstoff [70]

Abbildung 116: Schliffposition 3, zu Winkelprobe gelötet bei 12 ppm Sauerstoff, 50 ppm Wasser, Rest Stickstoff [70]

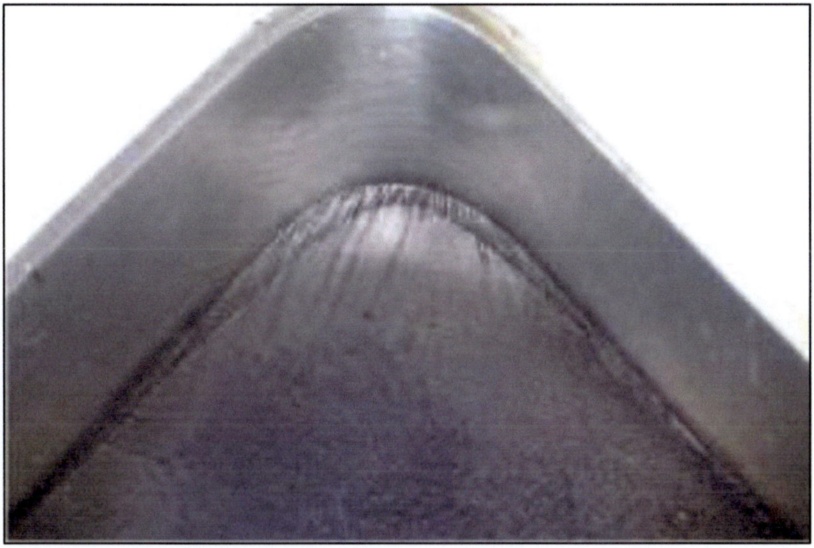

Abbildung 117: Winkelprobe gelötet bei 50 ppm Sauerstoff, 50 ppm Wasser, Rest Stickstoff

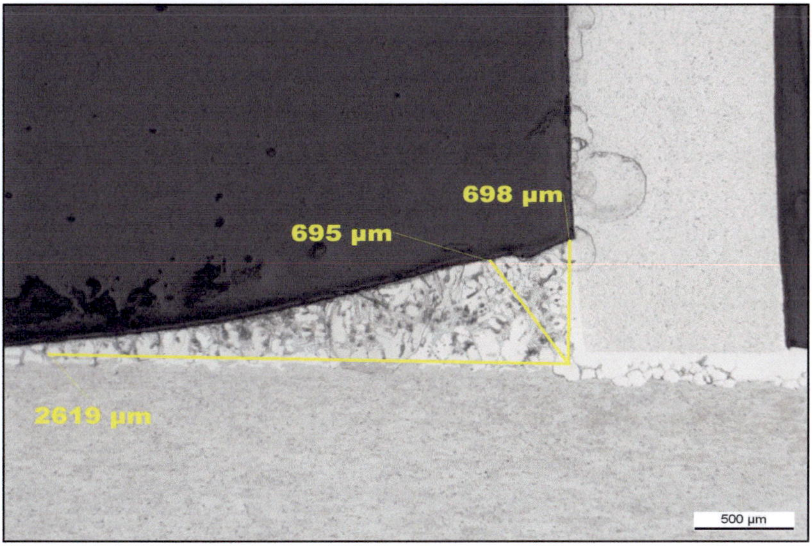

Abbildung 118: Schliffposition 1, zu Winkelprobe gelötet bei 50 ppm Sauerstoff, 50 ppm Wasser, Rest Stickstoff [70]

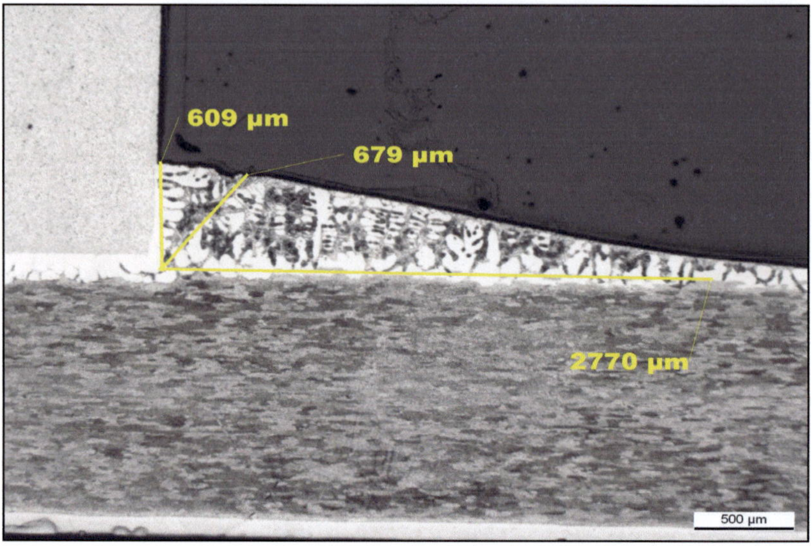

Abbildung 119: Schliffposition 2, zu Winkelprobe gelötet bei 50 ppm Sauerstoff, 50 ppm Wasser, Rest Stickstoff [70]

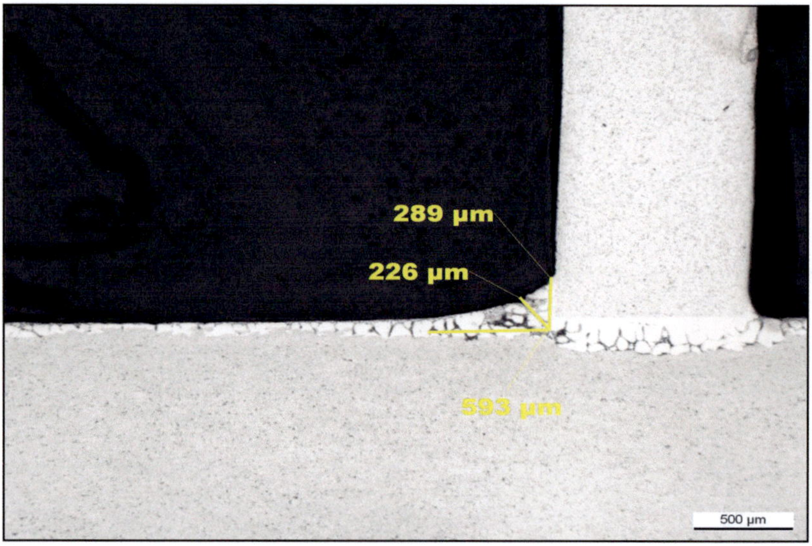

Abbildung 120: Schliffposition 3, zu Winkelprobe gelötet bei 50 ppm Sauerstoff, 50 ppm Wasser, Rest Stickstoff [70]

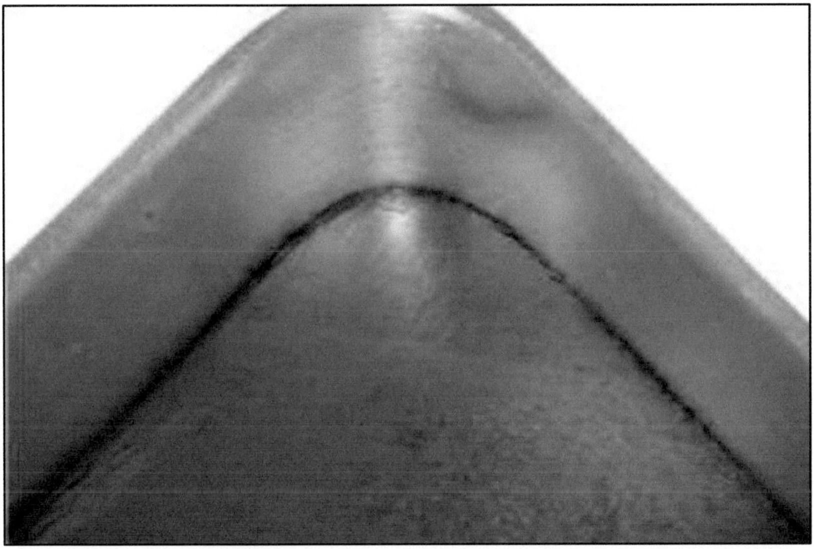

Abbildung 121: Winkelprobe gelötet bei 100 ppm Sauerstoff, 50 ppm Wasser, Rest Stickstoff

Abbildung 122: Schliffposition 1, zu Winkelprobe gelötet bei 100 ppm Sauerstoff, 50 ppm Wasser, Rest Stickstoff [70]

Abbildung 123: Schliffposition 2, zu Winkelprobe gelötet bei 100 ppm Sauerstoff, 50 ppm Wasser, Rest Stickstoff [70]

Abbildung 124: Schliffposition 3, zu Winkelprobe gelötet bei 100 ppm Sauerstoff, 50 ppm Wasser, Rest Stickstoff [70]

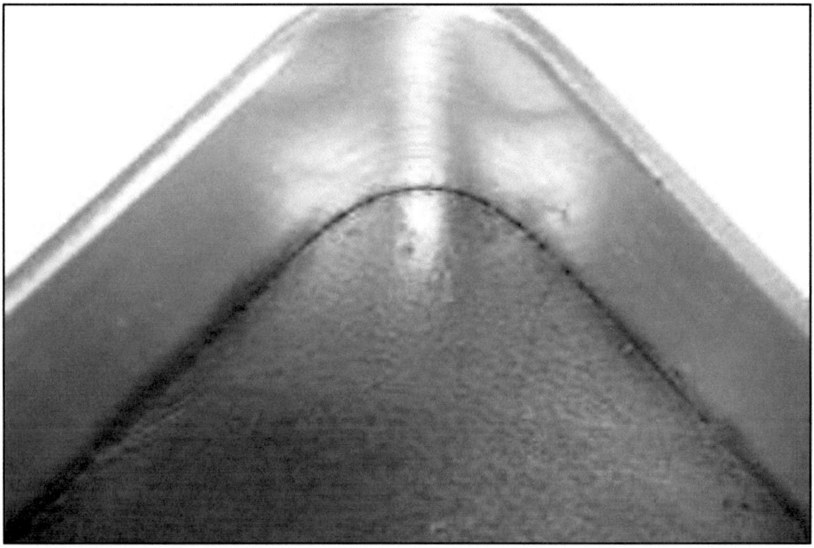

Abbildung 125: Winkelprobe gelötet bei 200 ppm Sauerstoff, 50 ppm Wasser, Rest Stickstoff

Abbildung 126: Schliffposition 1, zu Winkelprobe gelötet bei 200 ppm Sauerstoff, 50 ppm Wasser, Rest Stickstoff [70]

Abbildung 127: Schliffposition 2, zu Winkelprobe gelötet bei 200 ppm Sauerstoff, 50 ppm Wasser, Rest Stickstoff [70]

Abbildung 128: Schliffposition 3, zu Winkelprobe gelötet bei 200 ppm Sauerstoff, 50 ppm Wasser, Rest Stickstoff [70]

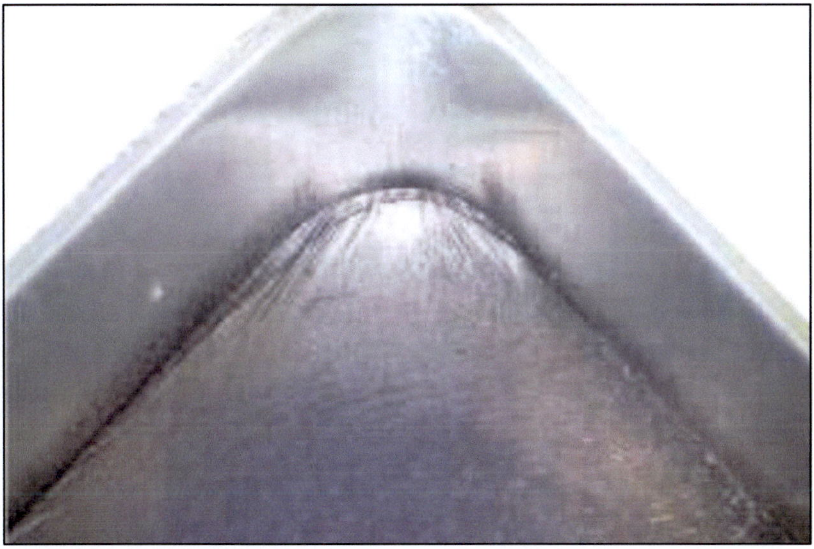

Abbildung 129: Winkelprobe gelötet bei 12 ppm Sauerstoff, 100 ppm Wasser, Rest Stickstoff

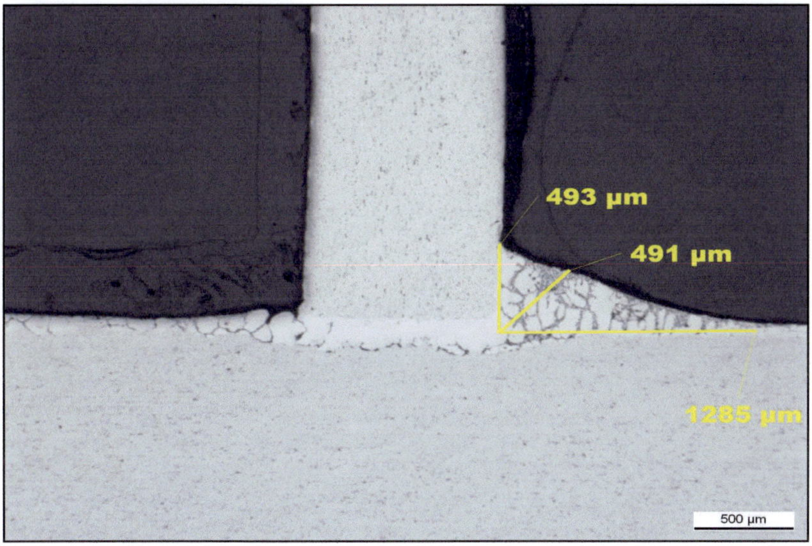

Abbildung 130: Schliffposition 1, zu Winkelprobe gelötet bei 12 ppm Sauerstoff, 100 ppm Wasser, Rest Stickstoff [70]

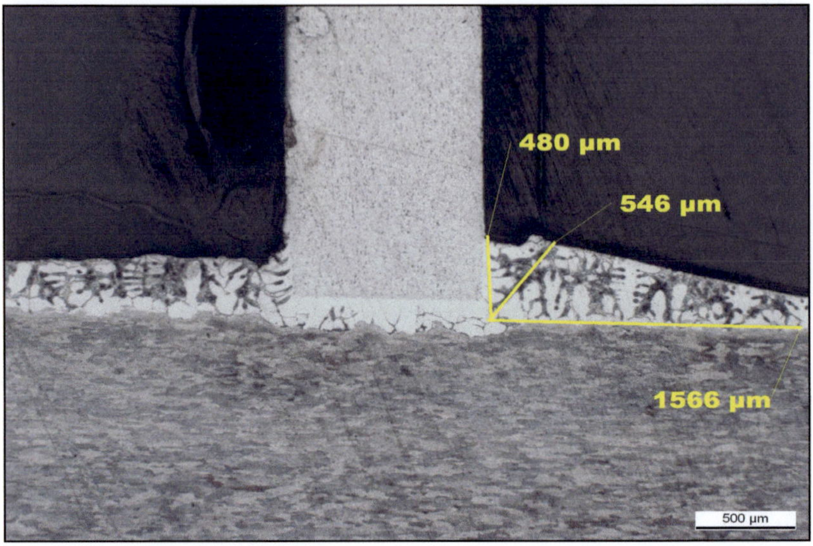

Abbildung 131: Schliffposition 2, zu Winkelprobe gelötet bei 12 ppm Sauerstoff, 100 ppm Wasser, Rest Stickstoff [70]

Abbildung 132: Schliffposition 3,zu Winkelprobe gelötet bei 12 ppm Sauerstoff, 100 ppm Wasser, Rest Stickstoff [70]

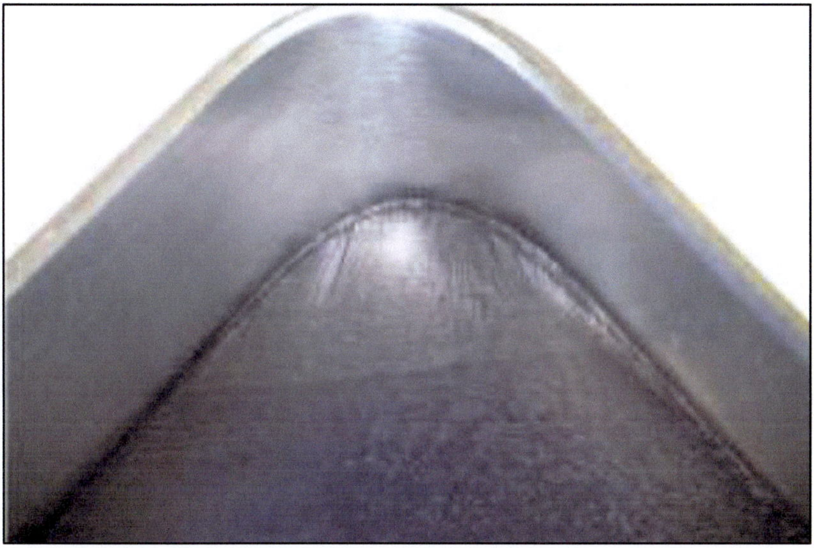

Abbildung 133: Winkelprobe gelötet bei 50 ppm Sauerstoff, 100 ppm Wasser, Rest Stickstoff

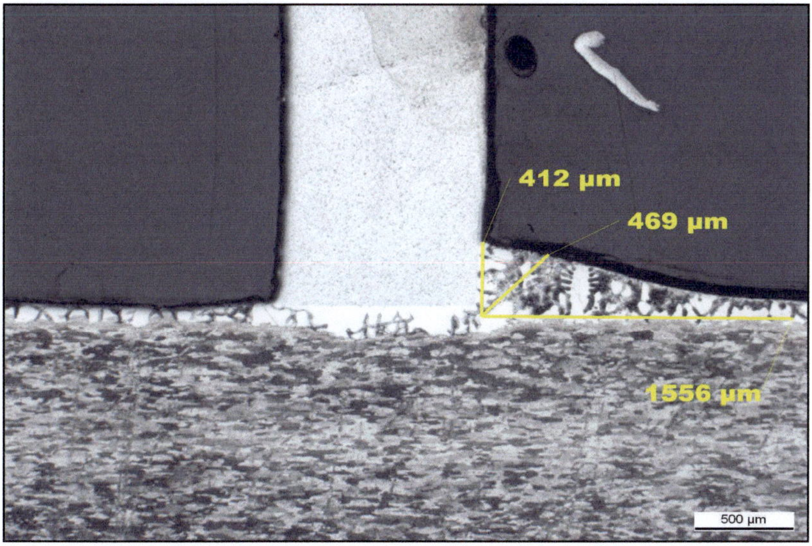

Abbildung 134: Schliffposition 1, zu Winkelprobe gelötet bei 50 ppm Sauerstoff, 100 ppm Wasser, Rest Stickstoff [70]

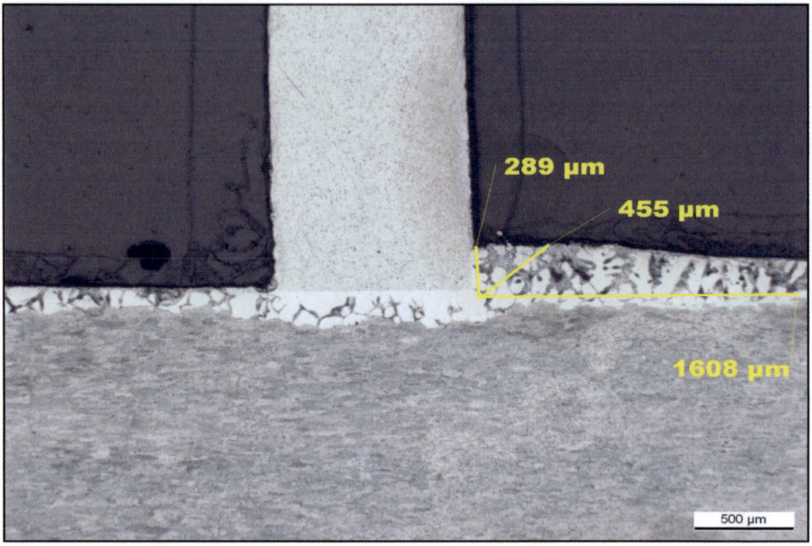

Abbildung 135: Schliffposition 2, zu Winkelprobe gelötet bei 50 ppm Sauerstoff, 100 ppm Wasser, Rest Stickstoff

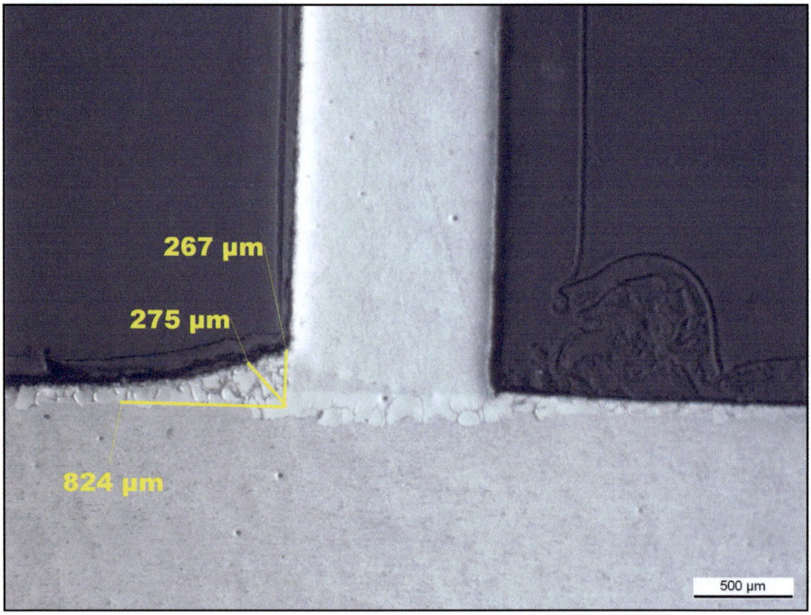

Abbildung 136: Schliffposition 3, zu Winkelprobe gelötet bei 50 ppm Sauerstoff, 100 ppm Wasser, Rest Stickstoff [70]

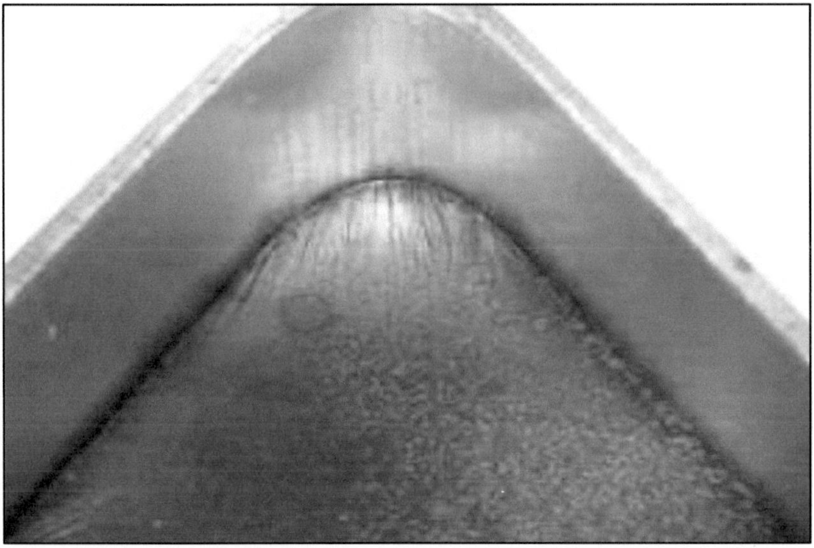

Abbildung 137: Winkelprobe gelötet bei 100 ppm Sauerstoff, 100 ppm Wasser, Rest Stickstoff

Abbildung 138: Schliffposition 1, zu Winkelprobe gelötet bei 100 ppm Sauerstoff, 100 ppm Wasser, Rest Stickstoff [70]

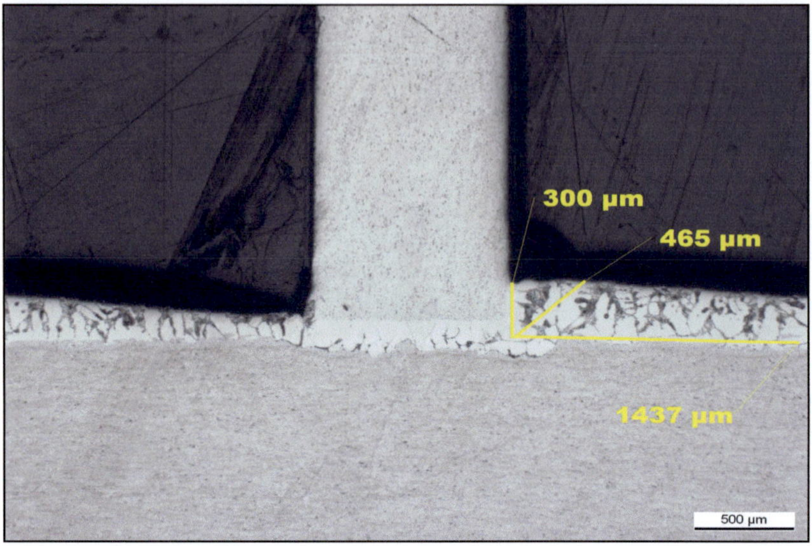

Abbildung 139: Schliffposition 2, zu Winkelprobe gelötet bei 100 ppm Sauerstoff, 100 ppm Wasser, Rest Stickstoff [70]

Abbildung 140: Schliffposition 3, zu Winkelprobe gelötet bei 100 ppm Sauerstoff, 100 ppm Wasser, Rest Stickstoff [70]

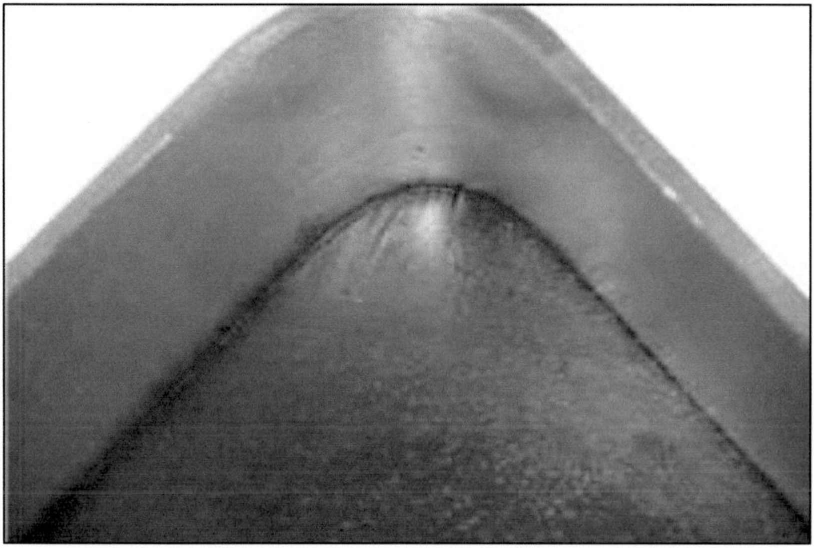

Abbildung 141: Winkelprobe gelötet bei 200 ppm Sauerstoff, 100 ppm Wasser, Rest Stickstoff

Abbildung 142: Schliffposition 1, zu Winkelprobe gelötet bei 200 ppm Sauerstoff, 100 ppm Wasser, Rest Stickstoff [70]

Abbildung 143: Schliffposition 2, zu Winkelprobe gelötet bei 200 ppm Sauerstoff, 100 ppm Wasser, Rest Stickstoff [70]

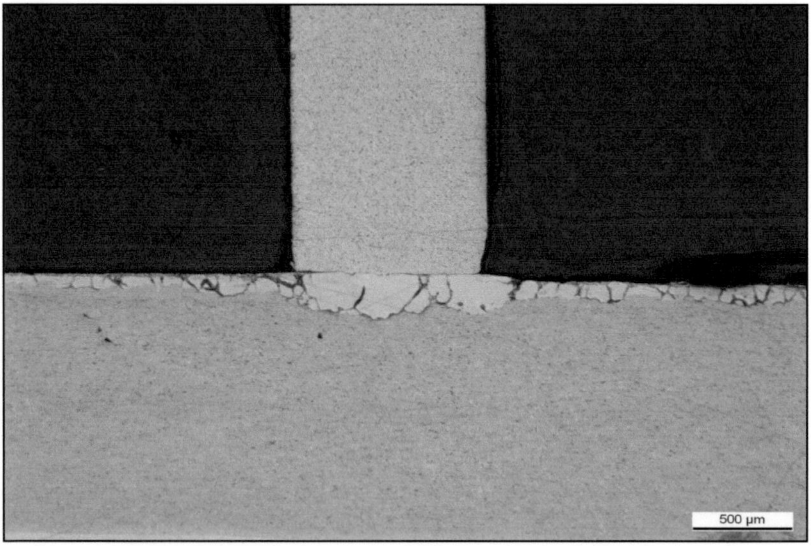

Abbildung 144: Schliffposition 3, zu Winkelprobe gelötet bei 200 ppm Sauerstoff, 100 ppm Wasser, Rest Stickstoff [70]

11.3 Winkelproben gelötet nach Wasserlagerung

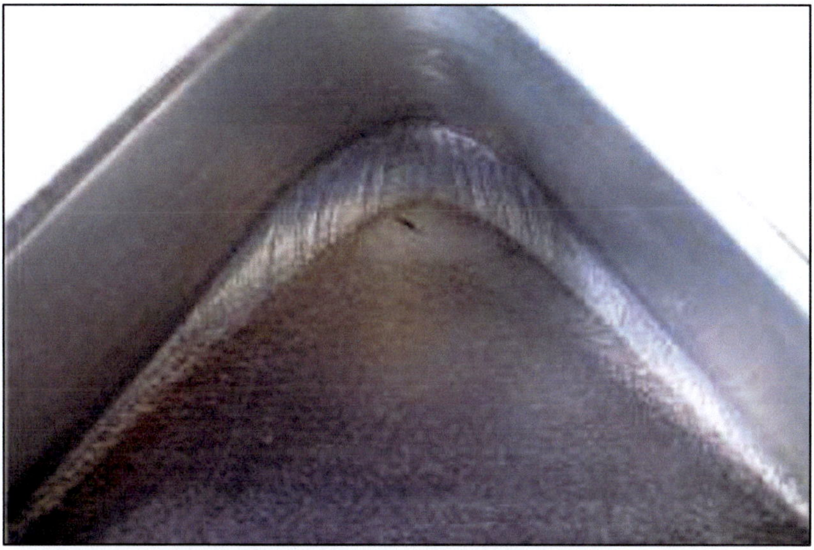

Abbildung 145: Winkelprobe gelötet bei 12 ppm Sauerstoff, Rest Stickstoff

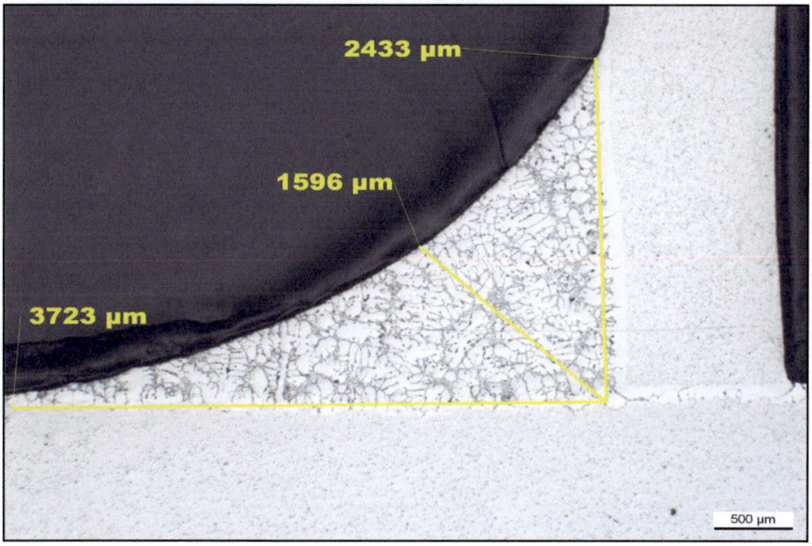

Abbildung 146: Schliffposition 1, zu Winkelprobe gelötet bei 12 ppm Sauerstoff, Rest Stickstoff [70]

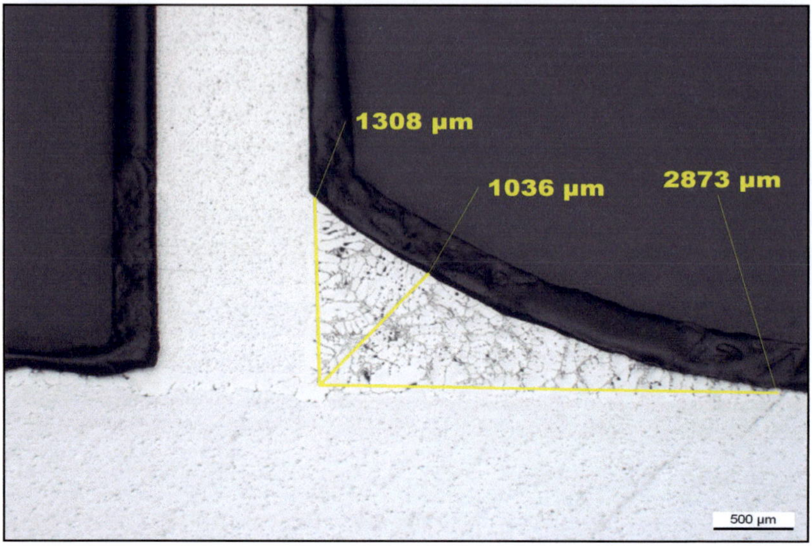

Abbildung 147: Schliffposition 2, zu Winkelprobe gelötet bei 12 ppm Sauerstoff, Rest Stickstoff [70]

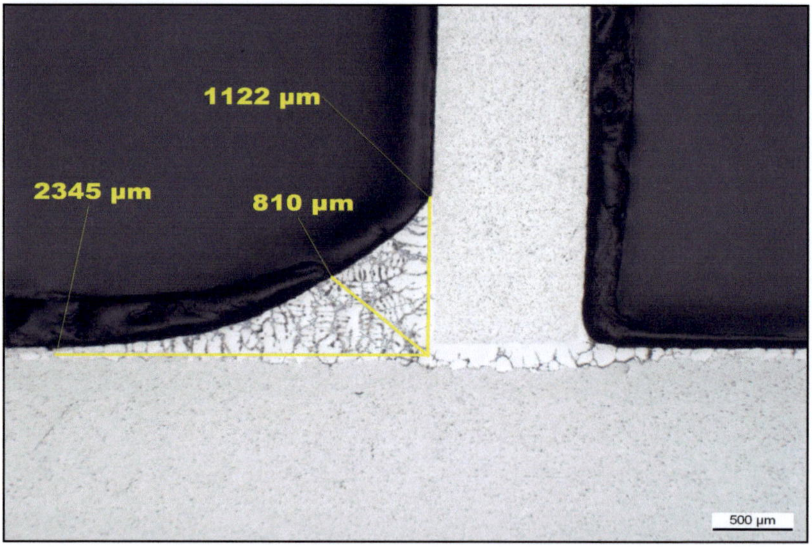

Abbildung 148: Schliffposition 3, zu Winkelprobe gelötet bei 12 ppm Sauerstoff, Rest Stickstoff [70]

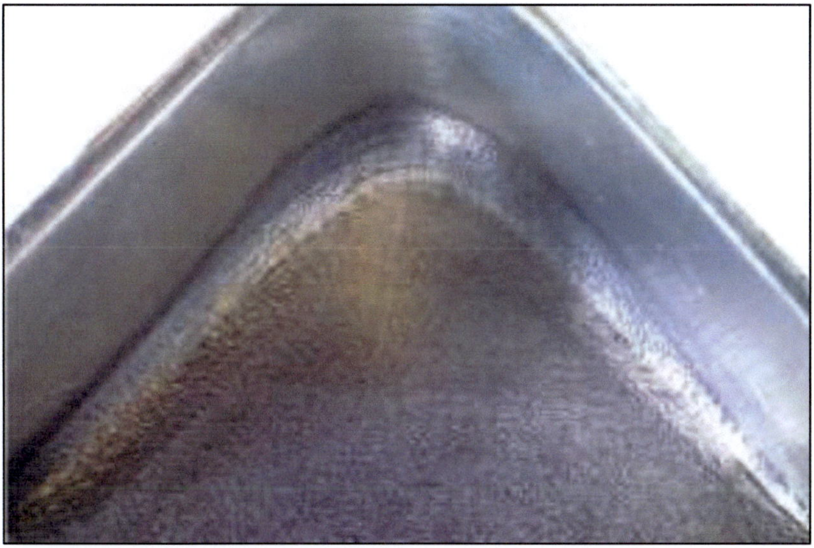

Abbildung 149: Winkelprobe gelötet nach 5 Minuten Wasserlagerung, gelötet bei 12 ppm Sauerstoff, Rest Stickstoff [70]

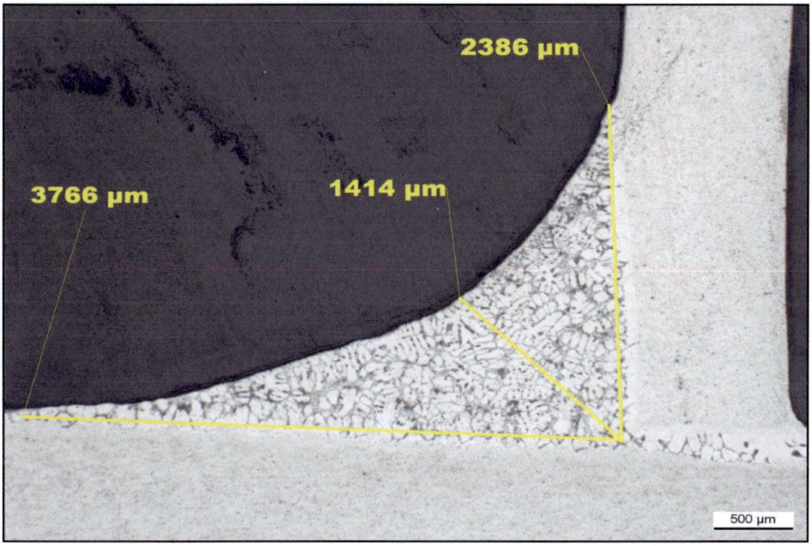

Abbildung 150: Schliffposition 1, zu Winkelprobe gelötet nach 5 Minuten Wasserlagerung, gelötet bei 12 ppm Sauerstoff, Rest Stickstoff [70]

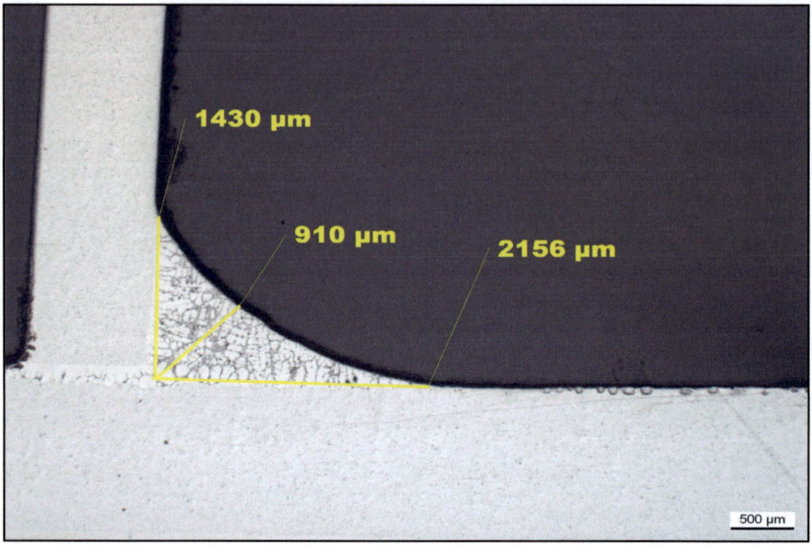

Abbildung 151: Schliffposition 2, zu Winkelprobe gelötet nach 5 Minuten Wasserlagerung, gelötet bei 12 ppm Sauerstoff, Rest Stickstoff [70]

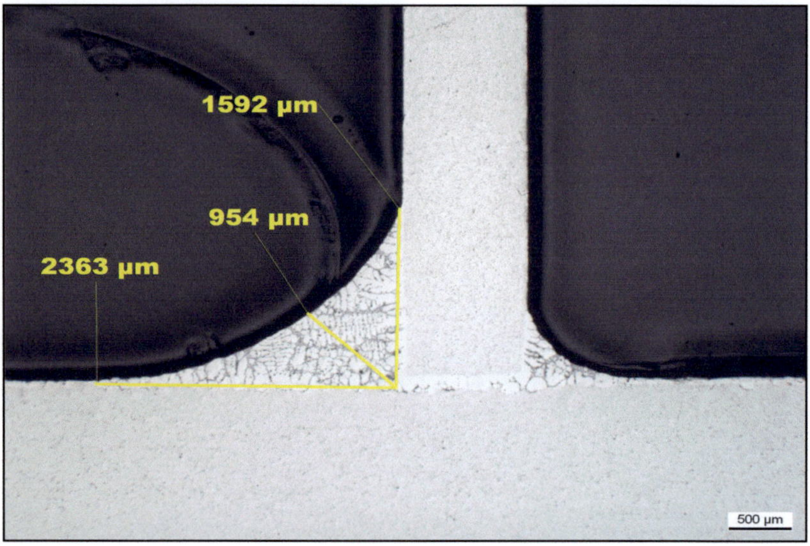

Abbildung 152: Schliffposition 3, zu Winkelprobe gelötet nach 5 Minuten Wasserlagerung, gelötet bei 12 ppm Sauerstoff, Rest Stickstoff [70]

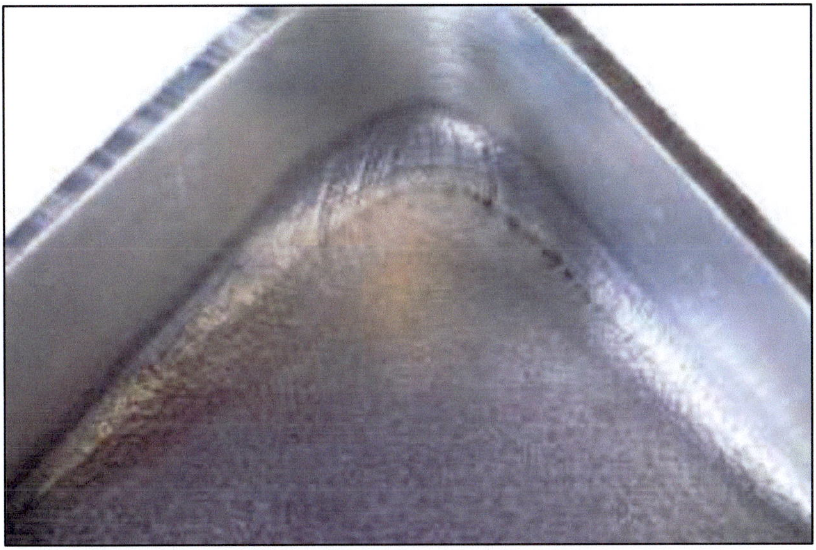

Abbildung 153: Winkelprobe gelötet nach 60 Minuten Wasserlagerung, gelötet bei 12 ppm Sauerstoff, Rest Stickstoff

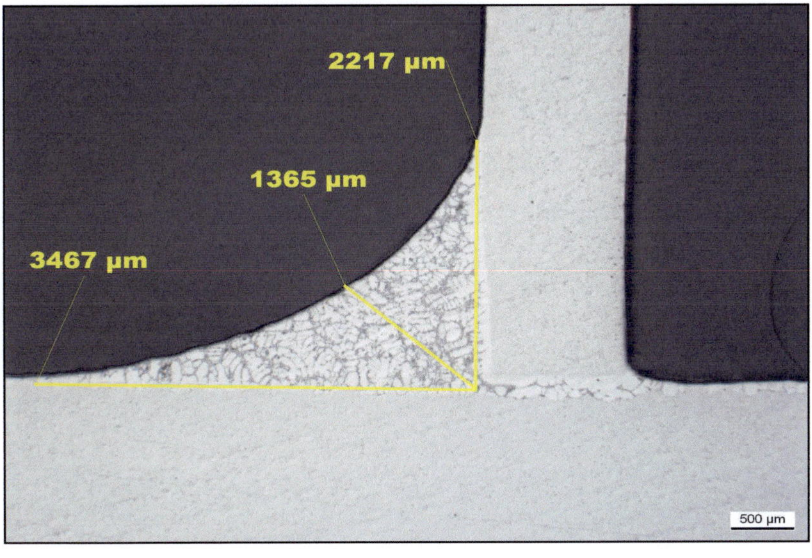

Abbildung 154: Schliffposition 1, zu Winkelprobe gelötet nach 60 Minuten Wasserlagerung, gelötet bei 12 ppm Sauerstoff, Rest Stickstoff [70]

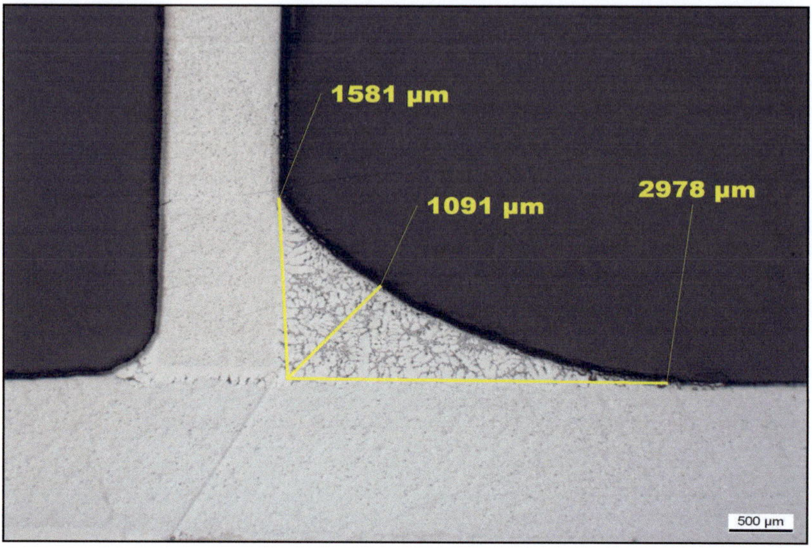

Abbildung 155: Schliffposition 2, zu Winkelprobe gelötet nach 60 Minuten Wasserlagerung, gelötet bei 12 ppm Sauerstoff, Rest Stickstoff [70]

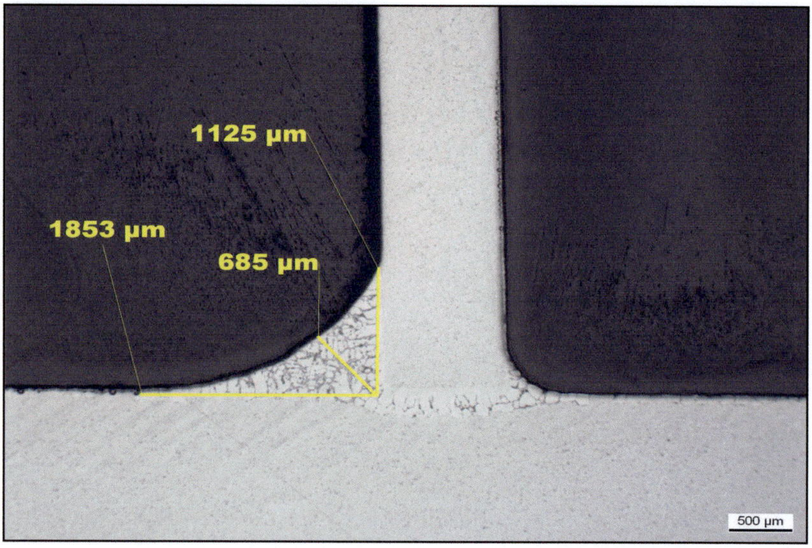

Abbildung 156: Schliffposition 3, zu Winkelprobe gelötet nach 60 Minuten Wasserlagerung, gelötet bei 12 ppm Sauerstoff, Rest Stickstoff [70]

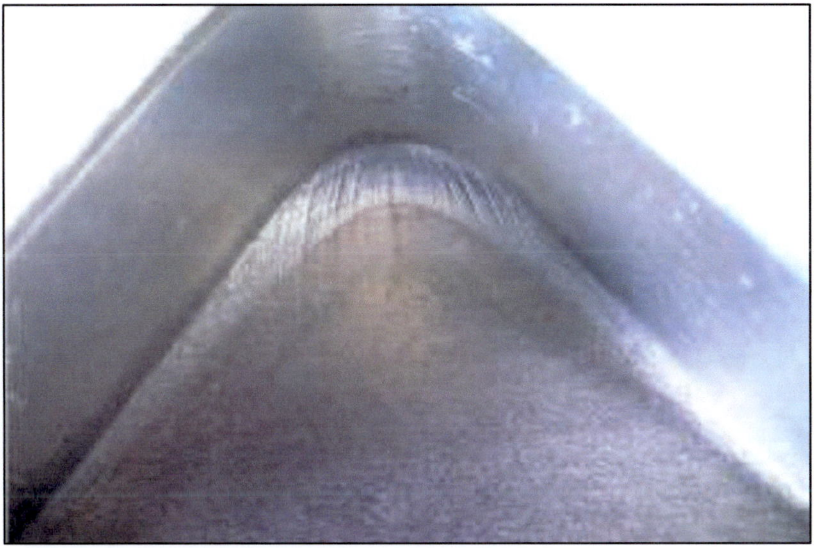

Abbildung 157: Winkelprobe gelötet nach 1440 Minuten Wasserlagerung, gelötet bei 12 ppm Sauerstoff, Rest Stickstoff

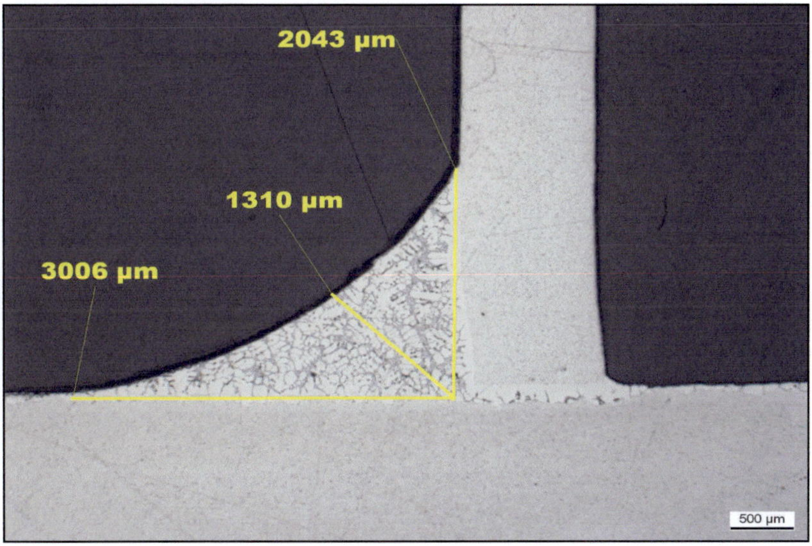

Abbildung 158 Schliffposition 1, zu Winkelprobe gelötet nach 1440 Minuten Wasserlagerung, gelötet bei 12 ppm Sauerstoff, Rest Stickstoff [70]

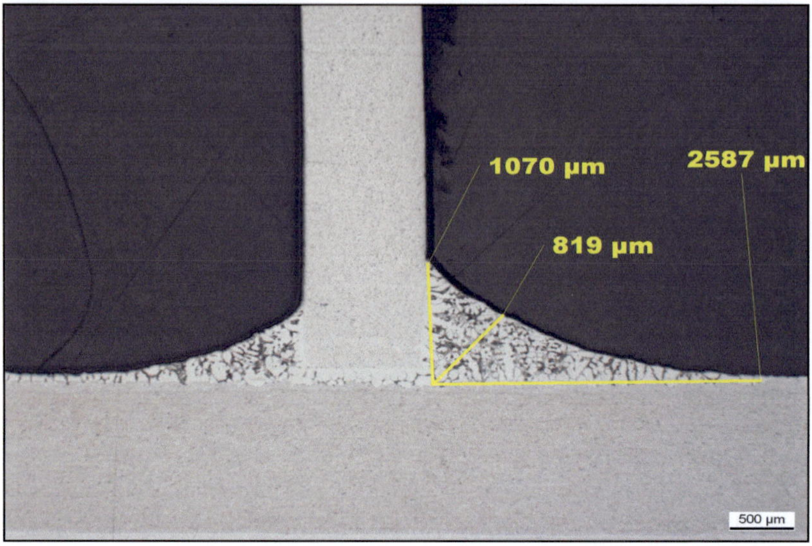

Abbildung 159: Schliffposition 2, zu Winkelprobe gelötet nach 1440 Minuten Wasserlagerung, gelötet bei 12 ppm Sauerstoff, Rest Stickstoff [70]

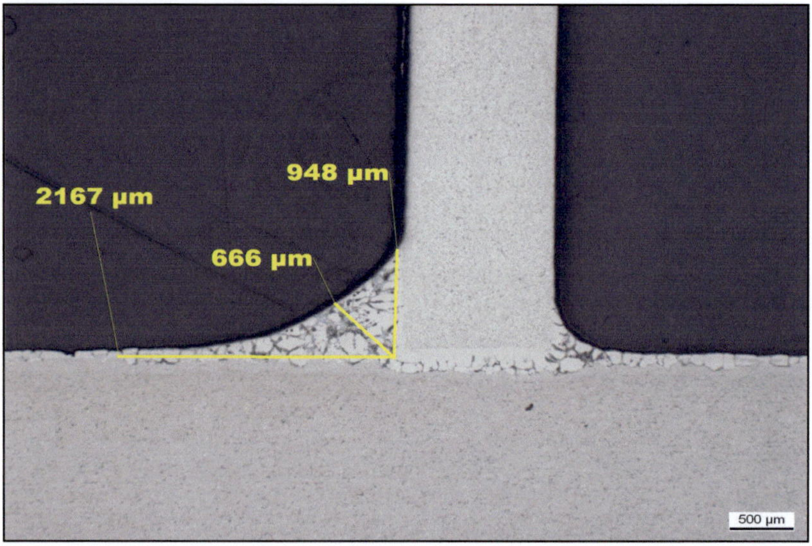

Abbildung 160: Schliffposition 3, zu Winkelprobe gelötet nach 1440 Minuten Wasserlagerung, gelötet bei 12 ppm Sauerstoff, Rest Stickstoff [70]

11.4 Winkelproben gelötet nach Wasserlagerung und anschließender Sauerstofflagerung

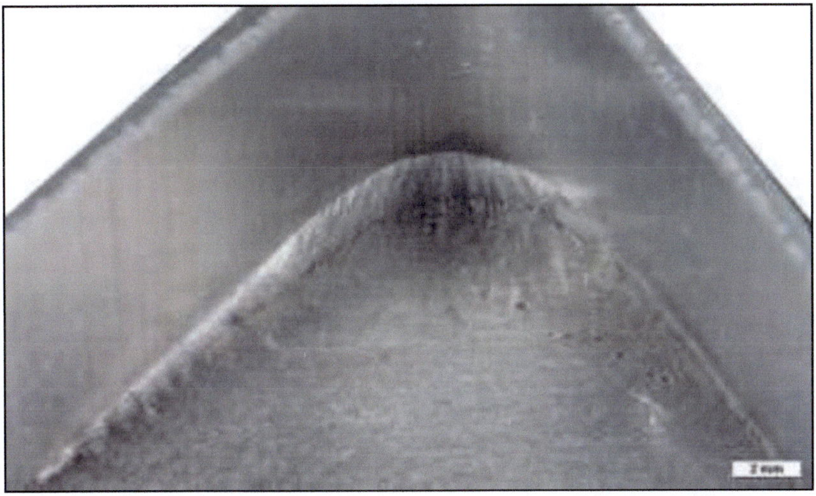

Abbildung 161: Winkelprobe gelötet nach 24 Stunden Wasserlagerung und einem Tag Sauerstofflagerung, gelötet bei 12 ppm Sauerstoff, Rest Stickstoff

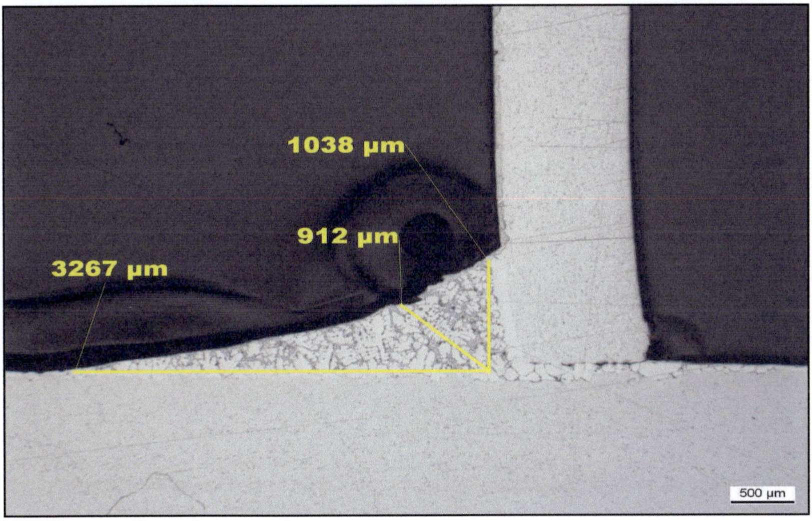

Abbildung 162 :Schliffposition 1, zu Winkelprobe gelötet nach 24 Stunden Wasserlagerung und einem Tag Sauerstofflagerung, gelötet bei 12 ppm Sauerstoff, Rest Stickstoff [70]

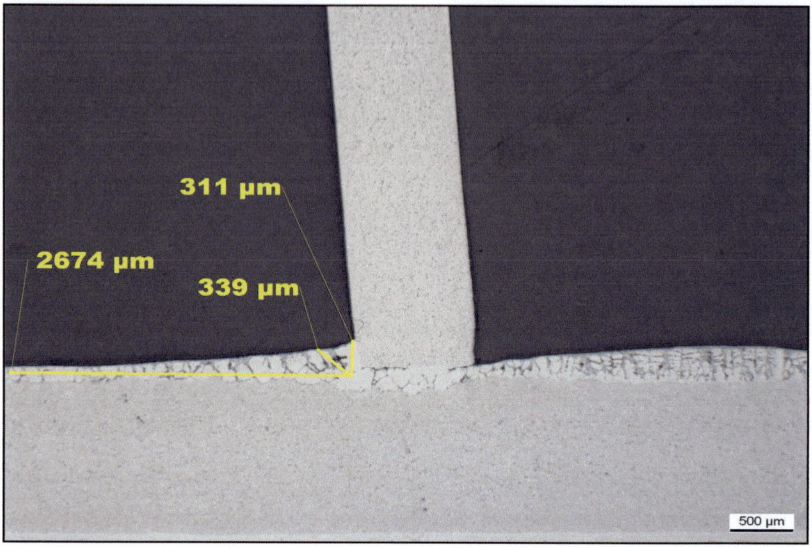

Abbildung 163: Schliffposition 2, zu Winkelprobe gelötet nach 24 Stunden Wasserlagerung und einem Tag Sauerstofflagerung, gelötet bei 12 ppm Sauerstoff, Rest Stickstoff [70]

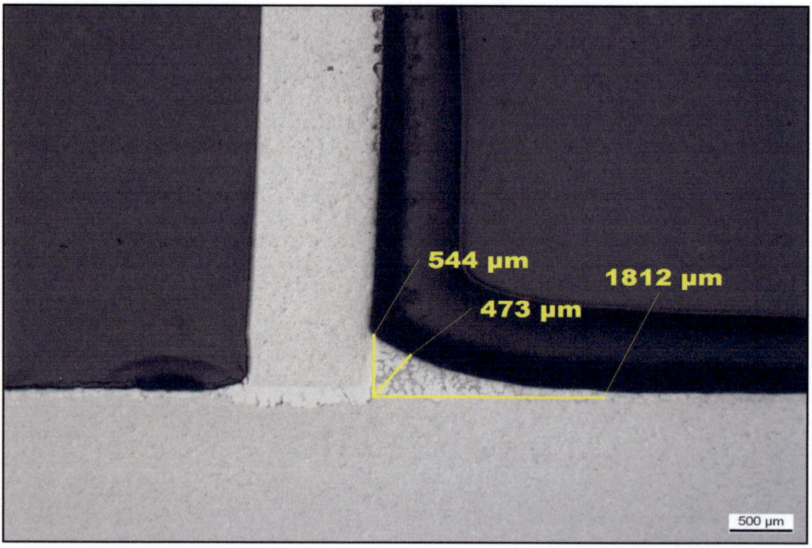

Abbildung 164: Schliffposition 3, zu Winkelprobe gelötet nach 24 Stunden Wasserlagerung und einem Tag Sauerstofflagerung, gelötet bei 12 ppm Sauerstoff, Rest Stickstoff [70]

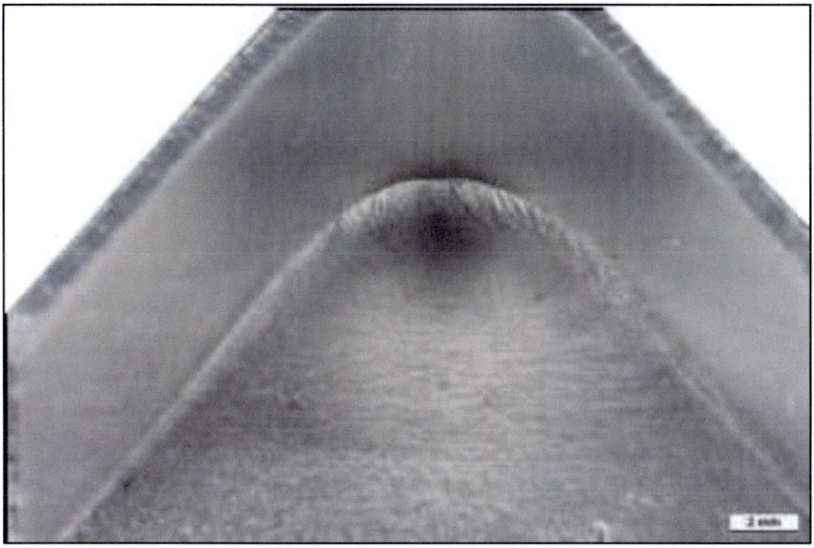

Abbildung 165: Winkelprobe gelötet nach 24 Stunden Wasserlagerung und 3 Tage Sauerstofflagerung, gelötet bei 12 ppm Sauerstoff, Rest Stickstoff

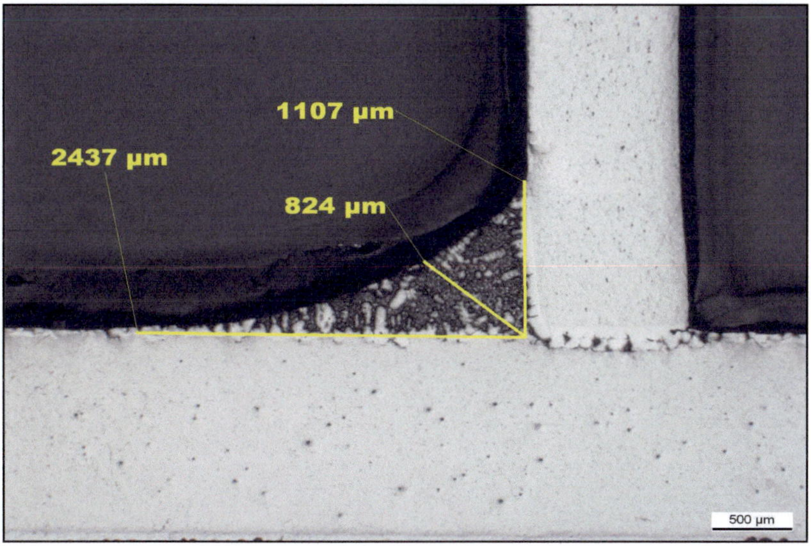

Abbildung 166: Schliffposition 1, zu Winkelprobe gelötet nach 24 Stunden Wasserlagerung und 3 Tage Sauerstofflagerung, gelötet bei 12 ppm Sauerstoff, Rest Stickstoff [70]

Abbildung 167: Schliffposition 2, zu Winkelprobe gelötet nach 24 Stunden Wasserlagerung und 3 Tage Sauerstofflagerung, gelötet bei 12 ppm Sauerstoff, Rest Stickstoff [70]

Abbildung 168: Schliffposition 3, zu Winkelprobe gelötet nach 24 Stunden Wasserlagerung und 3 Tage Sauerstofflagerung, gelötet bei 12 ppm Sauerstoff, Rest Stickstoff [70]

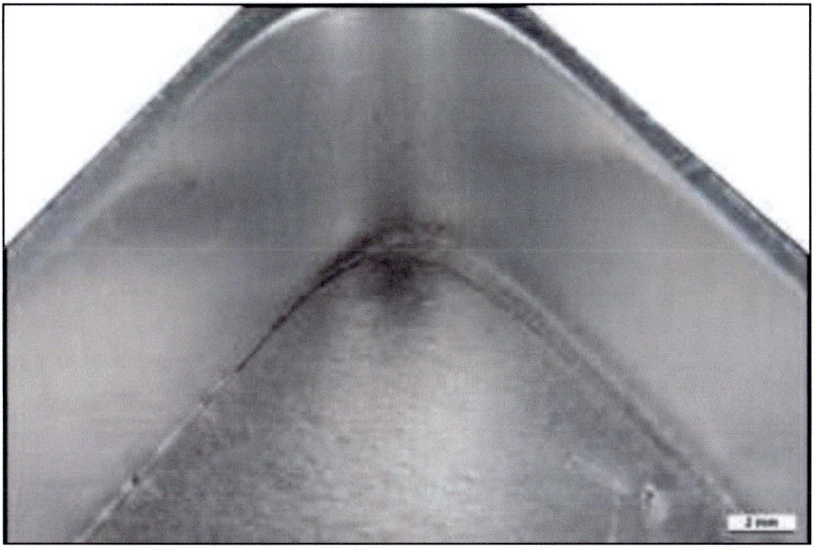

Abbildung 169: Winkelprobe gelötet nach 24 Stunden Wasserlagerung und 7 Tage Sauerstofflagerung, gelötet bei 12 ppm Sauerstoff, Rest Stickstoff

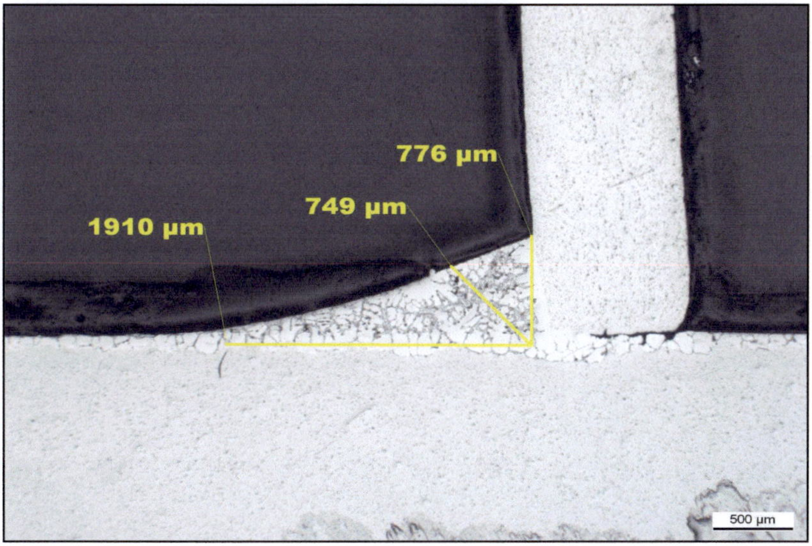

Abbildung 170: Schliffposition 1, zu Winkelprobe gelötet nach 24 Stunden Wasserlagerung und 7 Tage Sauerstofflagerung, gelötet bei 12 ppm Sauerstoff, Rest Stickstoff [70]

Abbildung 171: Schliffposition 2, zu Winkelprobe gelötet nach 24 Stunden Wasserlagerung und 7 Tage Sauerstofflagerung, gelötet bei 12 ppm Sauerstoff, Rest Stickstoff [70]

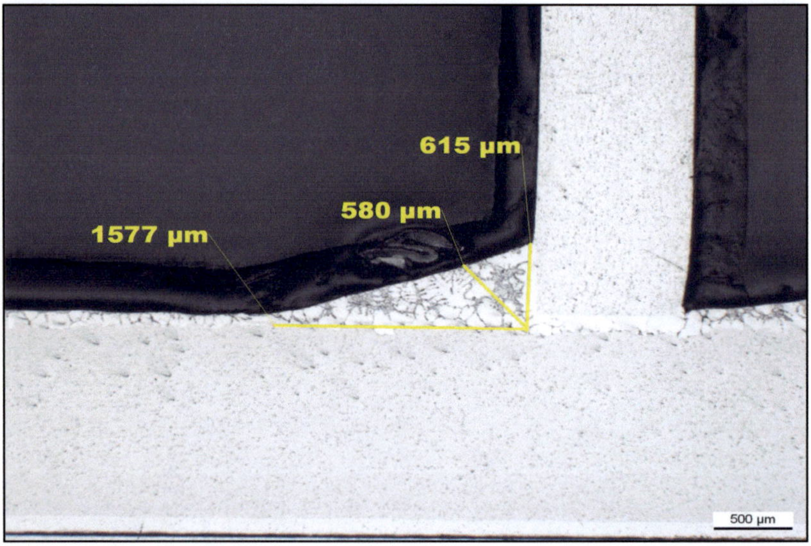

Abbildung 172: Schliffposition 3, zu Winkelprobe gelötet nach 24 Stunden Wasserlagerung und 7 Tage Sauerstofflagerung, gelötet bei 12 ppm Sauerstoff, Rest Stickstoff [70]

11.5 Zunehmende Anzahl Einzelpeaks bei längerer Wasserlagerung

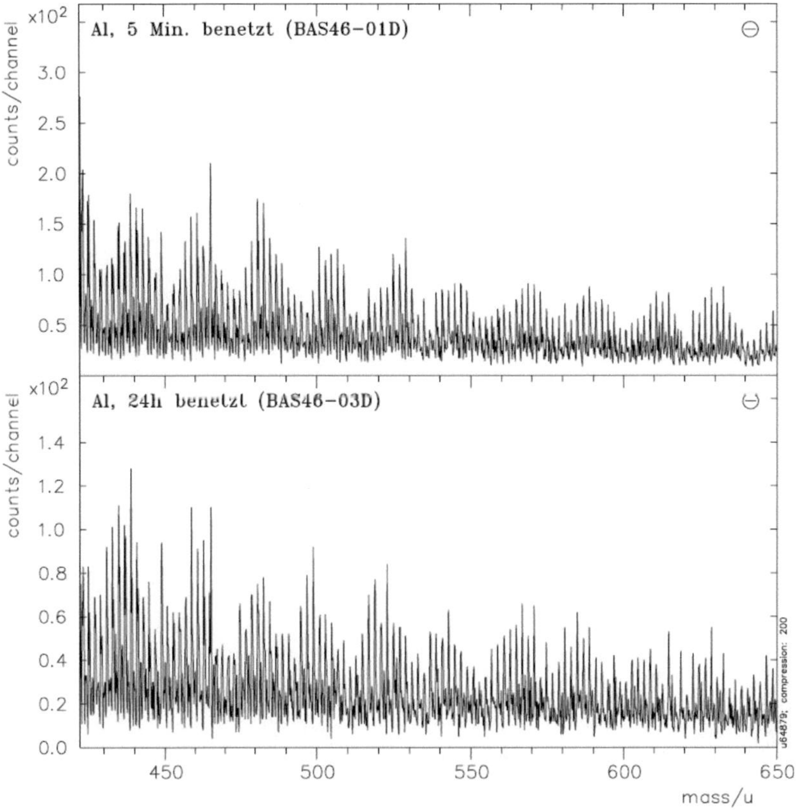

Abbildung 173: Signallinien einer Aluminiumprobe nach 5 Minuten Wasserlagerung (oben) und einer Probe nach 24 Stunden Wasserlagerung (unten) [72]

Im unteren Bild, nach 24 Stunden Wasserlagerung sind deutlich mehr Einzelpeaks enthalten, als nach 5 Minuten Wasserlagerung. Dies lässt auf eine generell stärke Oxidation aller oberflächennahen Elemente schließen.

11.6 Übersicht der Versuchsparameter

11.6.1 Einfluss von Feuchtigkeit und Sauerstoff in der Atmosphäre auf das Oxidschichtwachstum und deren Auswirkung auf die Lötbarkeit

Tabelle 15: Versuchsparameter zu Versuch in Abschnitt 6.2

<table>
<tr><th>Parameter:</th><th>Bemerkung:</th></tr>
<tr><td>Werkstoffe
Winkelprobe:</td><td>Grundplatte:
Grundmaterial „B1“ (EN AW-3003)
Lotplattierung auf Grundplatte „B2“ (EN AW-4343)
V-Profil: Material D (EN AW-3003) ohne Lotplattierung</td></tr>
<tr><td>Werkstoff
Flachprobe:</td><td>Material D (EN AW-3003) ohne Lotplattierung</td></tr>
<tr><td>Umgebungs-
atmosphäre:</td><td>Durchführung der Versuche mit unterschiedlichen Kombinationen an Feuchtigkeit und Sauerstoff. Der restliche atmosphärische Bestandteil besteht aus Stickstoff.
Übersicht der atmosphärischen Kombinationen:
<table>
<tr><th>Wasser [ppm]</th><th>Sauerstoff [ppm]</th></tr>
<tr><td>0</td><td>12</td></tr>
<tr><td>0</td><td>50</td></tr>
<tr><td>0</td><td>100</td></tr>
<tr><td>0</td><td>200</td></tr>
<tr><td>50</td><td>12</td></tr>
<tr><td>50</td><td>50</td></tr>
<tr><td>50</td><td>100</td></tr>
<tr><td>50</td><td>200</td></tr>
<tr><td>100</td><td>12</td></tr>
<tr><td>100</td><td>50</td></tr>
<tr><td>100</td><td>100</td></tr>
<tr><td>100</td><td>200</td></tr>
</table></td></tr>
<tr><td>Temperaturverlauf:</td><td>Temperaturregelung gemäß typischer Aufheizkurve eines thermischen Fügevorganges bis 605 °C mit anschließender Abkühlung (siehe Abbildung 19).</td></tr>
</table>

<table>
<tr><td></td><td>
<table>
<tr><th>Zeit [Minuten]</th><th>Temperatur von [°C]</th><th>Temperatur bis [°C]</th><th>Temperatur-veränderung [Kelvin/Minute]</th></tr>
<tr><td>0</td><td>25 (start)</td><td>200</td><td>35</td></tr>
<tr><td>5</td><td>200</td><td>400</td><td>40</td></tr>
<tr><td>10</td><td>400</td><td>450</td><td>10</td></tr>
<tr><td>15</td><td>450</td><td>600</td><td>30</td></tr>
<tr><td>20</td><td>600</td><td>600</td><td>0</td></tr>
<tr><td>25</td><td>600</td><td>400</td><td>-40</td></tr>
<tr><td>30</td><td>400</td><td>250</td><td>-30</td></tr>
<tr><td>35</td><td>250</td><td>150</td><td>-20</td></tr>
<tr><td>40</td><td>150</td><td></td><td></td></tr>
</table>
</td></tr>
<tr><td>Zeit:</td><td>Die Versuchsdauer entspricht der Temperatur-Zeit-Kurve. Die Gesamtzeit beträgt 40 Minuten.</td></tr>
<tr><td>pH-Wert:</td><td>n.a.</td></tr>
<tr><td>Druck:</td><td>Alle Prozessschritte werden bei Normaldruck durchgeführt.</td></tr>
<tr><td>Probenvorbereitung:</td><td>Alle Oberflächen und Kanten wurden vor der Probenerzeugung geschliffen, mit 1200er Körnung, und anschließend 24 Stunden an Normalatmosphäre ausgelagert.</td></tr>
<tr><td>Probenerzeugung:</td><td>Die thermische Behandlung erfolgt im Labor-Glasofen.</td></tr>
<tr><td>Probenbewertung:</td><td>a) Beurteilung der Oxidschichtdicke durch FTIR-Messgerät „Tensor“ der Fa. Brucker (Hersteller).

b) Beurteilung der Lötqualität anhand der Auswertung von Hohlkehlen an definierten Schnittflächen.</td></tr>
</table>

11.6.2 Einfluss von Feuchtigkeit und Sauerstoff in der Atmosphäre auf das Oxidschichtwachstum während dem Aufheizprozess

Tabelle 16 Versuchsparameter zu Versuch in Abschnitt 6.3

<table>
<tr><th>Parameter:</th><th>Bemerkung:</th></tr>
<tr><td>Werkstoff Flachprobe:</td><td>Material D (EN AW-3003) ohne Lotplattierung</td></tr>
<tr><td>Umgebungs-atmosphäre:</td><td>Durchführung der Versuche mit unterschiedlichen Kombinationen an Feuchtigkeit und Sauerstoff. Der restliche atmosphärische Bestandteil besteht aus Stickstoff.
Übersicht der atmosphärischen Kombinationen:
<table>
<tr><th>Wasser [ppm]</th><th>Sauerstoff [ppm]</th></tr>
<tr><td>0</td><td>50</td></tr>
<tr><td>0</td><td>100</td></tr>
<tr><td>50</td><td>50</td></tr>
<tr><td>100</td><td>100</td></tr>
</table></td></tr>
<tr><td>Temperaturverlauf:</td><td>Temperaturregelung gemäß typischer Aufheizkurve eines thermischen Fügevorgangs bis 605 °C mit anschließender Abkühlung (siehe Abbildung 19).
<table>
<tr><th>Zeit [Minuten]</th><th>Temperatur von [°C]</th><th>Temperatur bis [°C]</th><th>Temperatur-veränderung [Kelvin/Minute]</th></tr>
<tr><td>0</td><td>25 (start)</td><td>200</td><td>35</td></tr>
<tr><td>5</td><td>200</td><td>400</td><td>40</td></tr>
<tr><td>10</td><td>400</td><td>450</td><td>10</td></tr>
<tr><td>15</td><td>450</td><td>600</td><td>30</td></tr>
<tr><td>20</td><td>600</td><td>600</td><td>0</td></tr>
<tr><td>25</td><td>600</td><td>400</td><td>-40</td></tr>
<tr><td>30</td><td>400</td><td>250</td><td>-30</td></tr>
<tr><td>35</td><td>250</td><td>150</td><td>-20</td></tr>
<tr><td>40</td><td>150</td><td></td><td></td></tr>
</table></td></tr>
<tr><td>Zeit:</td><td>Die Versuchsdauer entspricht der Temperatur-Zeit-Kurve. Die Gesamtzeit beträgt 40 Minuten.</td></tr>
<tr><td>Druck:</td><td>Alle Prozessschritte werden bei Normaldruck durchgeführt.</td></tr>
<tr><td>Probenvorbereitung:</td><td>Alle Oberflächen und Kanten wurden vor der Probenerzeugung geschliffen, mit 1200er Körnung, und anschließend 24 Stunden an Normalatmosphäre ausgelagert.</td></tr>
<tr><td>Probenerzeugung:</td><td>Die thermische Behandlung erfolgt in der Aufheizkammer eines FTIR Messgeräts.</td></tr>
<tr><td>Probenbewertung:</td><td>Beurteilung der Oxidschichtdicke mit einem FTIR Messgerät der Fa. Innoval in Banbury (UK)</td></tr>
</table>

11.6.3 Bestimmung der Hydroxidschicht nach Wasserlagerung

Tabelle 17: Versuchsparameter zu Versuch in Abschnitt 6.4

Parameter:	Bemerkung:
Werkstoffe Winkelprobe:	n.a.
Werkstoff Flachprobe:	Material D (EN AW-3003) ohne Lotplattierung
Umgebungs-atmosphäre:	Durchführung der Versuche an Normalatmosphäre.
Temperaturverlauf:	Keine thermische Behandlung. Wasserbehandlung erfolgt bei Raumtemperatur.
Zeit:	Die Versuchsdauer beträgt a) 5 Minuten b) 24 Stunden
pH-Wert:	6,0 -8,0 [77]
Druck:	Alle Prozessschritte werden bei Normaldruck durchgeführt.
Probenvorbereitung:	Alle Oberflächen und Kanten wurden vor der Probenerzeugung geschliffen, mit 1200er Körnung.
Probenerzeugung:	Durch Benetzung der Oberfläche mit Wasser im Glasbehälter.
Probenbewertung:	Beurteilung der Oxidschichtdicke einem XPS Messgerät Fa. OFG Analytik

11.6.4 Einfluss von Wasserlagerung auf das Oxidschichtwachstum und deren Einfluss auf die Lötbarkeit

Tabelle 18: Versuchsparameter zu Versuch in Abschnitt 6.5

<table>
<tr><th>Parameter:</th><th>Bemerkung:</th></tr>
<tr><td>Werkstoffe Winkelprobe:</td><td>Grundplatte:
Grundmaterial „B1“ (EN AW-3003)
Lotplattierung auf Grundplatte „B2“ (EN AW-4343)
V-Profil: Material D (EN AW-3003) ohne Lotplattierung</td></tr>
<tr><td>Werkstoff Flachprobe:</td><td>Material D (EN AW-3003) ohne Lotplattierung
Material A (EN AW-6063) ohne Lotplattierung</td></tr>
<tr><td>Umgebungs-atmosphäre:</td><td>Wasserlagerung der Proben zur Oxidschichtdicken-messung für die Dauer von:
<table>
<tr><th></th><th>Werkstoff „A“</th><th>Werkstoff „D“</th><th>Winkelprobe</th></tr>
<tr><td>Ohne Wasserlagerung</td><td>X</td><td>X</td><td>X</td></tr>
<tr><td>5 Minuten</td><td>X</td><td>X</td><td>X</td></tr>
<tr><td>30 Minuten</td><td></td><td>X</td><td></td></tr>
<tr><td>60 Minuten</td><td>X</td><td>X</td><td>X</td></tr>
<tr><td>600 Minuten</td><td></td><td>X</td><td></td></tr>
<tr><td>1200 Minuten</td><td></td><td>X</td><td></td></tr>
<tr><td>1440 Minuten</td><td>X</td><td>X</td><td>X</td></tr>
</table>
</td></tr>
<tr><td>Temperaturverlauf:</td><td>Die Wasserlagerung erfolgt bei Raumtemperatur. Die thermische Behandlung erfolgt gemäß einer typischen Aufheizkurve eines thermischen Fügevorganges bis 605 °C mit anschließender Abkühlung (siehe Abbildung 19).</td></tr>
</table>

Zeit [Minuten]	Temperatur von [°C]	Temperatur bis [°C]	Temperatur-veränderung [Kelvin/Minute]
0	25 (start)	200	35
5	200	400	40
10	400	450	10
15	450	600	30
20	600	600	0
25	600	400	-40
30	400	250	-30
35	250	150	-20
40	150		

Zeit:	Die Dauer der Wasserbehandlung kann der obigen Tabelle entnommen werden. Die Dauer der thermischen Behandlung beträgt 40 Minuten.
pH-Wert:	6,4 pH
Druck:	Alle Prozessschritte werden bei Normaldruck durchgeführt.
Probenvorbereitung:	Alle Oberflächen und Kanten wurden vor der Probenerzeugung geschliffen, mit 1200er Körnung, und anschließend für 24 Stunden an Normalatmosphäre ausgelagert.
Probenerzeugung:	Die thermische Behandlung erfolgt im Labor-Glasofen.
Probenbewertung:	c) Beurteilung der Oxidschichtdicke durch FTIR-Messgerät „Tensor“ der Fa. Brucker (Hersteller). d) Beurteilung der Lötqualität anhand der Auswertung von Hohlkehlen an definierten Schnittflächen.

11.6.5 Einfluss der Wasserlagerung mit anschließender Lagerung an Normalatmosphäre auf die Oxidschicht und deren Auswirkung auf die Lötbarkeit

Tabelle 19: Versuchsparameter zu Versuch in Abschnitt 6.6

<table>
<tr><th>Parameter:</th><th>Bemerkung:</th></tr>
<tr><td>Werkstoffe Winkelprobe:</td><td>Grundplatte:
Grundmaterial „B1“ (EN AW-3003)
Lotplattierung auf Grundplatte „B2“ (EN AW-4343)
V-Profil: Material D (EN AW-3003) ohne Lotplattierung</td></tr>
<tr><td>Werkstoff Flachprobe:</td><td>Material D (EN AW-3003) ohne Lotplattierung</td></tr>
<tr><td>Umgebungs-atmosphäre:</td><td>Wasserlagerung der Proben erfolgt für alle Proben für die Dauer von 24 Stunden.
Die anschließende Auslagerung an Normalatmosphäre erfolgt für:
- 1 Tag
- 3 Tage
- 7 Tage</td></tr>
<tr><td>Temperaturverlauf:</td><td>Die Wasserlagerung, sowie die Auslagerung an Normal-atmosphäre erfolgt bei Raumtemperatur. Die thermische Behandlung erfolgt gemäß einer typischen Aufheizkurve eines thermischen Fügevorganges bis 605 °C (siehe Abbildung 19).
<table>
<tr><th>Zeit [Minuten]</th><th>Temperatur von [°C]</th><th>Temperatur bis [°C]</th><th>Temperatur-veränderung [Kelvin/Minute]</th></tr>
<tr><td>0</td><td>25 (start)</td><td>200</td><td>35</td></tr>
<tr><td>5</td><td>200</td><td>400</td><td>40</td></tr>
<tr><td>10</td><td>400</td><td>450</td><td>10</td></tr>
<tr><td>15</td><td>450</td><td>600</td><td>30</td></tr>
<tr><td>20</td><td>600</td><td>600</td><td>0</td></tr>
<tr><td>25</td><td>600</td><td>400</td><td>-40</td></tr>
<tr><td>30</td><td>400</td><td>250</td><td>-30</td></tr>
<tr><td>35</td><td>250</td><td>150</td><td>-20</td></tr>
<tr><td>40</td><td>150</td><td></td><td></td></tr>
</table></td></tr>
<tr><td>Zeit:</td><td>Die Dauer der Wasserbehandlung beträgt 24 Stunden. Die Dauer der Auslagerung an Normalatmosphäre kann der obigen Tabelle entnommen werden. Die Dauer der thermischen Behandlung beträgt 40 Minuten.</td></tr>
<tr><td>pH-Wert:</td><td>6,4 pH</td></tr>
<tr><td>Druck:</td><td>Alle Prozessschritte werden bei Normaldruck durchgeführt.</td></tr>
</table>

Probenvorbereitung:	Alle Oberflächen und Kanten wurden vor der Probenerzeugung geschliffen, mit 1200er Körnung, und anschließend für 24 Stunden an Normalatmosphäre ausgelagert.
Probenerzeugung:	Die thermische Behandlung erfolgt im Labor-Glasofen.
Probenbewertung:	Beurteilung der Oxidschichtdicke: FTIR-Messung mit „Tensor" der (Hersteller Fa. Brucker) Beurteilung der Lötqualität anhand der Auswertung von Hohlkehlen an definierten Schnittflächen.

11.6.6 Einfluss der Wasserlagerung auf das Oxidschichtwachstum während des Aufheizvorgangs

Tabelle 20: Versuchsparameter zu Versuch in Abschnitt 6.7

<table>
<tr><th>Parameter:</th><th>Bemerkung:</th></tr>
<tr><td>Werkstoffe Winkelprobe:</td><td>Grundplatte: Grundmaterial „B1“ (EN AW-3003)
Lotplattierung auf Grundplatte „B2“ (EN AW-4343)
V-Profil: Material D (EN AW-3003) ohne Lotplattierung</td></tr>
<tr><td>Werkstoff Flachprobe:</td><td>Material D (EN AW-3003) ohne Lotplattierung</td></tr>
<tr><td>Umgebungs-atmosphäre:</td><td>Wasserlagerung der Proben erfolgt für die Dauer von:
- ohne Wasserbehandlung
- 5 Minuten
- 60 Minuten
- 1440 Minuten</td></tr>
<tr><td>Temperaturverlauf:</td><td>Die Wasserlagerung erfolgt an Normalatmosphäre bei Raumtemperatur. Die thermische Behandlung erfolgt gemäß einer typischen Aufheizkurve eines thermischen Fügevorganges bis 605 °C (siehe Abbildung 19).
<table>
<tr><th>Zeit [Minuten]</th><th>Temperatur von [°C]</th><th>Temperatur bis [°C]</th><th>Temperatur-veränderung [Kelvin/Minute]</th></tr>
<tr><td>0</td><td>25 (start)</td><td>200</td><td>35</td></tr>
<tr><td>5</td><td>200</td><td>400</td><td>40</td></tr>
<tr><td>10</td><td>400</td><td>450</td><td>10</td></tr>
<tr><td>15</td><td>450</td><td>600</td><td>30</td></tr>
<tr><td>20</td><td>600</td><td>600</td><td>0</td></tr>
<tr><td>25</td><td>600</td><td>400</td><td>-40</td></tr>
<tr><td>30</td><td>400</td><td>250</td><td>-30</td></tr>
<tr><td>35</td><td>250</td><td>150</td><td>-20</td></tr>
<tr><td>40</td><td>150</td><td></td><td></td></tr>
</table></td></tr>
<tr><td>Zeit:</td><td>Die Dauer der thermischen Behandlung beträgt 40 Minuten.</td></tr>
<tr><td>pH-Wert:</td><td>4,8 pH</td></tr>
<tr><td>Druck:</td><td>Alle Prozessschritte werden bei Normaldruck durchgeführt.</td></tr>
<tr><td>Probenvorbereitung:</td><td>Alle Oberflächen und Kanten wurden vor der Probenerzeugung geschliffen, mit 1200er Körnung, und anschließend für 24 Stunden an Normalatmosphäre ausgelagert.</td></tr>
<tr><td>Probenerzeugung:</td><td>Die thermische Behandlung erfolgt in der Aufheizkammer eines FTIR Messgeräts.</td></tr>
<tr><td>Probenbewertung:</td><td>Beurteilung der Oxidschichtdicke mit einem FTIR Messgerät der Fa. Innoval in Banbury (UK)</td></tr>
</table>

11.6.7 Bestimmung der Wasseraufnahme von Aluminiumoberflächen

Tabelle 21 Versuchsparameter zu Versuch in Abschnitt 6.8

Parameter:	Bemerkung:
Werkstoffe Winkelprobe:	n.a.
Werkstoff Flachprobe:	Material D (EN AW-3003) ohne Lotplattierung
Umgebungs-atmosphäre:	Durchführung der Versuche an Normalatmosphäre.
Temperaturverlauf:	Keine thermische Behandlung. Wasserbehandlung erfolgt bei Raumtemperatur.
Zeit:	Die Versuchsdauer beträgt: a) 5 Minuten b) 24 Stunden
pH-Wert:	n.b.
Druck:	Alle Prozessschritte werden bei Normaldruck durchgeführt.
Probenvorbereitung:	Alle Oberflächen und Kanten wurden vor der Probenerzeugung geschliffen, mit 1200er Körnung.
Probenerzeugung:	Durch Benetzung der Oberfläche mit Wasser im Glasbehälter.
Probenbewertung:	Beurteilung der Oxidschichtdicke mit XPS-Messgerät der Fa. OFG Analytik